全国硕士研究生农学门类
入学考试辅导丛书

2025

植物生理学

复习指南暨习题解析

李颖章◎主　编

中国农业大学出版社
China Agricultural University Press
·北京·

图书在版编目(CIP)数据

植物生理学复习指南暨习题解析/李颖章主编. —北京:中国农业大学出版社,2020.6
(2024.4 重印)
(全国硕士研究生农学门类入学考试辅导丛书)
ISBN 978-7-5655-2381-6

Ⅰ.①植… Ⅱ.①李… Ⅲ.①植物生理学-硕士生入学考试-自学参考资料 Ⅳ.①Q945

中国版本图书馆 CIP 数据核字(2020)第 113064 号

书　　名 植物生理学复习指南暨习题解析
作　　者 李颖章　主编

策划编辑	席　清　丛晓红　张　蕊	**责任编辑**	郭建鑫
封面设计	李尘工作室		
出版发行	中国农业大学出版社		
社　　址	北京市海淀区圆明园西路 2 号	**邮政编码**	100193
电　　话	发行部 010-62733489,1190		读者服务部 010-62732336
	编辑部 010-62732617,2618		出　版　部 010-62733440
网　　址	http://www.caupress.cn	**e-mail**	cbsszs @ cau.edu.cn
经　　销	新华书店		
印　　刷	河北朗祥印刷有限公司		
版　　次	2020 年 8 月第 1 版　　2024 年 4 月第 5 次印刷		
规　　格	787×1 092　　16 开本　　16.5 印张　　412 千字		
定　　价	56.00 元		

封面图片出处:© IMAGEMORE Co.,Ltd.　　**读者反馈邮箱**　zhangrui973@126.com

编 写 人 员

主　　编　李颖章(中国农业大学)

参编人员　张学琴(中国农业大学)
　　　　　　陈智忠(中国农业大学)

出 版 说 明

最新版“全国硕士研究生农学门类入学考试辅导丛书”如期和广大考生见面了。本版辅导丛书是以教育部最新考试大纲为依据，分析往年农学门类联考试题及考试情况，征询有关权威专家的意见和建议，充分吸纳各有关高校辅导老师的教学经验，以前数版为基础，经过必要的扩充和修改而成的。

本丛书包括“复习指南暨习题解析”和“历年真题与全真模拟题解析”两个系列，根据考生复习备考的通常做法，按照基础知识的复习、知识的梳理与归纳以及冲刺模拟训练等不同阶段分别组织编写而成。

“复习指南暨习题解析”系列辅导书，主要是依据考纲对知识点进行全面阐述和总结梳理，按照数学（含高等数学、线性代数、概率论与数理统计）、化学（含无机及分析化学、有机化学）、动物生理学、植物生理学、生物化学 5 个科目分别组织编写和出版。其中，对重点难点进行详细的剖析，对疑点作了详尽的解释；对考点、要点、重要公式和结论也都一一总结和梳理；对例题进行详解，每个步骤做到详细、不缺步跳步，便于考生理解和熟悉解题思路；每章节后还附有一定量的习题，对复习内容及时进行训练和巩固。

“历年真题与全真模拟题解析”系列辅导书，是考生在冲刺阶段的复习用书，采取历年真题加模拟题的训练和解析的模式编写。真题部分包含了十余年的统考试题，其中包含了诸多有价值的信息，例如出题角度、试题题型、内容的涵盖面以及出题规律等。考生可以通过这部分的演练进一步掌握命题规律，查漏补缺，了解考研试题的解答方式、得分点以及解题的技巧，达到“观千剑而后识器”的目的。模拟题针对考生在复习阶段出现的问题，从考研热考内容和重点题型中多角度设计题目，旨在冲刺阶段进行考前摸底与练兵，增强考生在应试中的变通能力。

为了编好这套书，我们邀请了学术水平高、治学严谨、经验丰富、权威性强的知名专家学者担任主编，编写队伍汇聚了教育部直属的多所国家重点农林高校和多所省属重点高校常年从事相关学科教学的骨干教师和考研辅导专家。各位编写人员本着为考生着想、对教学负责的态度，牺牲了大量休息时间，反复斟酌拿捏内容的广度和深度，把握例题、习题和模拟题的代表性，尽心尽力从考生的角度去组织内容和体系。这种高度的责任心和奉献精神使我们深受感动，在此向他们表示诚挚的感谢和崇高的敬意！

自该套丛书出版发行以来，受到农学门类考生的格外青睐。这既是在全国范围内率先正式出版发行、最系统全面的农学门类考研辅导书，同时也是目前权威性高、适用性广、实用性强的考研宝典。我们真诚地希望考生能通过这套丛书的学习和引导，熟悉各科考试大纲，温习贯通考试内容，巩固和掌握所学知识，提高解题能力和应试技巧。同时，希望本丛书也能成为大学生在校学习有关课程的好帮手、好伙伴。

尽管我们本着帮助考生更好地系统复习和备考的良好愿望，尽力组织编写好和出版好这套书，但仍不免有疏漏之处，恳请各位同学及老师们批评指正，以利于我们今后不断地改进和提高。

最后，预祝各位考生取得好成绩！

中国农业大学出版社

2024 年 3 月

前　言

植物生理学是农林院校重要的专业基础课程，也是众多专业的考研科目，为此我们面向正在学习植物生理学的本科生以及正准备研究生入学考试的考生，由部分农业院校相关课程教师共同编写了这本复习、备考用书。

该书编写的着眼点是帮助学生理清思路，快速而系统地掌握植物生理学的基本知识和基本理论。在编写过程中，我们参考多部国内外近年植物生理学相关教材，结合编者多年的教学经验，并参照有关院校植物生理学课程的教学要求，列举了各章节的内容提要，包括概述、学习目标、基本内容及重点和难点，以期帮助正在准备研究生入学考试的考生和正在学习植物生理学的大学本科生尽可能全面掌握各章节相关内容。通过读者反馈信息了解到，学生普遍感觉实验题的分析有一定困难，为此，增添了附录一"实验题归纳、总结"，对植物生理学中可能涉及的实验内容进行了归纳、总结，希望有助于提高学生对这部分内容的理解。书中的自测题和自测试卷尽可能以考试题型的形式给出，以期帮助考生适应考试要求。为了帮助广大考生查漏补缺，临考冲刺，我们特编写了《**植物生理学与生物化学历年真题与全真模拟题解析**》，汇集了2008—2023年的全真试题，请参考使用。

尽管本着认真负责的态度尽力编写好这本辅导书，但限于能力，仍不免有疏漏或错误之处，敬请读者批评指正。

目　　录

第一章　植物生理学概述

内容提要

一、概述

本章主要介绍植物生理学的研究内容和植物生理学的发展简史。

二、学习目标

(1)掌握植物生理学的研究内容。

(2)了解植物生理学的发展简史。

三、基本内容

植物生理学是研究植物生命活动过程中植物体的功能及其调控机理的科学，研究领域包括个体、组织、器官、细胞和分子水平。植物完成其生活史的生命活动过程十分复杂，植物生理学研究内容大致可分为生长发育与形态建成、物质与能量代谢、信息传递与信号转导3个大方面。

植物的生长发育是植物生命活动的外在表现，主要是指植物个体体积和重量的增加以及由于细胞分化导致的新组织、新器官的出现造成的形态建成。植物的物质与能量代谢活动包括水分和矿质营养的吸收，各种物质在植物体内的运输，无机物的同化和利用，碳水化合物的合成和转化、分解等。植物的物质与能量代谢过程是植物生长发育的基础。信息传递和信号转导是植物适应环境的重要环节。植物生长在多变的环境中，必须适应环境有规律地变化才能完成其生命周期。植物对环境因素变化的感知到植物响应环境信号发生特定生理效应的过程中存在信息传递，植物体通过复杂的信息传递过程调控多种代谢过程。在单个细胞水平上的信息传递过程就是信号转导。

植物生理学的发展可分为3个时期：①植物生理学的孕育时期。科学家开始用实验方法观察和验证生命过程，探索掌握植物生长的物质来源，解释水分吸收与运转的现象，建立了空气营养的观念。②植物生理学的诞生、成长时期。建立沙培试验法，提出使用化学肥料的理论，促使植物生理学形成一个完整的体系，出版了第一本《植物生理学》，标志着植物生理学作为一门学科的诞生。③植物生理学的发展时期。随着20世纪以来科学技术的突飞猛进，促进了植物生理学从微观到宏观各个层面研究工作的开展，使植物生理学得到了快速的壮大和发展。

自 测 题

1.植物生理学的定义是什么?

2.植物生理学研究的内容是什么?

3.当前植物生理学的发展特点是什么?

4.简述植物生理学与农业和人民生活的关系。

参考答案

1.植物生理学的定义是什么?

植物生理学是研究植物生命活动规律、揭示植物生命现象本质的科学。

2.植物生理学研究的内容是什么?

植物生理学的研究内容大致分为生长发育与形态建成、物质与能量代谢、信息传递与信号转导3个大方面。

植物的生长发育是植物生命活动的外在表现。生长是指植物个体体积和重量的增加。发育是指由于细胞分化导致的新组织、新器官的出现,即形态建成,具体表现为种子萌发,根、茎、叶的生长,开花,结实,衰老,死亡等过程。

植物的物质与能量代谢活动包括水分和矿质营养的吸收,各种物质在植物体内的运输,无机物的同化和利用,碳水化合物的合成和转化、分解等。植物的物质与能量代谢过程是植物生长发育的基础。不同的代谢过程间存在相互联系和制约,植物体通过复杂的信息传递过程调控多种代谢过程。

信息传递与信号转导是植物适应环境的重要环节。植物生长在多变的环境中,必须适应环境有规律地变化才能完成其生命周期。植物对环境因素变化的响应始于植物对环境信号的感知,植物感知环境信号的部位和植物响应环境信号发生特定生理效应的部位可能是不同的,在这个过程中存在信息传递。植物体能感受环境因素变化的信号并做出相应的反应,植物内部的不同器官和细胞间、细胞内部的不同亚细胞结构间也存在频繁的信息传递过程。在单个细胞水平上的信息传递过程是细胞信号转导过程。

3.当前植物生理学的发展特点是什么?

(1)研究层次越来越宽广。一方面,植物生理学研究水平从个体水平深入到器官、组织、细胞、细胞器一直到分子水平,向微观方向发展;另一方面,根据农林生产的需要,植物生理学研究从个体水平扩展到群体、群落水平,向宏观方向发展。

(2)学科之间相互渗透。植物生理学的研究内容在不断引进相关学科的新概念、新方法,推动了本学科迅速和深入地发展,而且植物生理学取得的许多研究成果对其他学科如作物栽培措施的应用和改进、作物新品种的培育等产生了巨大影响。

(3)理论联系实际。植物生理学虽然是一门基础学科,但其研究对象和研究内容是以植物生产为基础的,因此与生产实践有密切关系。

(4)研究手段现代化。随着现代科学的发展,实验技术越来越细致,仪器设备越来越精密,研究手段的现代化大大促进了植物生理学的发展。

4. 简述植物生理学与农业和人民生活的关系。

植物生理学的研究与农业生产和人民生活水平的提高有着密切关系。植物生理学的研究对农业生产有多方面的理论指导意义：植物生理学是合理农业的基础，植物矿质营养学说的创立为无机肥料的施用奠定了理论基础，化肥的大量施用促使世界粮食产量剧增；植物激素的陆续发现导致了植物生长调节剂和除草剂的普遍应用，给农业生产带来革命性的变革；在光合作用与产量关系的理论指导下，植物生理学家与育种学家相结合，开创了以培育矮秆、耐肥、抗倒、叶片直立、株型紧凑的水稻、小麦品种为主要内容的“绿色革命”，使稻、麦产量获得了新的突破；植物细胞全能性理论的确立，不但使人们掌握了如组织培养、细胞及原生质体培养等高效快速的植物无性繁殖新技术，而且为植物基因工程的开展和新种质的创造提供了先决条件。

随着人民生活水平的提高，植物生理学的研究成果与人们日常生活关系也越来越密切。随着植物生物技术的广泛应用，植物生理学的研究成果影响到生态环境保护、资源合理利用、食品加工贮藏和医药工业生产等方面。在改善农作物、蔬菜、水果的营养品质，并实现对谷物、蔬菜、水果的长期保质和保鲜方面，在保护原有植被、保护和利用植物的多样性方面，以及利用植物作为“生物反应器”生产药物等方面，植物生理学的研究成果越来越多地渗透到人类生活品质提高的方方面面。

第二章　植物细胞生理

内容提要

一、概述

本章主要介绍植物细胞的结构特征和功能，重点介绍植物细胞壁的组成、结构和功能；对植物细胞信号转导途径进行初步概述，简要介绍不同细胞信号转导途径的主要特征。

二、学习目标

(1)掌握植物细胞的一般结构特征以及细胞内和细胞间的通信。

(2)掌握植物细胞壁的组成、结构和功能。

(3)了解细胞膜、细胞核、核糖体、高尔基体、线粒体、质体、液泡和细胞骨架的功能。

(4)了解植物细胞信号转导途径的组成及主要特征。

三、基本内容

(一)细胞的共性和高等植物细胞的特点

细胞是生物体(病毒和噬菌体除外)结构和功能的基本单位。细胞具有共同的基本特性：具有基本相同的化学组成，如蛋白质、核酸、脂类和糖类等；具有磷脂双分子层和镶嵌蛋白组成的生物膜；以 DNA 和 RNA 作为遗传和转录载体；具有合成蛋白质的核糖体；以一分为二的分裂方式进行增殖。

与动物细胞相比，植物细胞具有许多显著不同的特性。植物细胞具有进行光合作用的叶绿体，绝大多数植物细胞具有细胞壁，多数植物细胞具有中央大液泡。植物细胞的结构在植物的许多生理过程中起重要作用。例如，植物的光合作用是植物体内重要的生命活动过程，光合产物是所有有机体的直接或间接物质来源；植物的生长、发育、形态建成、物质运输、信号传递等都与细胞壁有关；液泡在细胞的水分运输、细胞生长、细胞代谢等方面具有至关重要的作用。植物细胞生长和分化的控制机制与动物细胞有相当大的不同。

(二)植物细胞的亚显微结构与功能

1.细胞壁的组成、结构和生理功能

(1)细胞壁的组成：细胞壁是由多种大分子聚合物组成的，主要包括多糖和蛋白质。细胞壁中的多糖包括纤维素、半纤维素和果胶质。纤维素是细胞壁的主要组成物质，纤维素分子是由 $\beta(1\rightarrow4)$连接的 D-葡萄糖组成的高分子聚合物，纤维素分子间通过大量的氢键形成相互平行排列的结构，60～70 个纤维素分子形成一束，称为纤维素微纤丝。纤维素微纤丝排列组成细胞壁的基本网络骨架结构，果胶质、半纤维素、木质素等填充在网络骨架中。纤维素微纤丝赋予细胞壁刚性和抗张力性。纤维素的合成是通过纤维素合酶(cellulose synthase)进行的,纤维素合酶是由 6 个亚基组成为莲座状的复合体,复合体存在于细胞质膜上。纤维素合酶将葡萄糖供体上的葡萄糖基加到葡萄糖链上催化合成 β(1→4)连接的 D-葡萄糖。纤维素微纤丝沉积的方向是由质膜下的微管控制的(图 2-1)。

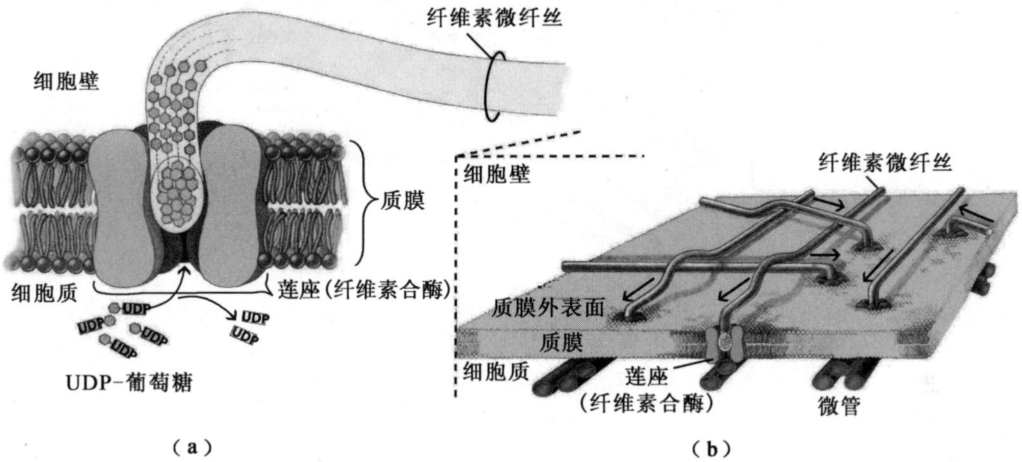

图 2-1　纤维素微纤丝的合成(a)及其在细胞壁上的沉积(b)

(Raven et al,2005)

半纤维素是由木聚糖、阿拉伯木聚糖、半乳甘露聚糖、木葡聚糖等聚合而成的高度分支的异质多糖。不同种类植物、不同组织的细胞,其细胞壁含有的半纤维素组分不同。半纤维素中较丰富的木葡聚糖与纤维素一样具有 β(1→4)连接的 D-葡萄糖骨架,还有木糖、半乳糖的侧链。半纤维素通过氢键与纤维素微纤丝连接,从而限定了相邻的纤维素微纤丝(图 2-2),因此,半纤维素在控制细胞扩大中起重要作用。

果胶质是一大类异质多糖,包括半乳糖、阿拉伯糖、鼠李糖和半乳糖醛酸。果胶分子是由 α(1→4)连接的 D-半乳糖醛酸组成的链状分子,主要有两大类:一类是半乳糖醛酸聚糖和鼠李半乳糖醛酸聚糖,另一类是阿拉伯半乳聚糖。果胶质是高度亲水的多糖,形成了一个亲水的凝胶,填充在纤维素、半纤维素间的空隙中。生长中的细胞细胞壁含果胶质较多,因此,细胞初生壁的含水量较高。当植物体受到病原菌侵染时,从细胞壁释放的果胶质碎片能够启动植物体的防卫反应。

细胞壁中还包括许多种类的蛋白质。

①结构蛋白:包括富羟脯氨酸糖蛋白(HRGP)、富甘氨酸蛋白(GRP)、富脯氨酸蛋白(PRP)、富组氨酸和羟脯氨酸的糖蛋白(HHRGP)等。伸展蛋白(extensin)是富羟脯氨酸糖蛋白中的一大类。伸展蛋白通过肽键交联构成独立的网状结构,增加了细胞壁的强度和刚性。②酶类:主要包括纤维素酶、多聚半乳糖醛酸酶、木葡聚糖转葡糖基酶、酸性磷酸酶、β-葡糖苷酶、β-甘露糖苷酶、淀粉酶、过氧化物酶、蛋白激酶等。与细胞壁相关的蛋白激酶能跨越质膜,将细胞壁信号传递到细胞质中。③调节蛋白:如扩张蛋白(expansin)、钙调素(CaM)等。扩张蛋白可以可逆地结合在细胞壁中纤维素微纤丝和其他多糖结合的交叉处,使其非共价键断裂,从而使细胞壁松弛。

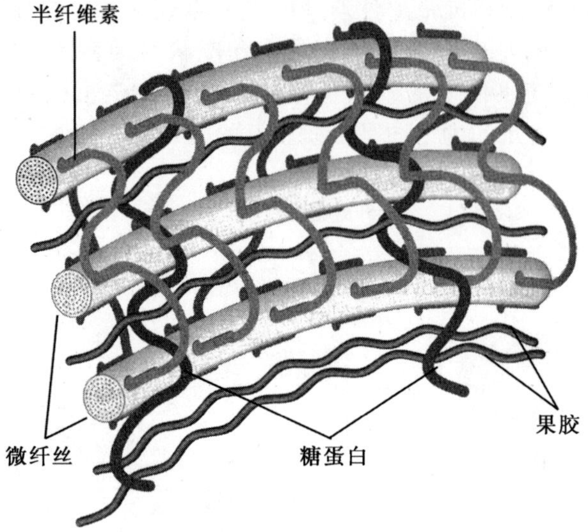

图 2-2 细胞壁的分子组成模型
(Karp G,2008)

细胞壁中还存在有植物凝集素(lectin),在植物的防御反应中起重要作用,并参与细胞壁的识别反应。细胞壁也是植物细胞的最大钙库,钙浓度可达 10^{-5}～10^{-4} mol/L。

细胞壁中的半纤维素、果胶质以及蛋白质是由细胞内分泌囊泡运输而来的。细胞合成和分泌的壁物质与细胞的发育时期有关,在细胞的扩大期分泌的果胶质较多,细胞停止扩大后分泌的半纤维素较多。

(2)细胞壁的结构:植物细胞壁一般分为初生壁、次生壁和中胶层。成熟细胞的细胞壁从质膜向外依次为次生壁、初生壁和中胶层。

关于初生壁结构有多种假说,其中影响较大的是细胞壁"经纬模型"假说。"经纬模型"假说认为,纤维素微纤丝与伸展蛋白网状结构交织在一起,纤维素微纤丝形成初生壁的"经",平行排列于壁平面;伸展蛋白形成初生壁的"纬",垂直排列于壁平面。伸展蛋白通过环绕微纤丝而形成封闭环使之交织在一起,半纤维素中的木葡聚糖以氢键与纤维素组分结合,从而控制微纤丝在伸展蛋白网状结构中的移动。

次生壁位于初生壁以内,在初生壁、次生壁中聚合物的组成不完全相同。次生壁比初生壁含有更多的纤维素,还含有木聚糖和木质素,但果胶质、结构蛋白和酶含量相对较少。在次生壁形成过程中,纤维素微纤丝与木质素紧密交联形成一个致密的网状结构,阻止细胞的进一步伸长。木质素增加了细胞壁的机械强度和对病原菌的抵抗力。

中胶层位于两个相邻细胞的中间,富含果胶。中胶层对细胞起粘连作用。

值得注意的是,细胞壁是动态结构,在环境条件变化时,细胞壁的结构会发生相应的调整。

(3)细胞壁的功能:细胞壁的主要功能包括维持细胞形态和体积、控制细胞的生长、参与细胞膨压的形成、参与胞内外物质运输与信息传递、具有防御功能、参与细胞的识别反应等。

2. 植物细胞膜系统

(1)细胞膜的结构与功能：细胞膜主要由脂类和蛋白质组成，也有少量的糖。脂类包括磷脂(如卵磷脂、脑磷脂)、糖脂、硫脂等。膜蛋白分为外在蛋白和内在蛋白，膜蛋白是膜功能的主要承担者，如接受外界信号分子的受体蛋白、进行物质运输的载体蛋白和通道蛋白、催化各种反应的酶蛋白等。膜糖主要以糖脂和糖蛋白形式分布于质膜外表面。

关于细胞膜的亚显微结构的假说和模型有多种，流动镶嵌模型受到广泛支持，其特点是强调膜的不对称性和流动性。

细胞膜的主要功能包括分室作用、物质运输、能量转换、信息传递和识别功能、抗逆及提供物质合成场所等。

(2)内膜系统：内膜系统主要包括内质网、高尔基体、液泡以及它们形成的分泌囊泡。

内质网：粗糙型内质网(RER)可合成蛋白质；光滑型内质网(SER)可合成脂类和固醇。内质网合成的蛋白质被装入小囊泡，或被运输到高尔基体进行进一步加工，或被分泌排出细胞。内质网也是胞内外信息传递和物质运输的通道。

高尔基体：加工、分类和包装内质网合成的蛋白质，特别是糖蛋白，然后由分泌囊泡运输到细胞的特定部位或分泌到细胞外。参与细胞壁的形成过程，细胞壁中除纤维素外其他成分如半纤维素、果胶质、木质素等都在高尔基体中合成，细胞壁中的糖蛋白也在高尔基体中进行加工。

3. 细胞骨架

细胞骨架由 3 种类型的丝状体组成，即微丝、微管和中间纤维。

(1)微丝：微丝由单体肌动蛋白(actin)聚合组成，聚合体由两条肌动蛋白丝相互螺旋盘绕排列而成[图 2-3(c)]，每 37 nm 盘绕一周。微丝具有动态特征，而且有明显的极性，(+)端比(-)端聚合更快。微丝控制细胞质运动、物质运输和细胞感应。

(2)微管：微管由微管蛋白(tubulin)聚合组成，微管蛋白是由 α-微管蛋白和 β-微管蛋白组成的二聚体。二聚体是可延伸的、不对称的原丝。13 条不同的原丝构成圆筒状的微管[图 2-3(a)，(b)]。微管与微丝一样，微管也存在有动态特征和明显的极性，(+)端聚合更快，(-)端相对稳定。微管具有控制细胞的分裂和细胞壁的形成、参与细胞运动与细胞内物质运输、维持细胞形态的功能。

(3)中间纤维：与微丝、微管不同，中间纤维是由异质蛋白组成的，但在蛋白结构上有共同点，具有相似的长度和同源的氨基酸序列。中间纤维较微丝和微管更稳定，一般不发生聚合和解聚的动态变化。中间纤维的功能可能主要是起骨架作用，在维持细胞的形态和结构方面起主要作用。但不是所有的中间纤维都有这样的基本功能，在有些细胞中，中间纤维具有组织特异功能。

4. 胞间连丝

胞间连丝是植物细胞间质膜的管状延伸，它将植物体内大多数细胞的原生质体连成一个连续的整体，称为共质体。胞间连丝在植物体内物质运输和信息传递中起重要作用。胞间连丝的大小随细胞的发育而发生变化，也受细胞膨压、细胞内钙离子浓度的调节。

(三)植物细胞信号转导

植物细胞信号转导是将胞外刺激信号与其所引起的特定生理效应相联系的一系列分子反应机制。植物细胞信号转导途径可分为 4 个阶段：①胞外刺激信号的感受和传递；②膜上信号转换；③胞内信号传递和信号放大；④传递和放大的次级信号调控细胞生理生化反应的分子机制。植物细胞信号转导途径详见图 2-4。

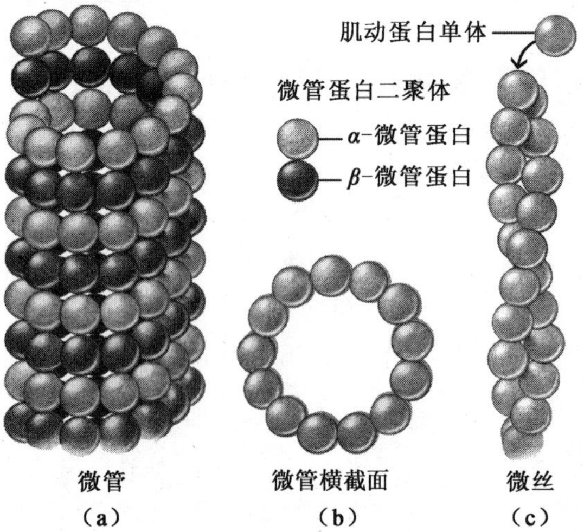

图 2-3　微管和微丝的结构

(Raven et al，2005)

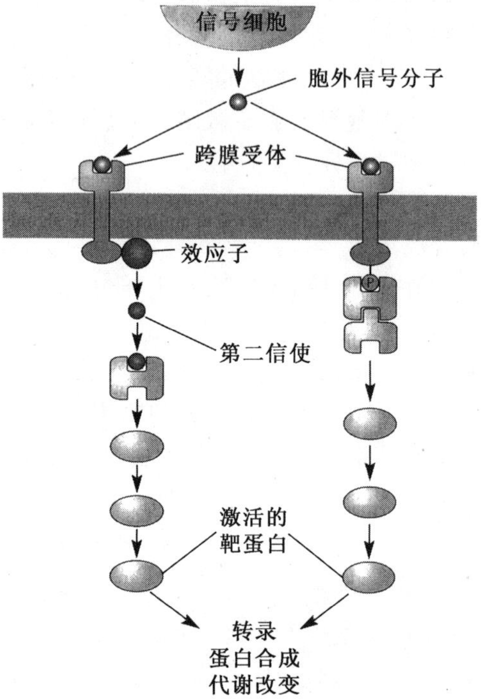

图 2-4　细胞信号转导途径

(Karp G，2008)

胞间信号是细胞信号转导过程中的初级信号，也称为第一信使，包括环境因子或由环境因子刺激植物产生的，可以传递信息引起细胞反应的物质。胞间信号包括化学信号和物理信号，光、电等刺激属于物理信号，激素、病原因子等属于化学信号。

跨膜信号转导主要指信号与细胞表面的受体结合后，通过受体将信号转导进入细胞的过程。参与跨膜信号转导的主要因子是受体和 G 蛋白。

胞内信号是指由胞外刺激信号激活或抑制的、具有生理调节活性的细胞内因子，也被称为细胞信号转导过程中的次级信号或第二信使。第二信使包括三磷酸肌醇、环化单磷酸腺苷、钙离子等。胞内信号转导是指由第二信使进一步传递和放大的信号系统，最终引起细胞反应的过程。将由三磷酸肌醇、环化单磷酸腺苷、钙离子传递的信号系统分别称为磷酸肌醇信号系统、环核苷酸信号系统和钙信号系统。

每一个信号途径都包括一系列顺序起作用的、不同的蛋白质。在信号转导途径中的每个蛋白的作用是改变下游蛋白的形态，从而激活或抑制下游蛋白(图 2-5)。

信号沿着这样的信号途径传递最终到达靶蛋白，由靶蛋白启动的反应包括基因的表达、代谢酶活性的改变、细胞骨架的重组、细胞代谢的增强或降低、离子渗透的改变、DNA 合成的活化甚至细胞的死亡。

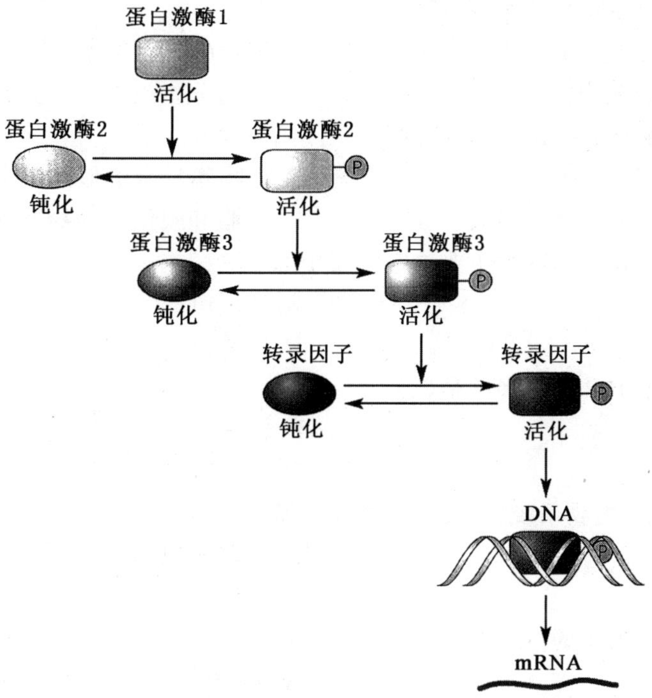

蛋白激酶1激活蛋白激酶2，活化的蛋白激酶2催化蛋白激酶3的磷酸化，使其活化，然后蛋白激酶3催化转录因子的磷酸化，增加了转录因子结合DNA的亲和性，转录因子结合到DNA，从而影响基因的表达。在信号途径中蛋白激酶催化的活化步骤被蛋白磷酸酶逆转。

图2-5　蛋白激酶和蛋白磷酸酶构成的信号转导途径

(Karp G，2008)

四、重点和难点

1. 重点

(1)植物细胞壁的结构和功能；

(2)细胞膜的结构和功能；

(3)植物细胞骨架；

(4)植物细胞信号转导。

2. 难点

(1)细胞壁的结构和功能；

(2)G蛋白参与的跨膜信号转换；

(3)钙信号传递系统和IP_3/DAG双信号转导系统。

自　测　题

一、单项选择题

1. 一个典型的植物成熟细胞包括(　　)。

A. 细胞膜、细胞质和细胞核　　B. 细胞质、细胞壁和细胞核

C. 细胞壁、原生质体和液泡　　D. 细胞壁、原生质体和细胞膜

2. 下列有关植物细胞的描述，不正确的是（　　）。

A. 植物的许多生理过程都与细胞壁有关
B. 植物的成熟细胞都有中央大液泡
C. 液泡只具有贮藏功能
D. 植物分生组织细胞具有无限生长的能力

3. 下列有关生物膜的描述，不正确的是（　　）。

A. 生物膜具有类似的功能
B. 生物膜具有类似的基本结构
C. 生物膜具有共同的物理特性
D. 膜脂和膜蛋白的相互作用影响膜的功能

4. 生物膜的功能和生理特性主要决定于膜中的（　　）。

A. 磷脂
B. 膜蛋白
C. 糖脂
D. 胆固醇

5. 植物细胞膜脂中含量最多的是（　　）。

A. 磷脂
B. 糖脂
C. 硫脂
D. 甾醇

6. 在植物细胞中，内膜系统包括内质网、高尔基体、液泡和（　　）。

A. 线粒体
B. 分泌囊泡
C. 质体
D. 质膜

7. 细胞膜中影响膜脂的流动性的物质主要是（　　）。

A. 蛋白质
B. 磷脂
C. 不饱和脂肪酸
D. 糖脂

8. 植物细胞内次生代谢物质主要贮藏于（　　）中。

A. 高尔基体
B. 分泌囊泡
C. 质体
D. 液泡

9. 下列有关细胞壁的描述，不正确的是（　　）。

A. 细胞壁是有序的网状结构
B. 细胞壁控制细胞体积
C. 细胞壁控制细胞膨压的形成
D. 只有高等植物具有细胞壁

10. 下列蛋白质中，属于植物细胞壁结构蛋白的是（　　）。

A. 伸展蛋白
B. 扩张蛋白
C. G 蛋白
D. 蛋白激酶

11. 细胞壁的形成与（　　）密切相关。

A. 高尔基体
B. 线粒体
C. 叶绿体
D. 核糖体

12. 伸展蛋白是细胞壁中一种糖蛋白，其富含（　　）。

A. 亮氨酸
B. 精氨酸
C. 色氨酸
D. 羟脯氨酸

13. 下列有关伸展蛋白的描述，不正确的是（　　）。

A. 伸展蛋白与细胞的伸长有关
B. 伸展蛋白增加细胞壁的强度和刚性
C. 伸展蛋白具有防御和抗性功能
D. 伸展蛋白富含羟脯氨酸

14. 果胶分子中的基本结构单位是（　　）。

A. 半乳糖醛酸
B. 葡萄糖
C. 氨基酸
D. 果糖

15. 植物初生细胞壁中的多糖包括（　　）。

A. 纤维素、半纤维素和果胶　　B. 纤维素和果胶

C. 果胶、半纤维素和木质素　　D. 淀粉、纤维素和角质

16. 细胞壁上存在的纤维素酶的主要底物是（　　）。

A. 纤维素　　B. 木葡聚糖

C. 半乳糖醛酸　　D. 寡糖素

17. 细胞壁中含有多种蛋白质，其中对细胞壁松弛起关键作用的是（　　）。

A. 酶蛋白　　B. 糖基转移酶

C. 扩张蛋白　　D. 伸展蛋白

18. 植物细胞壁中含量较多的矿质元素是（　　）。

A. 铁　　B. 钙

C. 磷　　D. 镁

19. 下列有关扩张蛋白的描述，不正确的是（　　）。

A. 扩张蛋白水解纤维素、半纤维素等细胞壁结构物质

B. 扩张蛋白的活性具有高度专一性

C. 扩张蛋白只在生长迅速的细胞壁中具有生理活性

D. 扩张蛋白是细胞壁调节蛋白

20. 下列有关细胞壁的描述，不正确的是（　　）。

A. 细胞壁含有许多具有生物学活性的物质　B. 细胞壁是细胞无活性的结构骨架

C. 细胞壁决定细胞的形状　　D. 细胞壁形成植物体的质外体空间

21. 细胞壁纤维素微纤丝的沉积方向是由（　　）控制的。

A. 微丝　　B. 内质网

C. 微管　　D. 高尔基体

22. 植物细胞最大的钙库是（　　）。

A. 液泡　　B. 内质网

C. 细胞壁　　D. 高尔基体

23. 植物细胞中胞质流动形成的基础是（　　）。

A. 微丝　　B. 微管

C. 中间纤维　　D. 马达蛋白

24. 细胞骨架包括（　　）。

A. 微管、微丝和中间纤维　　B. 纤维素和果胶

C. 纤维素和半纤维素　　D. 纤维素、半纤维素和果胶

25. 下列有关微管的描述，不正确的是（　　）。

A. 微管是两种微管蛋白组成的

B. α-微管蛋白和 β-微管蛋白以异二聚体形式加入微管

C. α-微管蛋白和 β-微管蛋白以单体形式加入微管

D. 微管始终处于不断聚合和解聚的过程

26. 攀缘植物的卷须运动与（　　）有关。

A. 微管　　B. 微丝

C. 内质网　　D. 高尔基体

27. 细胞膨压的提高会引起胞间连丝通道(　　)。

A. 增大　　B. 关闭

C. 不受影响　　D. 完全打开

28. 随着细胞内钙离子浓度的提高,胞间连丝通道(　　)。

A. 逐渐增大　　B. 逐渐减小,直至关闭

C. 不受影响　　D. 完全打开

29. 下列有关细胞信号转导的描述,不正确的是(　　)。

A. 信号转导过程的特异性决定于信号转导过程的分子调控机制

B. 信号转导过程的特异性依赖于参与信号转导过程的信号分子

C. 在信号转导过程中,一个信号转导组分可以激活下游多个靶分子

D. 在信号转导过程中,信号被逐级放大

30. 第二信使系统包括磷酸肌醇信号系统、环核苷酸信号系统和(　　)。

A. G 蛋白　　B. 蛋白系统

C. 离子通道系统　　D. 钙信号系统

31. G 蛋白是由 α、β、γ 3 种亚基构成的异三聚体,与 GTP 结合的活性位点在(　　)上。

A. α 亚基　　B. β 亚基

C. γ 亚基　　D. $\beta\gamma$ 亚基复合体

32. 第二信使系统中被称为双信号系统的是(　　)。

A. 磷酸肌醇　　B. 活性氧

C. 钙离子　　D. ABA

33. 在细胞信号转导途径中,蛋白激酶的作用是(　　),从而传递信息。

A. 激活下游靶蛋白的磷酸化　　B. 抑制下游靶蛋白的磷酸化

C. 激活下游靶蛋白的去磷酸化　　D. 抑制下游靶蛋白的去磷酸化

二、简答题

1. 简要说明成熟植物细胞的结构特点。
2. 简述液泡的生理功能。
3. 简述微管的生理功能。
4. 简述微丝的生理功能。
5. 简述植物细胞胞间连丝的重要性。
6. 植物细胞壁的主要生理功能有哪些?
7. 简述原生质胶体的特性及其生理意义。
8. 简要说明 G 蛋白的生理功能。

三、实验题

1. 如何快速鉴定细胞的死活?
2. 分离叶绿体的过程中应注意哪些问题?
3. 将芹菜梗分别放入 A、B 两种溶液中,一段时间后取芹菜叶片在显微镜下观察,结果分

别如图 2-6(a)、(b)所示。

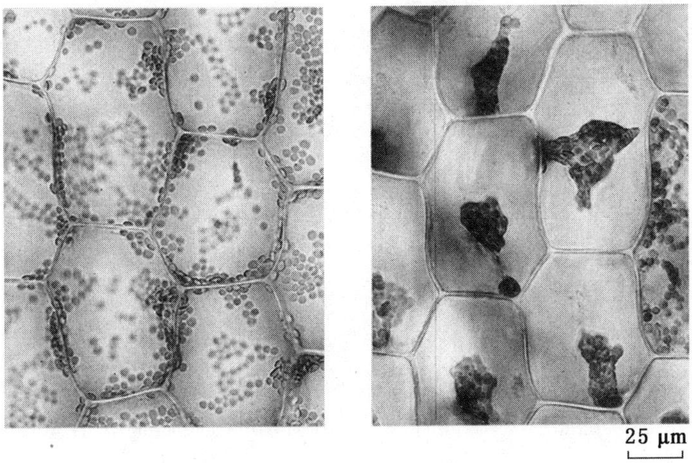

(a)　(b)

图 2-6　显微镜下观察的芹菜叶片的局部细胞

根据观察的结果,回答以下问题:

(1)细胞发生了什么反应?

(2)这一现象说明了什么问题?

四、分析论述题

1. 试述细胞壁的化学组成。
2. 试分析植物细胞壁结构与功能的适应。
3. 简述细胞壁中纤维素的结构特征及功能。
4. 简述细胞信号转导过程。
5. 试述生物膜结构流动镶嵌模型的内容和特点。
6. 试述蛋白质可逆磷酸化的作用。
7. 简述植物细胞的钙信使系统。
8. 试分析植物细胞原生质水分变化和生命活动的关系。

参考答案

一、单项选择题

1. C	2. C	3. A	4. B	5. A	6. B	7. C	8. D	9. D	10. A
11. A	12. D	13. A	14. A	15. A	16. B	17. C	18. B	19. A	20. B
21. C	22. C	23. A	24. A	25. C	26. B	27. B	28. B	29. B	30. D
31. A	32. A	33. A							

二、简答题

1.简要说明成熟植物细胞的结构特点。

(1)植物细胞的最外层是细胞壁,具有细胞壁是成熟植物细胞的主要结构特征。细胞壁调控植物体的许多基本生理过程,调节细胞的体积,决定细胞的形态,调控细胞的生长、发育,调控植物体内物质运输和信号传递等。细胞壁构成植物体的内在骨架,为植物体提供机械支持作用。

(2)植物细胞具有叶绿体,可以进行光合作用,这是成熟植物细胞的另一主要结构特征。光合作用为地球上所有生命体提供能量。

(3)植物细胞具有中央大液泡,中央大液泡调控细胞的水分运输和细胞的膨压,因此,中央大液泡在细胞的生长、发育和各种代谢过程中起至关重要的作用。

(4)植物细胞之间存在胞间连丝,胞间连丝使植物细胞间形成一个连续的原生质通道,从而使植物体形成一个连续的整体。胞间连丝在细胞间的物质运输和信息传递中起重要作用。

2.简述液泡的生理功能。

(1)调节功能。液泡构成了细胞的渗透系统,调控细胞的吸水,维持细胞的膨压。细胞膨压对调节细胞生长、维持植物体的形态以及调节植物的叶片运动和气孔运动是必要的。细胞可通过液泡缓冲体系调节细胞内的pH。

(2)降解和自溶作用。液泡中含有多种水解酶类,如蛋白酶、核酸酶、酯酶、酸性磷酸酶、氧化还原酶、糖苷酶等,可以分解蛋白质、核酸、脂类和多糖等。因此,液泡可以起消化、降解和自溶作用。细胞的自溶作用在细胞的衰老死亡过程和抵抗病原菌入侵中起重要作用。

(3)选择性吸收、积累物质。液泡膜上有离子载体、离子通道和离子泵,用于选择性从细胞质中吸收物质,在需要时再被运输到细胞质,供细胞代谢需要。细胞质代谢产生的某些有害物质也可运输到液泡中,以保证细胞的正常代谢活动。

(4)贮藏功能。液泡是种子贮藏蛋白、脂肪、糖类物质的主要场所。液泡也是细胞次生代谢产物如生物碱、酚类物质、萜类物质、花色素苷等的贮藏场所。

3.简述微管的生理功能。

微管是细胞骨架的重要组成。微管由微管蛋白聚合而成。微管蛋白是由α-微管蛋白和β-微管蛋白组成的异二聚体,进一步聚合组成原丝,再由13条原丝螺旋排列形成中空的管状结构,直径约25 nm。

在细胞周期中,不同时期的细胞具有不同的微管排列列阵,因此具有不同的功能。不同时期的微管列阵都是高度动态的。

(1)间期周质微管列阵。控制细胞壁的形成。在细胞间期,微管平行排列在细胞膜下,形成周质微管列阵。周质微管列阵控制细胞壁纤维素微纤丝的沉积方向,从而控制细胞的生长,维持细胞的形状。

(2)早前期微管列阵。控制细胞的分裂。在细胞完成DNA复制,进入早前期,微管决定细胞分裂面的位置。

(3)纺锤体微管列阵。控制染色体的向极运动。

(4)成膜体微管列阵。参与合成新细胞壁的物质运输。

微管列阵的高度动态状态参与细胞内的信号转导过程。

4. 简述微丝的生理功能。

微丝由单体肌动蛋白(actin)聚合组成，聚合体是由两条肌动蛋白丝相互螺旋盘绕排列而成，每 37 nm 盘绕一周。

微丝在细胞中有规律地排列，这种排列具有动态特征，随细胞的生长、生理状态和外源信号而发生变化，微丝的动态变化具有明显的极性，(+)端比(−)端聚合更快。

微丝的功能：

(1)控制几乎所有的细胞运动过程。微丝是形成细胞运动的基础。微丝控制细胞质的流动，控制一些攀缘植物的卷须运动，参与调控植物的气孔运动。

(2)控制细胞的生长。微丝控制花粉管和根毛的顶端生长。在花粉管和根毛的顶端生长过程中，不断需要有新的细胞壁物质加入，细胞壁物质在高尔基体中合成，由分泌囊泡运送到细胞的顶端，微丝控制分泌囊泡的运输。

5. 简述植物细胞胞间连丝的重要性。

胞间连丝是植物细胞间质膜的管状延伸，是相邻细胞之间穿通细胞壁的细胞质通路。在植物体内物质运输和信息传递中起重要作用。

植物细胞胞间连丝的主要生理功能有两个方面。

(1)物质运输。胞间连丝是相邻细胞间进行物质运输的通道。胞间连丝对通过的分子大小有一定的限制，直径在 1.5～2.0 nm 范围的分子，可自由通过胞间连丝扩散到相邻细胞。通过胞间连丝的物质运输是扩散运动，是顺浓度梯度进行的。大分子物质如蛋白质、核酸等也可以通过胞间连丝进行运输，但需要特殊的胞间连丝的调节过程，即需要在运动蛋白的调节下，增加胞间连丝的通透性，从而允许大分子物质在细胞间进行运输。胞间连丝的孔径是随细胞的发育时期而变化的，同时也受细胞膨压、细胞内钙离子浓度的调节。随着细胞内膨压和细胞钙离子浓度的提高，胞间连丝孔径逐渐缩小，直至关闭。

(2)信号传递。物理信号(电、压力等)和化学信号(植物激素、生长调节剂等)可通过胞间连丝进行共质体传递。

6. 植物细胞壁的主要生理功能有哪些？

(1)维持细胞形状，控制细胞生长。细胞壁增加了细胞的机械强度，并承受着内部原生质体由于液泡吸水而产生的膨压，使细胞具有一定的形状，这不仅有保护原生质体的作用，而且也维持器官与植株的固有形态。同时，细胞壁控制细胞的生长，因为细胞扩大和伸长的前提是使细胞壁松弛和不可逆伸展。

(2)参与物质运输与信息传递。细胞壁允许离子、多糖等小分子和低分子量的蛋白质通过，而阻止大分子或微生物等通过。细胞壁上纹孔或胞间连丝的大小受细胞生理年龄和代谢活动强弱的影响，因此，细胞壁对细胞间物质的运输具有调节作用。细胞壁参与物质运输、降低蒸腾作用、防止水分损失(次生壁、表面的蜡质等)、调节植物水势等一系列生理活动。另外，细胞壁也是化学信号(激素、生长调节剂等)、物理信号(电波、压力等)传递的介质与通路。

(3)识别、防御与抗性。细胞壁中的富羟脯氨酸糖蛋白与植物细胞的抗逆反应有关。细胞壁中一些寡糖片段能诱导植保素(phytoalexin)的形成，它们还对其他生理过程有调节作用。细胞壁中的凝集素在植物的防御反应中起重要作用，并参与细胞壁的识别反应。

7. 简述原生质胶体的特性及其生理意义。

(1)原生质胶体是亲水系统,水溶液为连续相,大分子物质分散在其中。

(2)分散程度大,扩大了内部界面,表面能增加,有高度生理活性,可同时进行大量生化反应。

(3)原生质胶体颗粒表面能吸附各种离子,形成双电层,并吸附水分子构成胶体颗粒外围的水膜,这是维持胶体稳定的因素。

(4)溶胶和凝胶两种状态可逆变化,是植物正常生活所必需的,随外界条件和内部生理状态而变化,使植物具有高度的适应性。溶胶状态时,黏性和弹性降低,代谢增强,易受环境影响;凝胶状态时,黏性和弹性增强,代谢减弱,受环境影响减弱,适应性和抗性增强。

(5)具有一定的黏性和弹性,既相对稳定又可调节适应。

8. 简要说明 G 蛋白的生理功能。

G 蛋白是 GTP 结合调节蛋白的简称,是活细胞内一类具有重要生理调节功能的蛋白质。G 蛋白位于膜内侧,并与质膜紧密结合。G 蛋白主要是细胞膜受体与其所调节的相应生理过程之间的信号转导者,它将胞间信号转换为胞内信号。G 蛋白是由 3 种不同亚基(α、β、γ)构成的异三聚体,α 亚基含有与 GTP 结合的活性位点,并具有 GTP 酶活性。当 G 蛋白与受体结合而被激活时,G 蛋白的 α 亚基与 GTP 结合而被活化,活化的 α 亚基与 $\beta\gamma$ 亚基复合体分离而呈游离态,进而触发效应子,进一步以间接或直接方式调节相应的生理生化活动,这样就将胞间信号转换为胞内信号。当 α 亚基所具有的 GTP 酶活性将与 α 亚基相结合的 GTP 水解为 GDP 后,α 亚基恢复到去活化状态,并与 $\beta\gamma$ 亚基结合为复合体,从而失去触发效应子的功能(图 2-7)。

三、实验题

1. 如何快速鉴定细胞的死活?

(1)质壁分离及质壁分离复原法:用高渗溶液处理植物细胞,观察细胞是否发生质壁分离现象,再将细胞置于纯水或低渗溶液中,观察细胞是否发生质壁分离的复原,能够发生质壁分离及质壁分离复原的细胞为活细胞,否则是死细胞。

(2)活体染色法:利用活体染料对细胞进行染色观察,在适宜的外界环境下,根据细胞染色的结果可以鉴定细胞的死活。常用的活体染料有中性红、伊凡蓝(evens blue)、台盼蓝(trypan blue)。在中性或微碱性环境中,凡被中性红将细胞中央大液泡染为红色的是活细胞,相反,液泡不着色,原生质、细胞壁和细胞核被染为红色的是死细胞。当用伊凡蓝和台盼蓝对细胞进行处理时,只有死细胞被染为蓝色,活细胞不摄取这种染料,凡不染色的细胞为活细胞。

2. 分离叶绿体的过程中应注意哪些问题?

(1)制备叶绿体时,选择适宜的提取缓冲液,并需低温预处理。在整个操作过程中注意要保持在低温下进行,操作过程应快速,但避免强烈振动以免影响叶绿体的完整性和生理活性。

(2)进行再悬浮时不能用坚硬的玻璃棒搅拌,可缓慢摇动或用软毛笔轻搅。

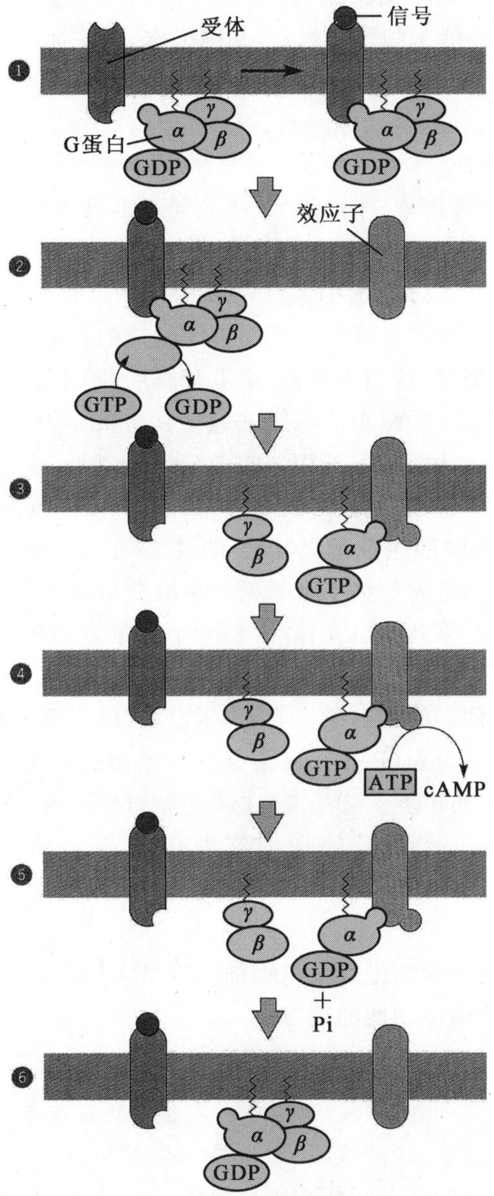

图 2-7　G 蛋白的调节机制

(Karp G,2008)

3. 将芹菜梗分别放入 A、B 两种溶液中,一段时间后取芹菜叶片在显微镜下观察,结果分别如图 2-6(a)、(b)所示。

根据观察的结果,回答以下问题:

(1)细胞发生了什么反应?

(2)这一现象说明了什么问题?

(1)图 2-6(a)细胞正常,图 2-6(b)细胞发生了严重的质壁分离。

(2)这一现象说明叶片细胞是活细胞;同时也说明A溶液的水势与细胞的水势接近或高于细胞的水势;B溶液的水势低于细胞的水势,细胞失水,发生质壁分离现象。

四、分析论述题

1.试述细胞壁的化学组成。

细胞壁的化学组成包括纤维素、半纤维素、果胶质和多种蛋白质等。

(1)纤维素是细胞壁的主要组成物质,纤维素分子是由β(1→4)连接的D-葡萄糖组成的高分子聚合物,纤维素分子间通过大量的氢键形成相互平行排列的结构,60～70个纤维素分子形成一束,称为纤维素微纤丝。微纤丝排列组成细胞壁的基本网络骨架结构。

(2)半纤维素是由木聚糖、阿拉伯木聚糖、半乳甘露聚糖、木葡聚糖等聚合而成的高度分支的异质多糖。不同种类植物、不同组织的细胞细胞壁含有的半纤维素组分不同。半纤维素通过氢键与纤维素微纤丝连接,从而限定了相邻的微纤丝的位置,参与调控细胞的扩大。

(3)果胶质是一大类异质多糖,包括半乳糖、阿拉伯糖、鼠李糖和半乳糖醛酸。果胶分子是由α(1→4)连接的D-半乳糖醛酸组成的链状分子,主要有两大类:一类是半乳糖醛酸聚糖和鼠李半乳糖醛酸聚糖,另一类是阿拉伯半乳聚糖。果胶质可以与钙离子等结合,因此具有高度亲水性,可形成亲水的凝胶。果胶质填充在纤维素、半纤维素间的空隙中,参与细胞壁复杂网状结构的形成。

(4)细胞壁中存在许多种类的蛋白质:①结构蛋白质,包括富羟脯氨酸糖蛋白(HRGP)、富甘氨酸蛋白(GRP)、富脯氨酸蛋白(PRP)、富组氨酸和羟脯氨酸的糖蛋白(HHRGP)等。伸展蛋白(extensin)是HRGP中的一类。②酶类,主要包括纤维素酶、多聚半乳糖醛酸酶、木葡聚糖转葡糖基酶、酸性磷酸酶、β-葡糖苷酶、β-甘露糖苷酶、淀粉酶、过氧化物酶、蛋白激酶等。③调节蛋白,如扩张蛋白(expansin)、钙调素(CaM)等。细胞壁中还存在植物凝集素(lectin),参与细胞壁的识别反应。

(5)细胞壁上也有大量的钙,细胞壁是植物细胞的最大钙库。

2.试分析植物细胞壁结构与功能的适应。

植物细胞壁一般分为初生壁、次生壁和中胶层。成熟细胞的细胞壁从质膜向外依次为次生壁、初生壁和中胶层。

初生壁的组成包括纤维素、半纤维素、果胶质和细胞壁蛋白。“经纬模型”假说认为,在初生壁中纤维素微纤丝与伸展蛋白网状结构交织在一起,纤维素微纤丝形成初生壁的“经”,平行排列于壁平面;伸展蛋白形成初生壁的“纬”,垂直排列于壁平面。伸展蛋白通过环绕微纤丝而形成封闭环使之交织在一起,伸展蛋白增加了细胞壁的强度和刚性。半纤维素中的木葡聚糖以氢键与纤维素组分结合,控制微纤丝在伸展蛋白网状结构中的移动。

次生壁比初生壁含有更多的纤维素,还含有木聚糖和木质素,但果胶质、结构蛋白和酶含量相对较少。在次生壁形成过程中,微纤丝与木质素紧密交联形成一个致密的网状结构,阻止细胞的进一步伸长。木质素增加了细胞壁的机械强度和对病原菌的抵抗力。

中胶层位于两个相邻细胞的中间,富含果胶。中胶层对细胞起粘连作用。

细胞壁的功能主要包括维持细胞形态和体积、控制细胞的生长、参与细胞膨压的形成、参与胞内外物质运输与信息传递、具有防御功能、参与细胞的识别反应等。

细胞壁的结构是维持细胞壁功能的基础。①细胞壁的首要功能是维持细胞形态和体积，细胞通过控制细胞壁中微纤丝的合成和沉积方向，控制细胞的形态和体积。在细胞的生长过程中，细胞壁的弹性大小对细胞的生长速率起重要调控作用，微纤丝的沉积方向也控制细胞的伸长生长方向。②细胞壁的存在也是细胞膨压产生的必要因素。细胞壁中的扩张蛋白在细胞伸长中促进细胞壁的松弛，调节细胞的状态。③细胞壁构成了植物体的质外体空间，是胞内外物质运输与信息传递的重要通道。④细胞壁形成了植物细胞的天然屏障，对细胞起保护作用，增强了植物细胞的防御功能。⑤细胞壁中有许多具有生物活性的物质，有重要的信息分子作用。细胞壁中的植物凝集素在植物的防御反应中起重要作用，参与细胞壁的识别反应。⑥细胞壁中存在的钙调素在细胞信号转导中起作用。

3. 简述细胞壁中纤维素的结构特征及功能。

纤维素是构成细胞壁的基本物质。纤维素分子是由 $\beta(1\rightarrow4)$ 连接的 D-葡萄糖组成的高分子聚合物，通过分子内氢键形成一种类螺旋、无分支的链状结构。纤维素分子链之间也有大量的氢键，形成相互平行排列的结构，并集结形成立体晶格状。60～70 个纤维素分子形成一束，称为纤维素微纤丝。纤维素微纤丝中的单根纤维素分子链由 2 000～25 000 个或更多的 D-葡萄糖基组成，纤维素微纤丝的长度是不确定的。

纤维素是由细胞膜上的纤维素合酶复合体合成并聚集成微纤丝。纤维素合酶将葡萄糖供体(尿苷二磷酸葡萄糖)上的葡萄糖基加到葡萄糖链上催化合成 $\beta(1\rightarrow4)$ 连接的 D-葡萄糖链。纤维素合酶中的糖基转移酶有两个催化位点，纤维素链延伸时每次加入两个葡萄糖基，因此纤维素是以二聚糖 $\beta(1\rightarrow4)D$-葡萄糖为重复单位。在进入细胞壁基质时，平行排列的葡萄糖链组合形成微纤丝。

细胞壁纤维素的合成不仅与纤维素葡聚糖链的合成有关，也与纤维素微纤丝的排列方向相关。微纤丝在细胞壁中的排列方向受质膜下的周质微管的调控。

纤维素微纤丝对细胞的生长和细胞的形态建成具有决定性作用。

4. 简述细胞信号转导过程。

细胞信号转导是指偶联胞外刺激信号(包括各种内、外源刺激信号)与其相应的生理反应之间的一系列分子反应机制。

(1)胞间信号的产生。植物细胞感受内外环境因子变化的刺激后，能产生起传递信息作用的胞间信号，可分为物理信号(电波信号与水力学信号)和化学信号(内源激素与生长调节物质)。

(2)胞间信号的传递。由于胞间信号的产生位点与发挥效应的作用位点处在不同部位，需要进行长距离传递，最终传递至作用部位——靶细胞。

(3)靶细胞膜中信号的转换。在靶细胞膜中存在着信号受体，这是一种能感受信号、与信号特异结合并引发胞内产生刺激信号(信号的转换)的蛋白质类活性物质，如钙调蛋白(CaM)、蛋白激酶 C(PKC)等，在信号的转换过程中，起关键作用的是 G 蛋白。当 G 蛋白与受体结合而被激活时，G 蛋白的 α 亚基与 GTP 结合而被活化，活化的 α 亚基与 $\beta\gamma$ 亚基复合体分离而呈游离态，进而触发效应子，进一步以间接或直接方式调节相应的生理生化活动，这样就将胞间信号转换为胞内信号。当 α 亚基所具有的 GTP 酶活性将与 α 亚基相结合的 GTP 水解为 GDP 后，α 亚基恢复到去活化状态，并与 $\beta\gamma$ 亚基结合为复合体，从而失去触发效应子的功能。

(4)胞内信号的转导。经 G 蛋白介导后可产生胞内信号(第二信使),如钙信号系统(Ca^{2+}-CaM)、肌醇磷脂信号系统(如 IP_3 和 DAG)、环腺苷酸信号系统(cAMP),这些经转换而产生的且放大的次级信号系统,可直接或间接引发生理生化反应。

(5)蛋白质磷酸化和去磷酸化。每个信号转导途径都包括一系列不同的蛋白质,可以通过调节蛋白质的磷酸化和去磷酸化过程进一步传递信息。蛋白质的磷酸化和去磷酸化过程是由蛋白激酶和蛋白磷酸酶催化的,蛋白激酶和蛋白磷酸酶是第二信使下游作用的靶分子,最终调节特异的生理反应。

5.试述生物膜结构流动镶嵌模型的内容和特点。

S. J. Singer 和 G. Nicolson(1972)提出流动镶嵌模型,该模型认为:细胞膜是由液态的膜脂双分子构成,其中镶嵌可以移动的球形蛋白质。膜脂双分子呈疏水性尾部向内、亲水性头部向外排列。蛋白质不均匀分布在膜脂双分子层中,有些蛋白质位于膜的表面,与膜脂亲水性的头部相连接(外在蛋白);有些蛋白质镶嵌在磷脂分子之间,以其外露的疏水基团与膜脂疏水性的尾部相结合(内在蛋白)。镶嵌在膜脂双分子层中蛋白质的种类和数量决定了生物膜功能上的差异。

这个模型的特点是强调膜的不对称性和流动性,但忽视了蛋白质对脂类分子流动性的控制作用和膜各部分流动的不均匀性。

6.试述蛋白质可逆磷酸化的作用。

蛋白质磷酸化和去磷酸化分别由蛋白激酶和蛋白磷酸酶催化,蛋白激酶和蛋白磷酸酶是胞内第二信使进一步作用的靶分子,胞内信号通过调节胞内蛋白质磷酸化或去磷酸化过程而进一步转导信号(图 2-4)。

蛋白质磷酸化是由蛋白激酶(PK)催化使蛋白质发生磷酸化反应的过程,可对其下游蛋白质特定的氨基酸残基进行磷酸化修饰,从而引起相应的生理反应,以完成信号转导过程。此外,由于蛋白激酶的下游底物既可以是酶,也可以是转录因子,因此,它们既可以直接通过对酶的磷酸化修饰来改变酶的活性,也可以通过修饰转录因子而激活或抑制基因的表达,从而使细胞对外来信号做出相应的反应。

蛋白质去磷酸化是由蛋白磷酸酶(PP)催化的蛋白质去磷酸化的过程。蛋白磷酸酶去磷酸化作用是终止信号或一种逆向调节,与蛋白激酶有同等重要意义。

7.阐述植物细胞的钙信使系统。

植物细胞和动物细胞一样存在着 Ca^{2+} 胞内信使系统。研究表明,植物胞基质的自由 Ca^{2+} 浓度为 0.1～0.2 μmol/L,而胞内钙库液泡、内质网、线粒体、叶绿体等的 Ca^{2+} 浓度比胞基质要高出几百倍到几千倍,胞外也可达到 10^{-3} mol/L 水平,因此,胞基质中与胞内钙库或胞外之间存在着很大的 Ca^{2+} 浓度梯度。植物细胞内普遍存在着与 Ca^{2+} 有很高亲和力的钙结合蛋白——钙调素(CaM)。当外界刺激到达细胞时,质膜上的 Ca^{2+} 通道打开,引起胞基质 Ca^{2+} 浓度瞬间增加,当达到一定阈值时便与 CaM 结合,引起 CaM 构象变化,被活化了的 CaM 又与靶酶结合,并通过依赖 Ca^{2+}-CaM 的蛋白激酶活化靶酶,从而引起一系列的生理反应。不同的外界刺激引起胞内 Ca^{2+} 浓度变化的时间、幅度、频率、区域化分布都不相同,因而可引起各种各样的生理变化。

8.试分析植物细胞原生质水分变化和生命活动的关系。

(1)生活细胞原生质是亲水胶体,水膜存在是其稳定的重要因素之一,原生质胶体的稳定是生命活动的保证。

(2)原生质胶体有溶胶和凝胶两种形式,两者之间可以可逆变化,这是调节生命活动适应环境变化的基础。

(3)原生质的水分以自由水和束缚水两种形式存在并动态变化,其比值对细胞生理生化活性具有决定性作用。

(4)原生质胶体含自由水高时为溶胶状态,保证生命活动旺盛并有序进行;自由水减少处于凝胶状态时,降低细胞生理活性,增强对逆境抵抗能力,但过度脱水会危及生命活力。

(5)原生质的水分变化调节植物种子的休眠和萌发。

第三章　植物的水分生理

内容提要

一、概述

本章主要介绍植物细胞的水分关系，重点介绍植物细胞水势、溶质势、压力势和衬质势的基本概念；重点讨论植物根系对水分的吸收、水分在植物体内的运输和植物的蒸腾作用；简要介绍合理灌溉的生理基础。

二、学习目标

(1)了解水分在植物生命活动中的意义。

(2)掌握植物细胞的水分关系。

(3)掌握植物根系对水分的吸收、水分在植物体内的运输和植物的蒸腾作用。

(4)了解内聚力-张力学说。

(5)掌握气孔运动的调节机制。

三、基本内容

1.水分在植物生命活动中的意义

水是植物生命活动不可缺少的条件。水是植物细胞原生质的最主要组成成分，水是光合作用的基本原料，水直接参加许多代谢反应，同时水也是细胞中各种代谢反应的基本介质，细胞中的物质代谢、运输和信号传递都是在水溶液中进行的。植物细胞内的水分还会决定细胞的膨压，植物细胞的膨压是细胞生长的必要条件。除了直接或间接地参与生理生化反应之外，水所具有的特殊理化性质还可调节植物的体温和生态环境。

植物体内的水分以自由水和束缚水两种形态存在，两者的比例与细胞的代谢强度和抗逆性强弱有着密切的关系。

2.植物细胞的水分关系

在正常生理条件下，植物细胞在不断进行水分的吸收和散失，在整株植物中有水分的分配和调节。水分的移动由水势所决定，每偏摩尔体积水的化学势差就是水势。水分的移动由水势高处流向水势低处。植物细胞的水势由溶质势、压力势和衬质势组成，水势的单位与压力单位相同，用 Pa 或 MPa 表示。

水分在植物体内的运动方式包括扩散、渗透、集流。

植物细胞的吸水分为渗透吸水和吸胀吸水。具有液泡的植物细胞以渗透吸水为主，水势主要由溶质势和压力势组成。未形成液泡的植物细胞和干燥种子以吸胀吸水为主，水势主要由衬质势组成。

植物细胞水势的测定方法包括干湿球温度计法、压力室法、冰点下降法、压力探针法等。

3. 植物根系对水分的吸收

根系是植物吸收水分的主要器官，植物是否能从土壤中吸收水分决定于土壤和植物根系间的水势差。根系吸水最活跃的部位是根系顶端根毛区(图 3-1)。水分进入植物体可通过共质体途径和质外体途径，两条途径可交替进行。根系吸水可分为主动吸水和被动吸水，被动吸水是根系吸水的主要方式。吸水的动力分别是根压和蒸腾拉力，蒸腾拉力是吸水的主要动力。

影响根系吸收水分的土壤因素包括土壤水势、土壤水导(即土壤中水分运动的难易程度)、土壤温度、土壤通气状况等。

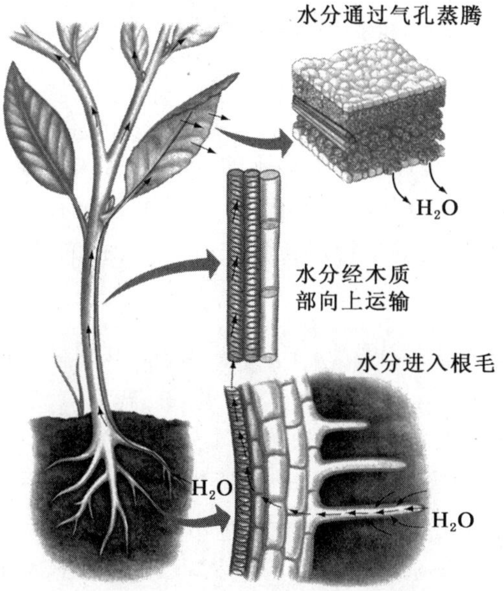

图 3-1　植物体对水分吸收和运输的途径

(Stern et al,2008)

4. 植物蒸腾作用

水分从植物体地上部分以水蒸气状态向外散失的过程称为蒸腾作用。蒸腾作用主要是指叶片蒸腾，包括角质层蒸腾和气孔蒸腾，其中气孔蒸腾是主要方式。

气孔是叶表皮细胞分化形成的小孔隙，由保卫细胞围绕而成。保卫细胞主要分为两类：大多数双子叶植物和一些单子叶植物具有的肾形保卫细胞，某些单子叶植物和许多草本植物具有的哑铃形保卫细胞。保卫细胞具有明显的结构特征：①细胞壁不均匀加厚，肾形保卫细胞具有较薄的外侧壁和较厚的内侧壁，哑铃形保卫细胞中间部分细胞壁厚，两端部分细胞壁薄。②细胞壁纤维素微纤丝的排列不同，肾形保卫细胞细胞壁纤维素微纤丝从小孔向外辐射排列，哑铃形保卫细胞细胞壁纤维素微纤丝从气孔的缝隙向两端辐射(图 3-2)。③保卫细胞具有叶绿体而表皮细胞不含叶绿体。

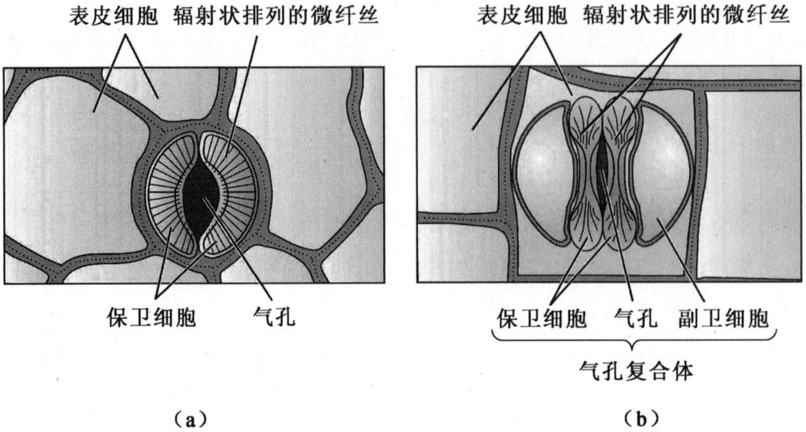

图 3-2 肾形(a)和哑铃形(b)保卫细胞中纤维素微纤丝的排列

(Taiz and Zeiger,2006)

引起气孔运动的直接原因是保卫细胞膨压的变化。当保卫细胞膨压发生改变时,由于细胞壁的不均匀加厚,细胞发生相应的形态变化,肾形保卫细胞在膨压增加时会向两边弯曲,哑铃形保卫细胞在膨压增加时两端的哑铃球会膨胀变大,气孔的孔径因此而变大,反之,气孔的孔径变小。

气孔运动受 3 种机制调控:①钾离子;②苹果酸;③蔗糖-淀粉的相互转变。3 种机制的本质都是渗透调节保卫细胞。

①钾离子是引起保卫细胞渗透势改变的最重要的离子。在气孔开张时保卫细胞中钾含量增加,气孔关闭时则减少(图 3-3)。K^+ 进入保卫细胞是在保卫细胞质膜上的 H^+-ATPase 质子泵建立的质子梯度推动下进行的,质子被排出保卫细胞,使保卫细胞 pH 升高,同时使保卫细胞的质膜超极化。质子泵建立的电势差驱动 K^+ 从表皮细胞经过保卫细胞质膜上的 K^+ 通道进入保卫细胞,再进入液泡。保卫细胞中积累较多的 K^+,水势降低,水分进入保卫细胞,气孔张开。

②苹果酸的合成调控气孔运动。由于 K^+ 进入保卫细胞使细胞内正电荷增加,细胞为维持电中性,K^+ 被苹果酸根和 Cl^- 所平衡。苹果酸是在保卫细胞的细胞质中合成的,细胞质中的淀粉通过糖酵解作用形成磷酸烯醇式丙酮酸(PEP),PEP 经羧化结合 CO_2 形成草酰乙酸,进一步还原为苹果酸,苹果酸进入液泡,水势降低,水分进入保卫细胞,气孔张开。植物是利用 Cl^- 还是苹果酸根平衡 K^+ 依植物种类而异。

③蔗糖-淀粉的相互转变在保卫细胞渗透调节的某些阶段起重要作用。保卫细胞的叶绿体中有淀粉大颗粒,当淀粉水解为蔗糖时,随蔗糖含量的增加保卫细胞的渗透势降低,水进入保卫细胞使细胞膨压增加,气孔张开;当蔗糖合成为淀粉时,保卫细胞的渗透势增加,水从保卫细胞渗出,细胞膨压降低,气孔关闭。

对气孔在一天中变化的研究证明,气孔运动的渗透调节可分为不同阶段。在日出时光照引起气孔张开,保卫细胞对 K^+ 的吸收起主要的渗透调节作用;随后,保卫细胞对 K^+ 的吸收降

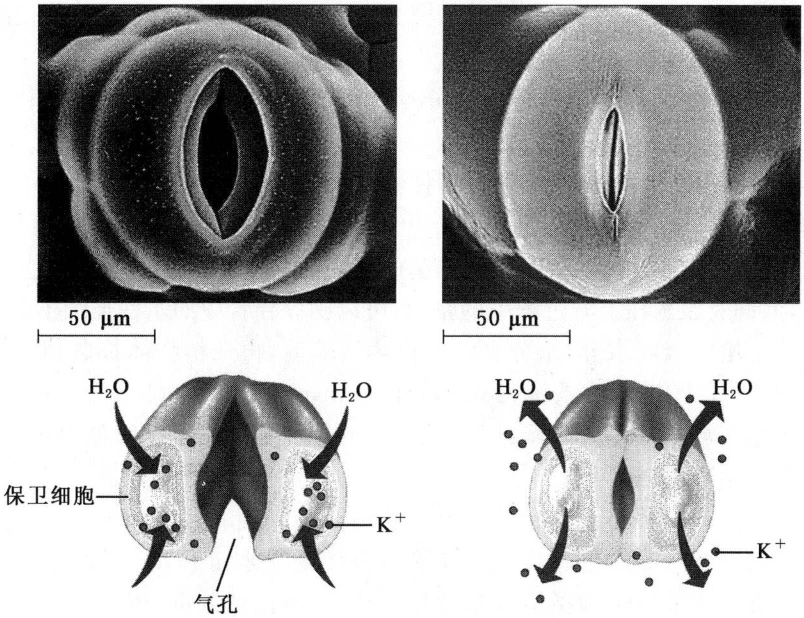

图 3-3　K^+ 调控的气孔运动

(Stern et al,2008)

低,保卫细胞中的蔗糖浓度逐渐成为主要渗透调节物质;在日落时气孔关闭,蔗糖浓度也降低。可见,气孔的张开与 K^+ 的吸收有关,而气孔的关闭与蔗糖浓度的降低有关。

ABA 对气孔运动有调节作用。ABA 促进气孔关闭,特别是在水分胁迫条件下。水分胁迫时叶片内 ABA 水平升高,促进气孔的关闭,从而减少叶片的蒸腾作用,维持叶片的水分平衡(图 3-4)。

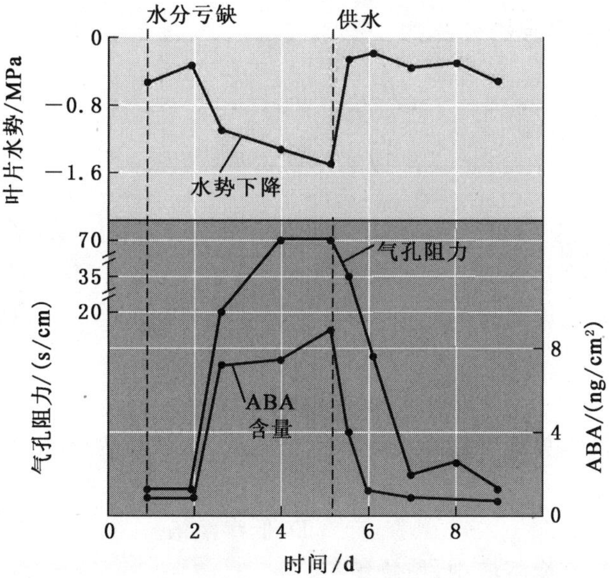

图 3-4　水分胁迫时叶片内 ABA 水平升高,促进气孔关闭

(Taiz and Zeiger,2006)

影响气孔运动和蒸腾速率的外界因素主要是光照、温度、湿度、水分、二氧化碳。

5. 植物体内水分的运输

在大多数植物中，木质部是植物体内水分运输的主要途径。水在木质部中运输的速度取决于植物的种类和植物蒸腾的速率。

水分在导管中运输的动力是根压和蒸腾拉力，其中蒸腾拉力是主要动力。

内聚力-张力学说可以解释由蒸腾拉力产生的水分吸收和水分的向上运输，即极性的水分子之间的内聚力和水分与木质部导管和管胞壁的吸附力，以及由于叶片蒸腾作用产生的对水柱向上的拉力，共同克服水柱上升过程中的张力，可以确保导管中的水柱连续不断地向上运输。

植物根系从土壤中吸收水分，水分在植物体内运输后，再从植物体扩散到大气中，因此，形成了一个土壤-植物-大气的连续系统（soil-plant-atmosphere continuum），在这个系统中水分的运动是从高水势区域向低水势区域进行的，水分的这种运动是一个降低自由能的自发运动。

6. 合理灌溉的生理基础

作物的需水量因作物种类不同而异。同一作物在不同生育期对水分的需求不同，生殖器官形成期和灌浆期对水分亏缺最敏感。合理灌溉以作物需水量和水分临界期为依据，参照生理指标制定灌溉方案。灌溉生理指标包括叶片水势、细胞汁液浓度、渗透势、气孔开度等。

四、重点和难点

1. 重点

（1）植物细胞水势的组成、水分移动的方向；

（2）细胞对水分的吸收；

（3）气孔蒸腾的调控机理和影响因素；

（4）植物体内水分运输的途径。

2. 难点

（1）植物细胞水势的概念；

（2）气孔运动的机理。

自 测 题

一、单项选择题

1. 植物体内自由水和束缚水的比值高时，细胞的代谢强度（　　），植物的抗逆性（　　）。

A. 强、弱　　B. 弱、强

C. 强、强　　D. 弱、弱

2. 如果外界溶液的水势高于植物细胞的水势，这种溶液称为（　　）。

A. 等渗溶液　　B. 高渗溶液

C. 平衡溶液　　D. 低渗溶液

3. 把植物组织放在高渗溶液中，植物组织（　　）。

A. 吸水　　B. 失水

C. 水分动态平衡　　D. 水分不变化

4. 将一个水充分饱和的细胞放入比其细胞液浓度更低的溶液中，细胞体积(　　)。

A. 变大　　B. 变小

C. 不变　　D. 变化无规律

5. 将一细胞放入与其渗透势相等的蔗糖溶液中，则(　　)。

A. 细胞吸水　　B. 细胞既不吸水也不失水

C. 细胞失水　　D. 细胞可能失水，也可能保持水分动态平衡

6. 能够引起生活细胞失水并发生质壁分离的溶液为(　　)。

A. 高渗溶液　　B. 平衡溶液

C. 低渗溶液　　D. 等渗溶液

7. 已经发生质壁分离的细胞，细胞的水势决定于细胞的(　　)。

A. 渗透势　　B. 压力势

C. 衬质势　　D. 膨压

8. 一个具有液泡的植物成熟细胞，其水势(　　)。

A. $\Psi_w=\Psi_p+\Psi_s+\Psi_m$　　B. $\Psi_w=\Psi_p+\Psi_m$

C. $\Psi_w=\Psi_p+\Psi_s$　　D. $\Psi_w=\Psi_s+\Psi_m$

9. 将一个发生初始质壁分离的细胞放入纯水中，细胞的水势、压力势和渗透势(　　)。

A. 均增大　　B. 均减小

C. 不变化　　D. 水势、压力势增大，渗透势减小

10. 相邻两细胞间水分的移动方向决定于细胞的(　　)。

A. 渗透势　　B. 压力势

C. 水势　　D. 压力势和水势

11. 如果将植物细胞放置在水势低于细胞水势的溶液中，细胞(　　)。

A. 吸水　　B. 失水

C. 水分动态平衡　　D. 不发生变化

12. 某一种植物在制造 100 g 干物质时消耗了 80 kg 水，该植物的蒸腾系数是(　　)。

A. 800　　B. 80

C. 8.0　　D. 0.8

13. 在高温气候条件下用冷水灌溉植物往往会引起(　　)。

A. 植物蒸腾加剧　　B. 植物萎蔫

C. 植物快速吸水　　D. 植物生长加速

14. 风干种子的吸水能力主要由(　　)决定。

A. 渗透势　　B. 压力势

C. 衬质势　　D. 压力势和渗透势

15. 植物幼嫩细胞利用构成细胞壁的果胶、纤维素和蛋白质亲水胶体对水分的吸附力吸收水分的现象称为(　　)。

A. 渗透吸水　　B. 吸胀吸水

C. 主动吸水　　D. 被动吸水

16. 下列有关植物吸收水分描述，不正确的是(　　)。

A. 植物从土壤中吸收水分的过程是水从高水势的土壤向低水势的植物根转移的过程

B. 当土壤水势高于植物根水势时，植物能从土壤吸水

C. 土壤和植物根之间的水势差影响植物对水的吸收速率

D. 当土壤水势降低时，植物对水的吸收速率随之增加

17. 下列有关植物对水分吸收的描述，不正确的是(　　)。

A. 根系是植物吸收水分的主要器官

B. 植物体内水分平衡的维持依赖于植物根吸水的能力

C. 植物根与土壤的接触面积和密切程度影响根系的吸水量

D. 根冠快速生长以增加根的长度，根长度的增加也是扩大根系与土壤接触面积的主要方式

18. 植物根系吸水的主要部位在(　　)。

A. 根冠　　B. 分生区

C. 伸长区　　D. 根毛区

19. 植物的伤流和吐水现象能够反映植物体(　　)。

A. 蒸腾拉力的强弱　　B. 根系生理活动的强弱

C. 植物的生长时期　　D. 植物的生长速度

20. 根压和蒸腾拉力在根系吸水过程中所起的主导作用因植物的蒸腾速率而异，只有在(　　)时，根压才是主要吸水动力。

A. 植株生长旺盛、根深叶茂　　B. 土壤水分状况较差

C. 叶片尚未展开的小苗　　D. 植株生长在气温高、湿度较小的环境

21. 植物根系吸收的水分主要通过(　　)运输到植物的地上部分。

A. 韧皮部筛管　　B. 木质部导管

C. 皮层细胞间隙　　D. 表皮、皮层细胞

22. 水分沿木质部导管向上运输的主要动力是(　　)。

A. 吐水　　B. 内聚力

C. 蒸腾拉力　　D. 根压

23. 植物体叶片的蒸腾失水产生的负静水压，将导管中的水柱向上拉动，形成水分的向上运输，解释水分向上运输的学说是(　　)。

A. 压力流动学说　　B. 内聚力-张力学说

C. 钾离子学说　　D. 收缩蛋白学说

24. 下列有关水分在植物体内的运输描述，不正确的是(　　)。

A. 木质部运输是水分运输的主要途径

B. 木质部中的输导细胞主要有管胞和导管分子

C. 管胞和导管分子的侧壁有纹孔

D. 管胞和导管分子有细胞膜和细胞器，细胞壁木质化加厚

25. 下列有关气孔运动描述，不正确的是(　　)。

A. 气孔运动受保卫细胞膨压变化和环境因素的调控

B. 在无水分胁迫的环境中，光是最主要的控制气孔运动的环境信号

C. 发生水分胁迫时，无论其他因素如何，气孔均关闭

D. 低浓度 CO_2 引起气孔关闭

26. 下列有关保卫细胞结构特征的描述，不正确的是（　　）。

A. 保卫细胞具有丰富的叶绿体和线粒体

B. 保卫细胞的细胞壁不均匀加厚

C. 肾形保卫细胞和哑铃形保卫细胞细胞壁的纤维素微纤丝的排列方式不同

D. 肾形保卫细胞细胞壁的纤维素微纤丝呈径向向细胞的两端排列，哑铃形保卫细胞细胞壁的纤维素微纤丝从气孔呈扇形辐射状向外侧排列

27. 随气孔阻力的增加，通过气孔的水分蒸腾量（　　）。

A. 增大　　B. 减小

C. 不受影响　　D. 持续增加

28. 光调控气孔的运动，其中最有效的光是（　　）。

A. 红光、远红光　　B. 绿光、蓝光

C. 红光、蓝光　　D. 紫光、红光

29. K^+ 是引起保卫细胞渗透势改变的最重要的离子，促使 K^+ 进入保卫细胞的根本原因是（　　）。

A. K^+ 浓度梯度　　B. 自由扩散

C. 选择性吸收　　D. 由 H^+-ATPase 质子泵建立的质子梯度

30. 气孔运动是由于保卫细胞的（　　）变化而引起的。

A. 液泡　　B. 水势

C. 细胞壁　　D. 叶绿体

31. 植物水分亏缺时，叶片中 ABA 含量（　　），促使气孔（　　）。

A. 增加，关闭　　B. 增加，张开

C. 降低，关闭　　D. 降低，张开

32. 植物水分亏缺时，随叶片中含水量的降低，气孔阻力（　　）。

A. 不受影响　　B. 增大

C. 减小　　D. 逐渐减小，直至消失

33. 植物水分临界期是指（　　）。

A. 植物对水分缺乏最敏感的时期　　B. 植物对水分需求最大的时期

C. 植物对水分利用率最高的时期　　D. 植物对水分需求最小的时期

二、简答题

1. 简述根系吸水的途径及特点。
2. 简述影响根系吸水的土壤条件。
3. 为什么根系吸水受温度影响？
4. 导管中水分的运输何以能连续不断？
5. 蒸腾作用有何生理意义？
6. 植物蒸腾作用常用的指标有哪些？
7. 解释“旱榜土，涝浇园”的科学依据。
8. 简述根系吸水的方式与动力。

9.简述植物体内水分向上运输的动力及产生原因。

10.影响植物蒸腾作用的因素有哪些?

11.如何理解成熟植物细胞构成一个渗透系统?举例证明。

12.将植物叶片从光下转入暗处,或将叶片浸入 10^{-6} mol/L 脱落酸溶液中,气孔将发生怎样的变化?扼要说明原因。

三、实验题

1.何谓植物的萎蔫?试分析植物发生萎蔫的原因。

2.采用细胞质壁分离法测定植物细胞渗透势时,其测定值一般偏离真实值。请回答偏离的方向,并解释原因。

3.列举3种植物水势的测定方法。

4.试述蒸腾作用的生理意义,分析蒸腾作用过强对植物的影响。

四、分析论述题

1.植物遭受水涝时常发生萎蔫现象,分析其原因。

2.夜晚植物气孔关闭但为何仍具有较高的失水率?

3.试述水分进出植物体的途径及特点。

4.分析蒸腾作用的利弊。

5.试述气孔运动的渗透调节机制及其影响因素。

6.试述水分对植物生命活动的作用。

参考答案

一、单项选择题

1.A	2.D	3.B	4.B	5.D	6.A	7.A	8.C	9.A	10.C
11.B	12.A	13.B	14.C	15.B	16.D	17.D	18.D	19.B	20.C
21.B	22.C	23.B	24.D	25.D	26.D	27.B	28.C	29.D	30.B
31.A	32.B	33.A							

二、简答题

1.简述根系吸水的途径及特点。

根系吸水进入植物体主要经由质外体途径和共质体途径。质外体途径是指水分通过细胞壁和细胞间隙扩散进入植物体内部。共质体途径是指水分从一个细胞经过胞间连丝进入另一个细胞,在细胞质连续体内运输,最终进入植物体内部。水分进入植物体可以通过两条途径交替进行。在共质体途径和质外体途径的交替中,水分需经历跨膜过程。水分由皮层质外体空间通过内皮层时,即跨膜进入内皮层细胞(共质体);水分从内皮层细胞进入木质部时又需从共质体跨膜出细胞。质外体途径的水分运输阻力小,运输速度快;共质体途径和跨膜途径的水分运输阻力大,运输速度相对较慢。

2. 简述影响根系吸水的土壤条件。

(1)土壤中可用水分含量：当土壤可用水分含量下降时，土壤溶液与根部细胞间的水势差减小，根系吸水减慢。

(2)土壤通气状况：土壤通气状况不好，土壤缺氧和二氧化碳浓度过高，使根系细胞呼吸速率下降，引起根系吸水困难。

(3)土壤温度：低温不利于根系吸水，因为低温下细胞原生质黏度增加，水分扩散阻力加大；同时根呼吸速率下降，影响根压产生，主动吸水减弱。高温也不利于根系吸水，土温过高加速根的老化进程，根细胞中的各种酶蛋白高温变性失活。

(4)土壤溶液浓度：土壤溶液浓度过高引起水势降低，当土壤溶液水势与根部细胞的水势接近时，根系吸水困难；当土壤溶液水势低于根部细胞的水势时，还会造成根系失水。

3. 为什么根系吸水受温度影响？

根系吸水与土壤温度有关，土壤温度过高或过低对根系吸水均不利。

低温不利于根系吸水，其原因是：①在低温下水分本身的黏度增加，扩散速率降低，同时细胞原生质黏度增加，水分扩散阻力加大；②根系细胞呼吸速率下降，影响根压的产生，主动吸水减弱；③低温下根系生长缓慢，根毛不发达，根的吸水面积受影响。

高温也不利于根系吸水，其原因是：①土壤温度过高会提高根的木质化程度，加速根的老化进程，根的吸水面积及吸水速度下降；②土壤温度过高使根细胞中的各种酶蛋白变性失活，影响根系的主动吸水。

4. 导管中水分的运输何以能连续不断？

由于植物体叶片的蒸腾失水产生很大的负静水压，将导管中的水柱向上拉动，形成水分的向上运输；水分子间有相互吸引的内聚力，水分子的内聚力很大，可达 20 MPa 以上；同时，水柱本身有重量，受向下的重力影响，这样，上拉的力量和下拖的力量共同作用于导管水柱，水柱上就会产生张力，但水分子内聚力远大于水柱张力。此外，水分子与导管或管胞细胞壁纤维素分子间还具有很大的附着力，因而维持了导管中水柱的连续性，使得导管水柱连续不断。这就是内聚力-张力学说。

5. 蒸腾作用有何生理意义？

①蒸腾作用是植物对水分吸收和运输的主要动力；②促进植物体对矿质元素和有机物的吸收及运输；③蒸腾作用通过水分的散失可以带走大量热能，所以能够降低叶片的温度，从而避免叶温过高对叶片的灼伤。

6. 植物蒸腾作用常用的指标有哪些？

(1)蒸腾速率(蒸腾强度)：植物在单位时间内，单位叶面积通过蒸腾作用而散失的水量，以 $g/(m^2 \cdot h)$为单位。

(2)蒸腾比率：植物每消耗 1 kg 水时所形成的干物质重量(g)。

(3)蒸腾系数(需水量)：植物制造 1 g 干物质所需消耗的水量(g)，是蒸腾比率的倒数。

7. 解释“旱榜土，涝浇园”的科学依据。

(1)在短期干旱时，榜松土壤表土，切断表土层土壤毛细管，减少表土层的水分蒸发；同时，使植物的浅表根系受一些损伤，从而促进更多的根分枝下扎，有利于根系吸收较深层水分，保证作物水分平衡和正常生长。

(2)植物受涝后，由于土壤缺氧，根系细胞会进行无氧呼吸，产生和积累较多的无氧呼吸产物，对根系细胞产生毒害作用。涝害后，在可能条件下排水晒田并浇灌新鲜水，以洗去积存的有害物质，补充氧气，从而可以减少淹涝引起的无氧呼吸所产生的毒害作用。

8. 简述根系吸水的方式与动力。

根系吸收水分的方式有两种：主动吸水与被动吸水。主动吸水是指由于根本身的生理活动引起的植物吸收水分的现象，这种吸水方式与地上部无关，吸水动力主要是根压。被动吸水是指由于植物体地上部的蒸腾作用而引起的根系吸水，被动吸水的主要动力是蒸腾拉力。

9. 简述植物体内水分向上运输的动力及产生原因。

植物体内水分向上运输的动力是根压和蒸腾拉力。

根压产生的原因：植物根系从土壤溶液中吸收离子，进入皮层细胞中的离子通过共质体途径进入内皮层细胞，进入内皮层细胞的离子再通过共质体或质外体途径被释放到木质部导管中。内皮层细胞相当于皮层和导管间的半透膜。离子在导管内的积累引起导管内渗透势下降，水势因此也下降，从而在内皮层内外建立了水势梯度，水分沿着水势梯度进入导管并因此而产生了正的静水压，即根压。根压推动水分向上运输。

蒸腾拉力产生的原因：当植物叶片进行蒸腾作用时，水分从气孔蒸腾散失到大气中，气孔下腔附近的叶肉细胞因蒸腾失水而水势下降，失水的细胞便会向相邻的水势较高的叶肉细胞吸水，如此传递，接近叶脉导管的细胞向叶脉导管、茎导管、根导管和根部吸水。这样便从叶片到根系产生了一个由低到高的水势梯度，促使根系从土壤吸水。这种因蒸腾作用所产生的吸水力量就是蒸腾拉力。

10. 影响植物蒸腾作用的因素有哪些？

（1）内部因素　气孔数量、气孔大小和气孔阻力直接影响蒸腾速率。气孔阻力包括气孔和气孔下腔的状况，如气孔的形状、气孔的体积和气孔的开度。在一定的范围内，气孔数量多、气孔阻力小，蒸腾作用强。

（2）外部因素

①光照：光照能提高大气和叶片的温度，光照也促使气孔张开，从而增强蒸腾作用。

②大气相对湿度：大气相对湿度低，蒸腾作用增强；大气相对湿度高，蒸腾作用减弱。

③温度：在大气相对湿度相同时，温度增高，蒸腾作用增强。

④风速：微风能降低气孔外的水蒸气，因此可促进蒸腾作用；强风能引起气孔关闭，气孔阻力增大，蒸腾作用减弱。

11. 如何理解成熟植物细胞构成一个渗透系统，举例证明。

植物细胞的细胞壁主要由纤维素、半纤维素、果胶分子组成的，水和溶质均可透过细胞壁，细胞壁可被视为透性膜。质膜和液泡膜接近于半透膜，细胞质膜以内、液泡膜以外的原生质体部分可被视为半透膜。成熟的植物细胞内含中央大液泡，充满细胞液，具有一定的水势。因此，细胞液与外界环境溶液间可以发生渗透作用。当一个成熟的细胞处于外界溶液中时，植物细胞与外界溶液就构成了一个渗透系统。

将成熟的植物细胞放入一个高渗的蔗糖溶液中，可以观察到细胞会发生质壁分离现象；将发生质壁分离的细胞再放回纯水中后，细胞会发生质壁分离复原。利用质壁分离、质壁分离复原现象可以证明植物细胞是一个渗透系统。

12. 将植物叶片从光下转入暗处，或将叶片浸入 10^{-6} mol/L 脱落酸溶液中，气孔将发生怎样的变化？扼要说明原因。

（1）将叶片从光下转入暗处会引起气孔关闭。因为在暗处叶片光合作用停止，呼吸作用释放 CO_2，保卫细胞内 CO_2 浓度的增加，使 pH 降低，淀粉磷酸化酶将可溶性糖转变为淀粉，水势升高，保卫细胞失水，气孔关闭。同时，在暗处不进行光合磷酸化，ATP 的合成减少，保卫细胞质膜上的 H^+-ATPase 质子泵建立的质子梯度受影响，不能驱动 K^+ 进入保卫细胞，相反，K^+ 从保卫细胞扩散出去，保卫细胞水势提高，细胞失水，气孔关闭。

（2）将叶片浸入 10^{-6} mol/L 脱落酸溶液中也会引起气孔关闭，ABA 抑制保卫细胞质膜上的内向 K^+ 通道蛋白活化，促进外向 K^+ 通道蛋白活化，这样减少了 K^+ 向保卫细胞中的流入，而刺激 K^+ 从保卫细胞流出。因而使保卫细胞水势增加，细胞失水，气孔关闭。

三、实验题

1. 解释小液流法测定植物组织水势的原理。

当植物细胞与外界溶液接触时，依据植物组织的水势与溶液渗透势（水势）的高低而发生细胞的吸水或失水，结果使外界溶液的比重发生改变。如果植物组织的水势与溶液渗透势相等（等渗溶液），植物组织与溶液的水分状态达到动态平衡，外界溶液的比重不发生改变。配置一系列浓度的外界溶液，将一定面积或重量的植物材料浸入溶液中，一定时间后，取一滴与植物材料接触后的溶液并将其滴回到原溶液中，根据小液滴的升降情况可以判断确定出等渗溶液，根据等渗溶液的浓度可以计算出植物组织水势。

2. 采用细胞质壁分离法测定植物细胞渗透势时，其测定值一般偏离真实值。请回答偏离的方向，并解释原因。

利用细胞质壁分离法测定植物细胞渗透势时，一般测得的结果小于渗透势的真实值。因为细胞开始发生质壁分离时细胞质已经失水，使得细胞液浓度相应有所升高，所以在已经发生质壁分离时测定到的溶液渗透势会略小于细胞压力势为零时的渗透势。

3. 列举 3 种植物水势的测定方法。

（1）组织体积法：将植物组织放入一系列已知不同浓度的溶液（如蔗糖、甘露醇等）中，一段时间后，找出植物组织体积不发生变化的溶液，表明该溶液和植物组织间水分交换达到动态平衡，由溶液的浓度计算出渗透势，从而可得出植物组织的水势。也可以测定植物组织的重量变化代替体积变化。

（2）小液流法：原理与上法相同，通过测定溶液在浸泡植物材料前后的比重的变化，确定与植物组织间水分交换达到动态平衡的溶液，通过溶液的浓度计算溶液渗透势，同样可得出植物组织的水势。

（3）冰点下降法：当溶液浓度增高时，溶液的冰点会下降。用冰点渗透计来测定溶液的冰点，由冰点计算溶质浓度，从而推算得到渗透势。

（4）压力室法：把待测量的植物叶片、茎枝等器官离体，密封在一个压力小室中，使叶柄、茎的切口端露出压力室。由于叶片、茎器官在离体前木质部中的水柱处于负张力状态，当器官离体后，木质部中断，其内的水柱即会缩进导管分子中。逐渐增加压力室的空气压力，使得木质部中的水柱又出现在叶柄、茎的切口端，此时所施加在压力室的压力称为平衡压，平衡压即可反应叶片、茎等器官在离体前存在于木质部中的负压力。由于在许多植物中，木质部的压力势较大，而木质部汁液的溶质势较小，因此，在许多情况下可以将压力室所测定的值作为所测材料的水势值。

以上测定方法列举3种即可。

4. 用简单实验证明植物吸水的方式。

植物吸水的方式有主动吸水和被动吸水。主动吸水的动力是根压，被动吸水的动力是蒸腾拉力。一般情况下，植物吸水的主要方式是以蒸腾拉力推动的被动吸水。

证明植物以蒸腾拉力为吸水动力的实验：取生长旺盛的植物，切去根系后立即插入带有颜色的水中，使叶片保持挺立，一段时间后，可见带颜色的水柱沿着茎导管和叶脉上升，说明没有根系的生理活动，仅靠蒸腾拉力就能保持水分不断上升。

证明根系主动吸水的实验：在植物茎基部靠近地面的部分切去枝叶，不久即有液滴从伤口流出。由于切去枝叶后没有蒸腾作用导致被动吸水，但仍有伤流流出，证明根系可以主动吸水。

四、分析论述题

1. 何谓植物的萎蔫？试分析植物发生萎蔫的原因。

当植物体吸收水分和散失水分不平衡时，散失的水分多于吸收的水分，植物体细胞膨压降低，出现疲软现象即为植物的萎蔫。引起植物体内水分平衡丧失的因素均可能导致植物萎蔫，例如，水涝、土壤缺氧、低温等。

水涝时，土壤往往缺氧，在土壤缺氧条件下，根系有氧呼吸受阻，影响根系对矿物质的正常吸收，根系对离子的主动吸收受阻，根内外不能形成溶质势差(水势差)，植物与土壤环境之间的水势梯度受影响，从而抑制了根系对水分的继续吸收；同时，在缺氧时根系进行无氧呼吸，在根际周围产生或积累乙醇等有害物质，使根系受损，限制根系的生长，减少根的吸水面积，并使根部的输导水分的能力丧失。因此，在水涝时尽管植物根系水分供应充足，但由于根系环境缺氧而不能进行正常的水分吸收，表现出萎蔫。

低温影响根系的生命活动，根生长减慢，根系吸收能力下降。同时，植物的失水大于吸水，植物体内水分平衡遭到破坏，导致植株萎蔫。

2. 夜晚植物气孔关闭但为何仍具有较高的失水率？

一般植物失水主要依赖于蒸腾作用，蒸腾作用包括皮孔蒸腾、角质层蒸腾和气孔蒸腾。植物通过茎、枝上的皮孔进行的蒸腾，称为皮孔蒸腾。但皮孔的蒸腾量非常小，约占全部蒸腾的0.1%。植物的蒸腾作用主要在叶片上进行，叶片的蒸腾作用包括角质层蒸腾和气孔蒸腾。气孔蒸腾是最主要的蒸腾形式。气孔蒸腾量与气孔开闭相关，一般白天气孔张开，气孔蒸腾量较大，夜晚气孔关闭，气孔蒸腾量降低。角质层蒸腾是指通过叶片表皮的角质层进行的蒸腾，角质层本身不允许水分通过，但角质层中含有吸水能力较大的果胶质，以及角质层所具有的“间隙”，可使水分通过。夜晚虽然植物气孔已经关闭，但角质层蒸腾依然存在，因此夜晚植物体依然存在水分的散失。一般植物成熟叶片通过角质层蒸腾的水量占全部蒸腾的5%～10%。通过角质层蒸腾的水分散失量与植物生长的环境有关，尤其在干旱地区，大气湿度相对较低，夜间空气仍较干燥，植物与空气的水势差较大，植物通过角质层蒸腾散失的水量较高。

3.试述水分进出植物体的途径及特点。

植物根系从土壤中吸取水分,水分进入植物体后通过木质部导管向上运输到植物体地上部的所有器官,部分水分参与植物体内的各种代谢活动,其余大部分水分通过蒸腾作用扩散到大气中。

植物根系从土壤中吸取水分,吸水分为主动吸水(也称为代谢性吸水)和被动吸水。主动吸水的动力是根压,是由于根系代谢活动使得矿质离子在导管内积累,引起导管内渗透势下降,水势下降,水分沿着水势梯度进入导管。被动吸水的动力是蒸腾拉力,是由于植物叶片的蒸腾作用,水分从气孔蒸腾散失到大气中,使得从叶片到根系产生由低到高的水势梯度,促使根系从土壤吸水。

在植物体内水分的运输均沿水势降低的方向进行。水分运输的途径包括质外体途径和共质体途径。水分从土壤进入木质部导管的运输,属于径向运输,运输的距离短。水分在导管中的运输属于纵向运输,运输的距离长。质外体途径的水分运输阻力小,运输速度快;共质体途径和跨膜途径的水分运输阻力大,运输速度相对较慢。蒸腾拉力是水分运输的主要动力,水分在导管中长距离运输时,主要在蒸腾拉力-内聚力-张力的作用下进行。

运输到植物体地上部的水分以水蒸气的形式经皮孔、角质层和气孔向外蒸腾散失,其中以气孔蒸腾为主要形式。气孔蒸腾受气孔运动的调节。

4.试述蒸腾作用的生理意义,分析蒸腾作用过强对植物的影响。

蒸腾作用是指植物体内的水分以气态的形式扩散到大气中的过程,是一种生理过程。蒸腾作用的生理意义主要在于通过蒸腾作用降低植物的叶温。陆生植物在吸收光能进行光合作用时,叶片的温度会升高。过高的叶温会加速植物的呼吸作用,甚至破坏植物的光合系统。蒸腾作用通过叶片水分的散失带走大量热能,从而降低植物的叶温,避免叶温过高对叶片的伤害。其次,蒸腾作用有助于植物体形成自上而下的水势梯度,有利于植物根系的水分吸收和矿物质的吸收和运输,有利于植物体内其他物质的运输和分配。

当植物的蒸腾作用过强时,会造成植物失水过多,从而引发植物体水分亏缺,甚至引起植物体严重脱水。同时,蒸腾较强会引起植物膨压降低,植物体出现萎蔫现象,从而影响细胞伸长和植物生长,影响物质的运输和正常的生理代谢等。

5.试述气孔运动的渗透调节机制及其影响因素。

(1)气孔保卫细胞的特点:气孔是植物叶表皮组织上的两个特化的表皮细胞即保卫细胞围绕而成的小孔。气孔是植物叶片与外界进行气体交换的主要通道,气孔通过调节保卫细胞内水分得失引起其体积的变化,进而调节小孔的大小来控制气体进出叶片。保卫细胞的一个重要特征是其细胞壁明显不均匀加厚,肾形保卫细胞靠外侧细胞壁较薄,内侧壁较厚。此外,保卫细胞细胞壁的纤维素微纤丝从小孔向外辐射排列。当保卫细胞吸水膨大时,由微纤丝牵引内壁向外运动,气孔张开。保卫细胞的另一个特征是保卫细胞具有叶绿体而表皮细胞不含叶绿体。

(2)气孔运动的渗透调节机制:气孔运动主要与保卫细胞的水势(或膨压)变化有关,保卫细胞水势提高则气孔张开,水势降低则气孔关闭。目前,主要用淀粉-蔗糖转化学说、K^+积累学说和苹果酸代谢学说解释气孔运动机制。

淀粉-蔗糖转化学说认为，气孔运动是由于保卫细胞中淀粉和蔗糖转化而形成的渗透势改变造成的。淀粉水解转化为蔗糖会对保卫细胞的渗透势产生影响，淀粉水解转化为蔗糖时保卫细胞的渗透势降低，水进入细胞使细胞膨压增加，气孔张开。当蔗糖合成淀粉时保卫细胞的渗透势增加，水流出细胞，使细胞膨压降低，气孔关闭。

K^+积累学说认为，保卫细胞中水势变化与K^+含量有关。在光下，保卫细胞叶绿体通过光合磷酸化合成ATP，活化了保卫细胞质膜上的H^+-ATPase，在H^+-ATPase作用下，质子被排出保卫细胞，保卫细胞pH升高，同时使保卫细胞的质膜超极化。在保卫细胞质膜H^+-ATPase质子泵建立的质子梯度推动下，K^+从表皮细胞经过保卫细胞质膜上的K^+通道进入保卫细胞，再进入液泡。保卫细胞中积累较多的K^+，水势降低，水分进入保卫细胞，气孔张开。在黑暗中，K^+从保卫细胞扩散出来，保卫细胞水势增高，失水引起气孔关闭。

苹果酸代谢学说认为，在光下，保卫细胞内的CO_2被利用时，pH升高，使PEP羧化酶活化，PEP经羧化结合CO_2形成草酰乙酸，进一步还原为苹果酸，苹果酸进入液泡，水势降低，水分进入保卫细胞，气孔张开。同时，进入液泡的苹果酸根和Cl^-共同与K^+在电学上保持平衡。

以上3个学说的本质都是渗透调节，保卫细胞中溶质增加，保卫细胞水势下降，从周围细胞吸水，气孔张开。反之，气孔关闭。

(3)影响气孔运动的外界因素：主要是光照、温度、湿度、水分、二氧化碳等。

光照：光照是引起气孔运动的主要环境因素。多数植物的气孔在光照下张开，黑暗中关闭。景天科植物的气孔例外，白天关闭，晚上张开。

温度：在一定的温度范围内，气孔开度一般随温度的上升而增大。在30 ℃左右达到最大气孔开度，35 ℃以上的高温会使气孔开度变小。低温(如10 ℃)下长时间光照也不能使气孔很好地张开。

水分：叶片水势下降，气孔开度减少或关闭。发生水分亏缺时，无论其他有关气孔运动的因素如何，气孔都会关闭。

CO_2：低浓度CO_2促进气孔张开，高浓度CO_2使气孔迅速关闭。无论光照或黑暗均是如此。

风：大风引起气孔关闭。

植物激素：ABA促使气孔关闭，ABA会增加胞质Ca^{2+}浓度和胞质溶胶pH，一方面抑制保卫细胞质膜上的内向K^+通道蛋白活性，促进外向K^+通道蛋白活性，促使细胞内K^+浓度减少；同时，ABA活化外向Cl^-通道蛋白，Cl^-外流，保卫细胞内Cl^-浓度减少，保卫细胞膨压下降，气孔关闭。细胞分裂素可以促进气孔张开。

6. 试述水分对植物生命活动的作用。

(1)水是植物细胞的主要组成成分，细胞含水量在70%～90%。

(2)水是植物体内代谢过程的反应物质。水是光合作用的直接原料，水参与呼吸作用，参与有机物质的合成与分解的过程。水对生物大分子的构象有重要影响。

(3)水是自然界中最丰富的溶剂，在细胞中物质的代谢和运输、细胞间的信号传递都是在水溶液中进行的。

(4)水分关系使细胞具有膨压,膨压使细胞保持紧张度,维持植物体的挺立姿态,这是维持细胞正常生命活动的必需条件,细胞分裂和细胞伸长都与水分供应有关,缺水影响生长。

(5)水的理化性质有利于植物的生命活动。

①水分子具有极性,所以水分子具有稳定原生质胶体的作用。

②水有很大的内聚力和表面张力,有利于物质吸收和运输。

③水有很高的比热和汽化热,有利于调节体温,适应环境,具有重要的生态意义。

④水能吸收红外光,对可见光吸收少,有利于光合作用。

第四章　植物的矿质营养

内容提要

一、概述

本章主要介绍植物体内必需元素的主要生理功能，重点介绍植物对矿质元素的吸收与运输以及植物对氮素的同化过程，简要介绍合理施肥的生理指标。

二、学习目标

(1)掌握植物必需元素的确定方法。

(2)掌握植物体内必需元素的主要生理功能及缺素症。

(3)掌握植物细胞跨膜吸收离子的机制。

(4)掌握根系和地上部对矿质元素的吸收、利用及影响因素。

(5)掌握植物对氮、磷、硫的同化过程。

三、基本内容

1.植物体内的必需元素

通过溶液培养或沙基培养，按照植物必需元素的 3 个标准，目前已经明确 17 种元素是植物必需元素：碳、氧、氢、氮、钾、钙、镁、硫、磷、氯、铁、锰、硼、锌、铜、钼、镍；其中碳、氧、氢、氮、钾、钙、镁、磷、硫 9 种元素为大量元素；氯、铁、硼、锰、锌、铜、镍和钼 8 种元素为微量元素。有益元素是对植物生长表现有益作用，并能部分代替某一必需元素的作用，减缓缺素症的元素，如钠、钴、硅、硒、钒等。植物体内还有稀土元素分布。有些元素少量或过量存在时对植物有毒，将这些元素称为有害元素，如重金属汞、铅、钨、铝等。

植物必需矿质元素在植物体内的生理作用包括：①是细胞结构物质的组成成分；②参与调节植物细胞的生理活动，参与调节酶的活动；③起电化学作用，即离子浓度的平衡、胶体的稳定和电荷中和等；④作为细胞内信使参与信号转导。

当植物缺乏某些营养元素时表现出的特征性病症，称为缺素症。植物缺素症的诊断方法包括：①化学分析诊断法；②病症诊断法；③加入诊断法。

2.植物对矿质元素的吸收与运输

根据跨膜离子运输蛋白的不同，植物细胞吸收离子的方式可分为离子通道运输、离子载体运输、离子泵运输和胞饮作用。前 3 种是植物细胞吸收离子的主要方式(图 4-1)。

通道运输是通过膜上离子通道进行的，通道对离子运输有选择性，顺电化学势梯度进行，不消耗代谢能量，是一种被动吸收过程。

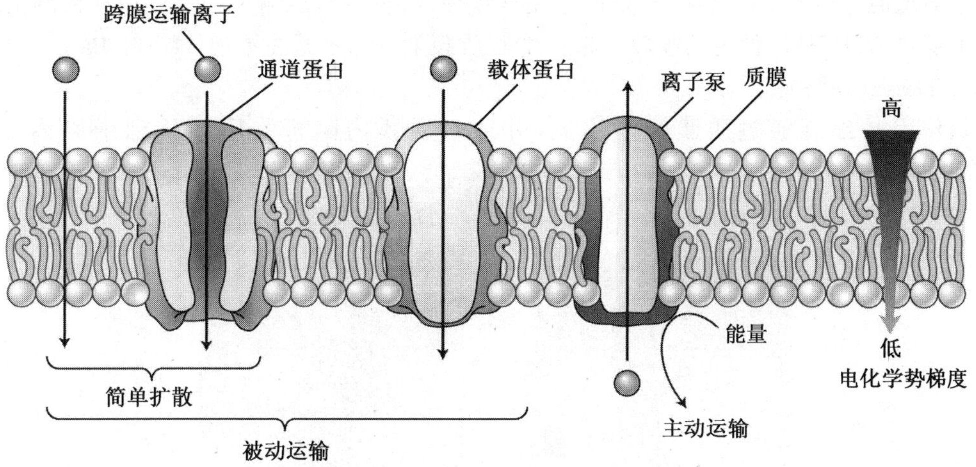

图 4-1　离子跨膜运输蛋白示意图

（Taiz and Zeiger，2010）

载体运输是通过膜上离子载体进行的，载体蛋白有选择地与质膜一侧的分子或离子结合，通过载体蛋白的构象变化将物质转移到膜的另一侧。载体蛋白可分为单向转运体、同向共转运体和反向共转运体（图 4-2）。单向转运体催化分子或离子单方向地跨膜运输。同向共转运体是转运体与质膜外侧的 H^+ 结合的同时，又与另一个分子或离子结合，同向运输。反向共转运体是转运体与质膜外侧的 H^+ 结合的同时，又与质膜内侧的分子或离子结合，两者朝相反方向运输。载体运输可以是顺电化学势梯度进行跨膜运输（被动运输），也可以是逆电化学势梯度进行跨膜运输（主动运输）。

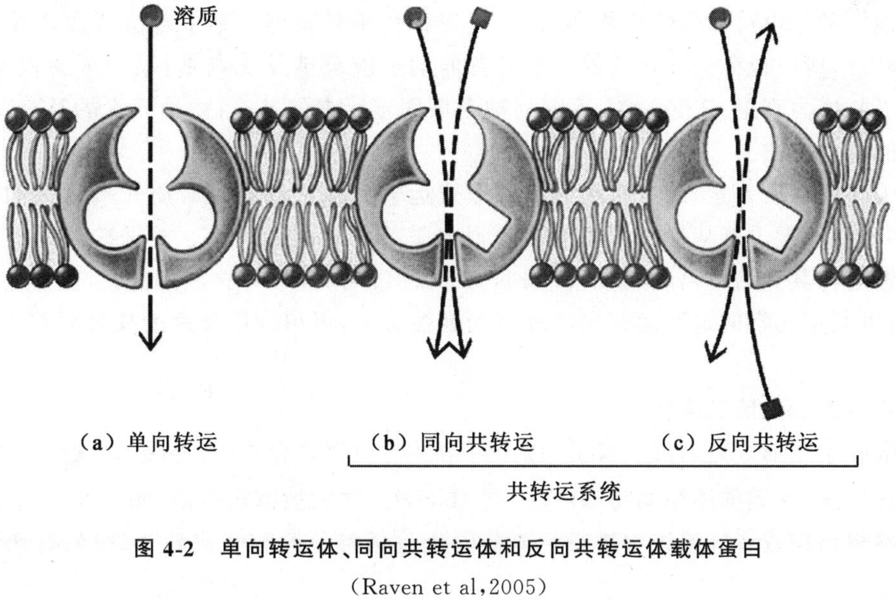

图 4-2　单向转运体、同向共转运体和反向共转运体载体蛋白

（Raven et al，2005）

泵运输是通过离子泵运送离子，是逆电化学势梯度进行的，运输过程需要消耗代谢能量，能量来源于水解 ATP，是一种主动吸收。植物细胞质膜上的离子泵主要有 H^+-ATPase（质子泵）和 Ca^{2+}-ATPase（钙泵）。

胞饮作用是细胞通过质膜吸附物质，并通过质膜内陷将物质转移到细胞内的过程（图 4-3）。

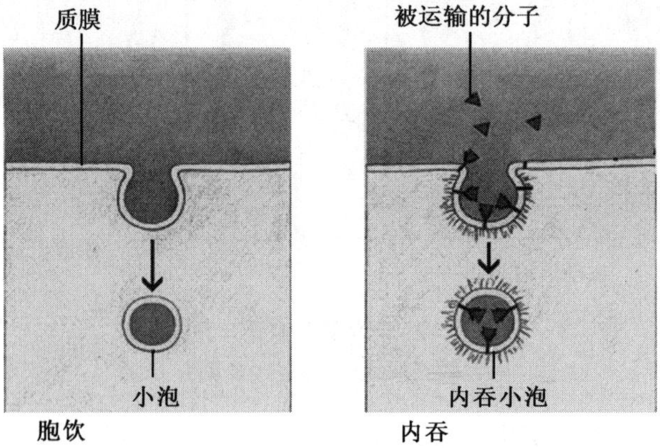

图 4-3 胞饮作用

（Raven et al，2005）

植物体吸收矿质元素的主要器官是根系，最活跃的部位是根尖的根毛区。

根系对矿质元素吸收的特点是：对矿质元素和水分的吸收具有相对性；离子的吸收有选择性；具有单盐毒害和离子拮抗作用。根系吸收离子途径包括质外体途径、共质体途径。根系对矿质元素的吸收受土壤条件（温度、通气状况、介质的 pH、离子间的相互作用和土壤真菌）等的影响。

植物地上部分也可以吸收矿物质，这个过程称为根外营养。地上部分吸收矿质元素的器官主要是叶片，所以也称为叶片营养。根外营养的适应范围及优点是：早期植物根系不发达，后期根部吸收能力衰退；P、Fe、Mn 等容易被土壤固定元素的补充；微量元素的补充；是诊断作物缺素症的重要方法。

根系吸收的矿质元素，以有机物或离子形式运输到地上部分。矿质元素运输的途径是木质部，有些矿质元素也能从韧皮部横向运输到木质部而后向上运输。根据矿质元素在植物体内的循环情况将其分为可再利用元素（如 N、P、K、Mg 等）和不可再利用元素（如 Ca、Mn、Fe、S 等）。不可再利用元素的缺素症首先出现在幼嫩器官上，可再利用元素的缺素症首先出现在较老器官上。

3. 植物对氮、磷、硫的同化

氮素吸收主要形式是 NH_4^+、NO_3^- 以及可溶性有机氮化合物（氨基酸、尿素等），其中 NO_3^- 经过硝酸还原酶、亚硝酸还原酶将 NO_3^- 还原成 NH_4^+ 才能被植物利用，硝酸还原酶是诱导酶。还原过程在根组织或者叶组织中进行。氨的同化包括谷氨酰胺合成酶、谷氨酸合酶和谷氨酸脱氢酶等途径。

磷素以磷酸盐形式被植物吸收，少数仍以离子状态存在于体内，大多数同化成有机物。在线粒体中，磷酸盐通过氧化磷酸化形成 ATP。在叶绿体中，光合磷酸化也可形成 ATP。在胞质中也可通过转磷酸作用形成 ATP。

硫的吸收形式主要是通过植物根部从土壤中吸收硫酸根离子(SO_4^{2-})。植物合成含硫有机物首先是将 SO_4^{2-} 活化，其过程是 SO_4^{2-} 与 ATP 作用形成腺苷磷酸硫酸，进一步活化形成 3′-磷酸腺苷磷酸硫酸，之后被结合到胱氨酸、半胱氨酸、蛋氨酸上，最后进入蛋白质结构。

4.合理施肥的生理基础

不同植物需肥情况不同，植物在不同生育时期对矿质元素的吸收情况也不一样。合理追肥的指标包括形态指标、生理指标(叶片与土壤营养元素、酰胺、酶活性等)。发挥肥效的措施包括适当灌溉、适当深耕、改善施肥方式。

四、重点和难点

1.重点

(1)植物必需元素主要生理功能及缺素症状；

(2)植物对矿质元素的吸收与运输及环境因素的影响；

(3)矿质元素在体内的运输和利用；

(4)植物对氮素的同化过程。

2.难点

(1)植物细胞跨膜吸收离子的机制；

(2)氮素同化机制。

自 测 题

一、单项选择题

1.下列有关植物的矿质营养的描述，不正确的是(　　)。

A.吸收、同化和利用各种矿质营养元素是植物生长发育的基本过程

B.在植物体内，矿质营养可以作为细胞的组成成分，也可以参与调控生命活动

C.同种植物的不同器官或组织中矿质元素含量不同

D.生长发育所必需的矿质元素在植物体内含量较高

2.植物从大气和水中摄取的非矿质元素是(　　)。

A. N、H、O　　B. N、P、K

C. C、H、N　　D. C、H、O

3.在植物生命活动中占有首要的地位、被称为生命元素的是(　　)。

A. P　　B. N

C. Ca　　D. K

4.缺素症表现为花粉发育不良、“花而不实”的元素可能是(　　)。

A. Fe　　B. Mo

C. B　　D. Cu

5. 下列哪种元素是构成细胞渗透势的重要成分，并对蛋白质、糖的合成有促进作用？(　　)

A. N　　B. P

C. K　　D. Ca

6. 下列哪种元素是固氮酶成分，在氮代谢中有重要作用，对豆科植物的增产作用显著？(　　)

A. Mg　　B. Mo

C. B　　D. Ca

7. 下列元素中，参与细胞氧化还原反应的元素是(　　)。

A. Fe　　B. Cl

C. Na　　D. Ca

8. 下列 4 组矿质元素，哪组元素的缺素症表现为叶片缺绿？(　　)

A. Fe，Cl，N，Ca　　B. Mg，Fe，N，S

C. P，N，Mg，S　　D. P，Mo，Mg，S

9. 植物缺锌时，导致吲哚乙酸合成减少，合成受阻的氨基酸是(　　)。

A. 丙氨酸　　B. 谷氨酸

C. 赖氨酸　　D. 色氨酸

10. 植物体内缺乏(　　)时会导致体内尿素积累，最终对植物造成毒害。

A. Mo　　B. Mn

C. B　　D. Ni

11. 下列有关离子通道的描述，不正确的是(　　)。

A. 离子通道有选择性

B. 不同的离子通道对不同的离子选择性不同

C. 离子逆着电化学势梯度通过离子通道进行跨膜运输

D. 离子通过离子通道顺着电化学势梯度进行跨膜运输

12. 质膜上已知的离子通道有(　　)。

A. K^+，Mg^{2+}，Ca^{2+} 和 NO_3^-　　B. K^+，Cl^-，Ca^{2+} 和 NO_3^-

C. K^+，Cl^-，Mg^{2+} 和 Mn^{2+}　　D. K^+，Zn^{2+}，Ca^{2+} 和 Fe^{2+}

13. 下列哪种运输既可以顺着电化学势梯度跨膜运输(被动运输)，也可以逆着电化学势梯度进行(主动运输)？(　　)

A. 离子载体运输　　B. 离子通道运输

C. 离子泵运输　　D. 反向共运输

14. 下列有关离子泵的描述，不正确的是(　　)。

A. 离子通过离子泵逆着质子电化学势梯度进行跨膜运输

B. 离子顺着质子电化学势梯度通过离子泵进行跨膜运输

C. 通过离子泵的运输过程消耗能量

D. 跨膜质子电化学势梯度是跨膜运输的动力

15. 植物吸收下列哪种盐不会引起根系环境的 pH 发生改变，该盐被称为(　　)。

A. 生理中性盐，如 NH_4NO_3　　B. 生理中性盐，如 $NaNO_3$

C. 生理碱性盐，如 $Ca(NO_3)_2$　　D. 生理酸性盐，如 $(NH_4)_2SO_4$

16. 植物根系吸收 NO_3^- 后，NO_3^- 在(　　)被还原。

A. 叶肉细胞　　B. 根组织

C. 植物体地上部　　D. 根组织和叶肉细胞

17. 植物根系吸收磷酸后，向地上部分运输的主要形式是(　　)。

A. 正磷酸盐　　B. 磷酰胆碱

C. 有机磷化物　　D. ATP

18. 生物固氮中的固氮酶的组成亚基是(　　)。

A. Cu 蛋白，Fd　　B. Fe-S 蛋白，Fd

C. Mo-Fe 蛋白，Fe-S 蛋白　　D. Mo-Fe 蛋白，Fe 蛋白

19. 植物茎部节间短，叶片狭小呈簇生状，叶片缺绿，严重时新梢由上而下枯死，可能缺乏的元素是(　　)。

A. 钾　　B. 铜

C. 钙　　D. 锌

20. 植物叶片的叶肉细胞内进行硝酸还原的部位是(　　)。

A. 内质网、液泡　　B. 叶绿体、线粒体

C. 细胞质、叶绿体　　D. 细胞质、高尔基体

21. 生理分析诊断结果显示植株体内酰胺含量很高，植物可能是(　　)。

A. 缺少 NO_3^- 态氮的供应　　B. 氮素供应充足

C. 缺少 NH_4^+ 态氮的供应　　D. NH_4^+ 态氮的供应充足而 NO_3^- 态氮的供应不足

22. 大量元素占植物体干重的(　　)。

A. 0.1%～10%　　B. 0.01%～1%

C. 1%～10%　　D. 0.01%～0.1%

23. 植物体中的镁和磷含量接近，大致占植物干重的(　　)。

A. 1%　　B. 0.1%

C. 0.2%　　D. 0.05%

24. 植物缺乏下列哪种元素时老叶叶尖、叶缘焦黄，向下翻卷，茎秆柔弱、易倒伏？(　　)

A. Zn　　B. P

C. K　　D. Mg

25. 植物体内催化氨同化形成氨基酸的主要酶是(　　)。

A. 氨甲酰磷酸合成酶　　B. 谷氨酰胺合成酶和谷氨酸合酶

C. 谷氨酸脱氢酶　　D. 转氨酶

26. 植物活细胞中含量最高的无机离子是(　　)。

A. Ca^{2+}　　B. K^+

C. Mg^{2+}　　D. Cl^-

27. 植物根部吸收矿质养分最活跃的区域是(　　)。

A. 根冠　　B. 伸长区

C. 根毛区　　D. 分生区

28. 钴、硒、钠、硅等元素属于(　　)。

A. 微量元素　　B. 大量元素

C. 有益元素　　D. 稀土元素

29. 稀土元素在植物体内分布一般规律是(　　)。

A. 根>茎>叶　　B. 茎>根>叶

C. 叶>茎>根　　D. 根>叶>茎

30. 植物体内作为第二信使的金属离子是(　　)。

A. Ca^{2+}　　B. Mg^{2+}

C. Mn^{2+}　　D. Fe^{3+}

31. 相对于离子或溶质通过通道蛋白的运输而言,离子或溶质通过载体蛋白跨膜运输的主要特点是(　　)。

A. 运输速度快　　B. 运输速度慢

C. 有选择性　　D. 顺浓度梯度

32. 植物细胞中质子泵利用 ATP 水解释放的能量,逆电化学势梯度跨膜转运 H^+,这一过程称为(　　)。

A. 初级主动运输　　B. 次级主动运输

C. 同向共转运　　D. 反向共转运

33. 膜片钳技术研究的对象是(　　)。

A. 离子通道　　B. 离子载体

C. 离子泵　　D. 同向共转运体

34. 植物的嫩叶叶脉间缺绿,可能植物缺下列哪种元素?(　　)

A. Mg　　B. P

C. S　　D. Fe

35. 下列元素缺乏时,导致植物幼叶首先出现病症的元素是(　　)。

A. N　　B. P

C. Ca　　D. K

36. 与保卫细胞的水势变化关系最密切的离子是(　　)。

A. Ca^{2+}　　B. K^+

C. Cl^-　　D. Mg^{2+}

37. 下列属于生理碱性盐的是(　　)。

A. $NaNO_3$　　B. $(NH_4)_2SO_4$

C. NH_4NO_3　　D. $MgSO_4$

38. 下列有关作物需肥特点的描述,不正确的是(　　)。

A. 不同作物对肥料类型的要求不同

B. 同一作物在不同生育期需肥不同

C. 作物在营养生长期需氮肥量较大,生殖生长期需磷、钾肥较多

D. 栽培叶菜类作物需多施磷、钾肥,栽培薯类作物需多施氮肥

二、简答题

1. 如何确定某元素是植物的必需元素?
2. 简述植物体必需元素的主要生理作用。
3. 简述溶液培养的特点及应用。
4. 为什么氮被称为生命元素?
5. 何谓易化扩散?
6. 简述离子跨膜运输的初级主动运输与次级主动运输的过程。
7. 简述质膜单向转运体跨膜转运离子的过程及特点。
8. 植物根系吸收矿质有哪些特点?
9. 影响根部吸收矿质元素的因素有哪些?
10. 列举出 4 个缺素症为植物叶片缺绿的元素,并简述其特征。
11. 简述植物根外营养的特点。
12. 简述在生产实践中植物追肥的指标。
13. 简述根吸收矿质元素的过程。
14. 怎样做到合理施肥?

三、实验题

1. 分析下列数据,总结离子跨膜运输的特征。

海水及在其中生长的藻类液泡中几种离子浓度的比较　　mmol/L

离子	*Nitella obtusa*		*Halicystis ovalis*	
	液泡中浓度	海水中浓度	液泡中浓度	海水中浓度
Na^+	54	30	257	488
K^+	113	0.65	337	12
Cl^-	206	35	543	523

2. 设计实验证明植物根系吸收矿质元素具有选择性。
3. 举例证明根系对离子的主动吸收。
4. 以蚕豆叶表皮为材料,设计实验观察钾离子对气孔开度的影响。
5. 现配制了 4 种溶液(见下表),每种溶液的总浓度相同,将已经发育的小麦种子放到这些培养液中,14 d 后测定的数据如下表所示。请简要分析实验结果及产生的原因。

处理	溶液	根长/mm
1	$NaCl$	150
2	$CaCl_2$	70
3	$NaCl+CaCl_2$	254
4	$NaCl+CaCl_2+KCl$	324

四、分析讨论题

1. 论述植物细胞膜转运蛋白对矿质元素的转运机理。
2. 试分析导致植物叶片缺绿的可能原因。
3. 举出10种元素,说明它们在光合作用中的生理作用。
4. 试讨论钙在植物体内的生理作用及植物缺钙的症状。
5. 试解释植物怎样利用土壤中的氮素营养。

参考答案

一、单项选择题

1. D	2. D	3. B	4. C	5. C	6. B	7. A	8. B	9. D	10. D
11. C	12. B	13. A	14. B	15. A	16. D	17. A	18. D	19. D	20. C
21. B	22. A	23. C	24. C	25. B	26. B	27. C	28. C	29. A	30. A
31. B	32. A	33. A	34. D	35. C	36. B	37. A	38. D		

二、简答题

1. 如何确定某元素是植物的必需元素?

采用溶液培养法,分别将植物幼苗置于含全部营养元素和缺失某种营养元素的溶液中进行培养,观察植物生长发育的变化。以培养于含有全部营养元素溶液中的幼苗生长为对照,如果在缺失某种营养元素的溶液中,植物生长发育不良,并出现特有的病症,当加入该元素后症状消失,则证明该元素是植物的必需元素。

2. 简述植物体必需元素的主要生理作用。

植物体内的必需元素有17种,包括碳、氧、氢、氮、钾、钙、镁、磷、硫、氯、铁、硼、锰、锌、铜、镍和钼。其中,植物对碳、氧、氢、氮、钾、钙、镁、磷、硫需求量较大,为大量元素。植物对氯、铁、硼、锰、锌、铜、镍和钼的需求量较小,为微量元素。

必需元素在植物生长发育过程中的生理作用可概括为以下几方面:①作为细胞结构物质和胞内各种功能性物质的重要组成成分,如碳、氧、氢、氮、磷、钾、硫、钙离子等;②作为能量转换过程中的电子传递体,如铁、铜、锰离子等;③作为活细胞电化学平衡的重要介质,在稳定细胞质的电荷平衡、维持适当的跨膜电位等方面起重要作用,如钾、氯离子;④作为活细胞的重要渗透物质调节细胞的膨压,如钾、氯离子等;⑤参与细胞内信号转导,如钙离子;⑥许多离子是酶的辅酶,参与调节植物细胞的生理活动,参与代谢调节,如硫、铁、镁、铜、锰、锌、镍离子等。

有些大量元素同时具备上述2～3个作用,大多数微量元素只具有酶促功能。

3. 简述溶液培养的特点及应用。

溶液培养是利用人工配制的、可控制成分的营养液培养植物的方法,其主要特点是培养液营养成分已知,培养条件可控。

溶液培养是确定植物营养元素必需性的主要研究方法。此外,溶液培养也被应用于工厂化育苗和蔬菜、花卉种植的大规模产业化生产。

4. 为什么氮被称为生命元素？

氮在植物生命活动中占有首要的地位，氮是植物体的结构物质，也是能量代谢、物质代谢及各种生理活动所必需的重要元素。氮是蛋白质、核酸、磷脂及其他植物生长发育所必需的有机氮化物的构成成分；氮是许多辅酶和辅基如 CoA、CoQ、FAD、FMN、NAD^+、$NADP^+$ 等以及叶绿素、光敏色素分子结构的成分；氮是植物激素（如 IAA 和 CTK）、维生素、生物碱等分子结构的成分；氮也是参与物质代谢和能量代谢的 ADP、ATP、铁卟啉的组分。这些物质是细胞结构和功能成分，调控植物的生长发育过程，因此氮被称为生命元素。

5. 何谓易化扩散？

易化扩散又称协助扩散，是矿质元素通过细胞膜上的载体蛋白顺电化学势梯度跨膜运转过程，不消耗代谢能量。

载体蛋白的跨膜结构区域不形成明显的孔道结构，载体蛋白首先与被转运的离子或溶质结合，载体蛋白的构象发生变化，从而将离子或溶质自膜的一侧运至另一侧。

而离子或溶质通过细胞膜上的通道蛋白的顺电化学势梯度跨膜运转过程不属于易化扩散。由于通道蛋白的跨膜结构区域形成有明显的孔道结构，离子或溶质通过孔道发生运输，这种离子跨膜运输方式相对较为简单，因此被认为是一种简单扩散。

6. 简述离子跨膜运输的初级主动运输与次级主动运输的过程。

在离子的主动运输过程中，膜上 H^+-ATPase 催化水解 ATP，将胞质内 H^+ 向膜外泵出的过程，细胞外侧的 H^+ 浓度增加，形成跨膜的质子浓度梯度和膜电势梯度，二者合称为质子电化学势梯度，也被称为质子动力。质膜外侧的 H^+ 要顺浓度梯度扩散到质膜内，同时，细胞外侧的阳离子就利用这种跨膜的电化学势梯度，经过膜上的载体蛋白，与 H^+ 一同进入细胞内。这一过程中，利用能量产生跨膜的电化学势梯度，即逆着电化学势梯度转运 H^+ 的过程为初级主动运输。细胞外侧的阳离子利用这种跨膜的电化学势梯度进入细胞，即跨膜的电化学势梯度促进细胞对矿质吸收的过程为次级主动运输（图 4-4）。次级主动运输是一个共运输过程，包括同向共运输和反向共运输（图 4-5）。

7. 简述质膜单向转运体跨膜转运离子的过程及特点。

质膜单向转运体在膜的一侧与离子特异性结合，载体蛋白的构象变化将离子转移到膜的另一侧，载体蛋白构象变化依靠膜电位的过极化或 ATP 分解产生的能量，单向跨膜运输可以是主动的，也可以是被动的。单向转运体催化分子或离子单方向地跨膜运输，已知的质膜单向转运体有运输 Fe^{2+}、Zn^{2+}、Mn^{2+}、Cu^{2+} 等的载体。

8. 植物根系吸收矿质有哪些特点？

（1）根系吸收矿质与吸收水分有关。只有溶于水的矿质营养才有可能被植物吸收，但水分子和各种矿质元素在跨膜进入活细胞时是分别通过不同的跨膜转运蛋白进行的。因此，植物对水分和矿质的吸收是既相互关联又相互独立的两个过程。

（2）根系对离子吸收具有选择性，植物对同一溶液中的不同离子吸收不同。例如，给植物施用 $NaNO_3$，植物根系对 NO_3^- 的吸收大于对 Na^+ 的吸收。

（3）根系吸收单盐会受毒害，离子间有拮抗作用。植物只有在含有适当比例的多盐溶液中才能正常生长发育。

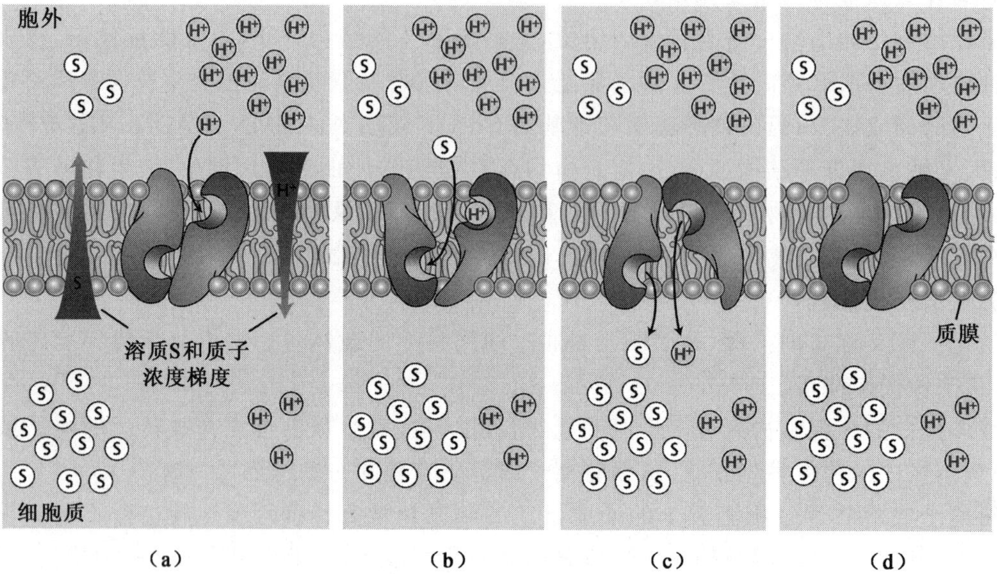

图 4-4 离子跨膜运输的次级主动运输

(Taiz and Zeiger, 2006)

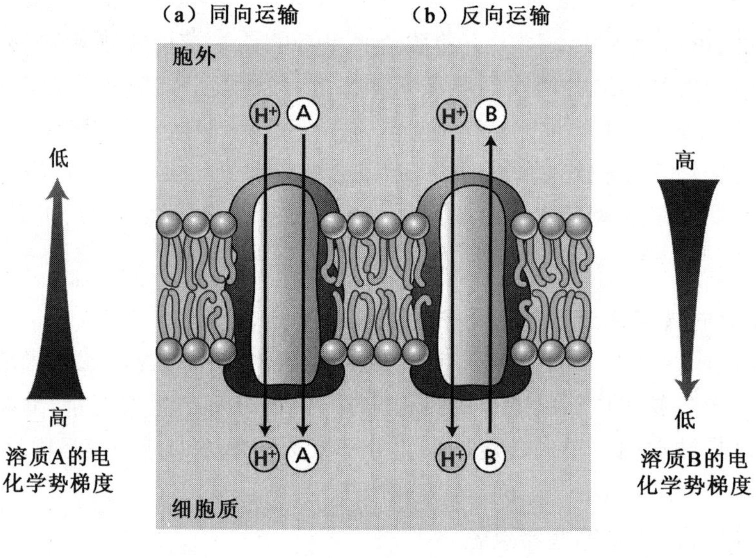

图 4-5 次级主动运输的同向共运输和反向共运输

(Taiz and Zeiger, 2006)

9. 影响根部吸收矿质元素的因素有哪些?

根系对矿质元素的吸收受土壤条件影响。

(1)土壤温度:不同植物有一定的适宜温度范围,过高、过低都会影响根系的活动。

(2)土壤通气状况:通气好,提高根细胞活力,根系的呼吸代谢旺盛,根组织吸收矿质元素的速度较快。

(3)土壤溶液的浓度:溶液浓度低时,根系吸收矿质元素的速度随矿质元素浓度的增加而增加。当溶液浓度过高时,对根组织产生渗透胁迫,造成烧苗现象。

(4)土壤溶液的pH:土壤溶液pH影响根系对阴、阳离子的吸收,在一定pH范围内,阳离子的吸收速率会随土壤溶液pH的升高而增大,阴离子的吸收速率会随土壤溶液pH的升高而减慢。土壤溶液pH也会影响土壤微生物的活动。

(5)土壤微生物:植物的根系受真菌侵染常形成菌根,菌根等的形成会增强根系对矿质元素的吸收。

(6)土壤中离子间的相互作用:土壤中离子间有相互作用,离子间的相互作用会影响根系对某种元素的吸收。

10.列举出4个缺素症为植物叶片缺绿的元素,并简述其特征。

氮:氮是构成蛋白质的主要成分,是叶绿素组分,所以缺氮表现缺绿症。缺氮症状为:生长受抑;叶缺绿,呈黄白色;茎、叶柄、叶脉呈紫色;由于氮是可再利用元素,在植物体内容易转移,老叶中的含氮化合物和叶绿素、蛋白质等的分解产物转移到幼叶后,在幼叶内又合成新的含氮化合物,故缺氮症状常从老叶开始,逐渐向幼叶扩展。

镁:镁是叶绿素组成成分。缺镁症状为:叶脉间缺绿,叶片形成褐斑坏死;缺素症从老叶片开始。

硫:硫是构成蛋白质的主要成分。缺硫症状为:生长受抑;叶缺绿;花青素形成;缺素症从幼叶片开始。

铁:铁是形成原叶绿素酸酯所必需的,无铁时不能形成原叶绿素酸酯,因此不能合成叶绿素。缺铁症状为:叶缺绿,因铁在植物体内不易移动,缺铁症状从幼叶开始。

11.简述植物根外营养的特点。

植物地上部分也可以吸收矿物质,这个过程称为根外营养,吸收矿物质的器官主要是叶片,所以也称为叶片营养。

特点:①P、Fe、Mn等元素容易被土壤固定,采用根外喷施可避免被土壤固定;②用量少,效果快,用于补充微量元素;③在植物生长早期根系不发达或后期根部吸收能力衰退时,采用根外喷施可适当补充营养。

12.简述在生产实践中植物追肥的指标。

(1)形态指标:植物的外形及长势,如株型、叶形、叶色等。形态指标直观,但受环境因素影响,且往往滞后于生理反应,可作为参考指标。

(2)生理指标:①元素含量。测定临界浓度,当组织中元素浓度低于这一浓度,则应施肥。②酰胺含量,为氮素营养指标。③酶活性。有许多酶的活性受某些元素的影响,因此可通过酶活性的变化反映出矿质元素的含量。④淀粉含量。氮肥不足往往会使某些作物(如稻、麦)积累淀粉,淀粉含量可作为这些作物追施氮肥的依据。

13.简述根吸收矿质元素的过程。

(1)矿质元素被吸附在根组织细胞表面。根部细胞经呼吸作用释放CO_2和H_2O,CO_2溶于水生成H_2CO_3,H_2CO_3解离为H^+和HCO_3^-,这些离子同土壤溶液中的离子进行离子交换,使土壤中的离子被吸附在根部细胞表面。

(2)离子进入根组织木质部导管。吸附在根部表面的离子通过质外体或共质体途径向木质部导管运输。质外体运输只限于根的内皮层以外。各种溶质和水分子在到达内皮层后只有进入共质体才能进入维管束组织。共质体运输是溶质分子通过跨膜转运进入原生质,并通过胞间连丝连续不断地在活细胞中运输的过程。溶质分子进入导管的过程可以是被动的,也可以是主动的。

(3)进入导管的矿质元素随木质部汁液在蒸腾拉力和根压的共同作用下上运至植物的地上部分。

14.怎样做到合理施肥?

(1)了解作物的需肥特点。不同作物的需肥情况不同,同一作物在不同生育期需肥不同,同一作物因栽培的目的不同,施肥的情况也不同。

(2)掌握合理施肥的指标。施肥指标包括土壤肥力,栽培作物的形态指标、生理指标。

(3)提高肥效。提高肥效的措施有:①肥水适当配合;②适当深耕,增施有机肥;③改善光照等其他生长条件,充分发挥肥水的增产作用;④利用微生物的有利作用,控制其有害转化。

三、实验题

1.分析下列数据,总结离子跨膜运输的特征。

海水及在其中生长的藻类液泡中几种离子浓度的比较 mmol/L

离子	*Nitella obtusa*		*Halicystis ovalis*	
	液泡中浓度	海水中浓度	液泡中浓度	海水中浓度
Na^+	54	30	257	488
K^+	113	0.65	337	12
Cl^-	206	35	543	523

离子跨膜运输的特征:不同细胞对离子的吸收不同:①选择性:细胞对离子吸收具有选择性;②积累性:细胞逆浓度梯度吸收矿质元素。

2.设计实验证明植物根系吸收矿质元素具有选择性。

植物对组成同一盐类的阴离子和阳离子的吸收量不同时,就会改变溶液的 pH。将植物分别培养在 $(NH_4)_2SO_4$、$NaNO_3$、NH_4NO_3 溶液中,蒸馏水作对照,通过酸度计测定放根系前后盐溶液的 pH 变化,判别根系是否对离子吸收具有选择性。

3.举例证明根系对离子的主动吸收。

离子的主动吸收是指细胞利用代谢提供的能量,逆电化学势梯度吸收离子的过程。

根系吸收离子是主动过程可通过实验证明:用放射性同位 ^{32}P 饲喂根系,然后用呼吸抑制剂处理根系。在呼吸抑制剂处理前后测定地上部分 ^{32}P 的含量,可知呼吸被抑制后,^{32}P 的吸收即减少,这说明根系吸收 P 需要能量。

4.以蚕豆叶表皮为材料,设计实验观察钾离子对气孔开度的影响。

分别配制 0.5% KNO_3、5% $NaNO_3$ 及蒸馏水 15 mL;从同一蚕豆叶上撕取表皮放入上述 3 种溶液中;置于光照条件下照光 30 min,显微镜下观察气孔开度。

结果可观察到,浸泡在 0.5% KNO_3 中的表皮气孔开度最大。结果证明,钾离子对促进气孔张开有直接作用。

5.现配制了 4 种溶液，每种溶液的总浓度相同，将已经发育的小麦种子放到这些培养液中，14 d 后测定的数据如下表所示。请简要分析实验结果及产生的原因。

处理	溶液	根长/mm
1	NaCl	150
2	$CaCl_2$	70
3	$NaCl+CaCl_2$	254
4	$NaCl+CaCl_2+KCl$	324

结果表明，植物培养于单盐溶液中可导致植物受到单盐毒害，不利于根系生长。不同的离子间有拮抗作用，能够相互消除单盐毒害的现象，有利于根系生长。植物只有在含有适当比例的多盐溶液中才能正常生长发育。

四、分析讨论题

1.论述植物细胞膜转运蛋白对矿质元素的转运机理。

细胞膜上离子运输蛋白包括通道蛋白、载体蛋白、离子泵。

离子通道是细胞膜上由通道蛋白形成的跨膜孔道结构，控制离子通过细胞膜。离子通道对离子运输有选择性，顺电化学势梯度进行，不消耗代谢能量，是一种被动的、单方向跨膜运输。属于简单扩散。

离子载体是一类跨膜运输的内在蛋白，在跨膜区域不形成明显的孔道结构。载体蛋白的活性部分选择地与质膜一侧的离子或溶质结合，载体蛋白的构象发生变化，将离子或溶质自膜的一侧运至另一侧。这种离子跨膜运输方式属于易化扩散。载体蛋白可分为 3 种类型：单向转运体、同向共转运体和反向共转运体。单向转运体催化分子或离子单向跨膜运输。质膜上已知的单向转运体有 Fe^{2+}、Zn^{2+}、Mn^{2+}、Cu^{2+} 等载体。同向共转运体是转运体与质膜外侧的 H^+ 结合的同时，又与另一个分子或离子结合，同向运输。反向共转运体是转运体与质膜外侧的 H^+ 结合的同时，又与质膜内侧的分子或离子结合，两者朝相反方向运输。

离子泵也是膜内在蛋白，运输过程需要消耗代谢能量，能量来源于水解 ATP，被运送的离子是逆电化学势梯度进行的。植物细胞质膜上的离子泵主要有 H^+-ATPase（质子泵）和 Ca^{2+}-ATPase（钙泵）。

根据离子跨膜运输是否消耗能量和运输离子的方向可将离子跨膜运输机制分为被动运输和主动运输。

被动运输是指离子的跨膜运输不消耗代谢能量，而且离子的运输方向是顺电化学势梯度进行的。离子通过离子通道的跨膜运输就是被动运输过程。

主动运输需要消耗代谢能量，被运送的离子的方向是逆电化学势梯度进行的。离子通过离子泵的跨膜运输就是主动运输过程。主动运输又可分为初始主动运输和次级主动运输，由 H^+-ATPase 运送质子的过程是初始主动运输，由 H^+-ATPase 活动所建立的跨膜质子电化学势梯度所驱动的其他离子的跨膜运输过程是次级主动运输。次级主动运输是一种共运输过程，共运输包括同向共运输和反向共运输。

离子通过离子载体的运输可以是主动运输，也可以是被动运输。运输的离子顺电化学势梯度进行的跨膜运输为被动运输，运输的离子逆电化学势梯度进行的跨膜运输为主动运输。

2. 试分析导致植物叶片缺绿的可能原因。

可能的原因有以下几方面：

(1)营养元素缺乏导致缺素症，如氮、镁、硫、铁、锰、铜、锌等元素缺少。

(2)外界条件不利于叶绿素的合成。①光照：从原叶绿素酸酯转变为叶绿素酸酯需要光，光强不足影响叶绿素的合成，但光过强，叶绿素也会受光氧化而破坏。②温度：叶绿素的生物合成是一系列酶促反应，受温度影响很大。③氧：缺氧能引起 Mg-原卟啉Ⅸ或 Mg-原卟啉甲酯的积累，影响叶绿素的合成。④水：缺水不但影响叶绿素的生物合成，而且还促使原有叶绿素加快分解。

(3)植物受到病原菌或虫害的侵染。一般来说，染病组织的叶绿体被破坏，叶绿素含量下降，光合速率明显减慢。

(4)遗传因素，如缺叶绿体的白化苗。

3. 举出 10 种元素，说明它们在光合作用中的生理作用。

(1)N：叶绿素、细胞色素、酶类和膜结构等的组成成分。

(2)P：NADP 为含磷的辅酶，ATP 的高能磷酸键为光合碳循环所必需，光合碳循环的中间产物都是含磷酸基团的糖类，合成淀粉的前体 ADPG、合成蔗糖的前体 UDPG 等都含有磷酸基团。

(3)K：调节气孔开闭，K^+ 是多种酶的激活剂，K^+ 促进光合产物的转化与运输等。

(4)Mg：叶绿素的组成成分，一些催化光合碳循环酶类的激活剂，如 Rubisco、FBPase 的活化需要 Mg^{2+}。

(5)Fe：是光合电子传递链中细胞色素、铁硫蛋白、铁氧还蛋白的组成成分，促进叶绿素合成，缺铁会影响光合电子传递速率。

(6)Cu：电子传递的重要成分，如 PC 中含 Cu。

(7)Mn：放氧复合体不可缺少 Mn^{2+}，参与水的氧化过程。

(8)B：促进光合产物的运输。

(9)S：Fe-S 蛋白的成分，膜结构的组成成分。

(10)Cl：光合放氧所必需。

4. 试讨论钙在植物体内的生理作用及植物缺钙的症状。

Ca^{2+} 的生理作用可概括如下：

(1)钙是植物细胞壁胞间层中果胶酸钙的重要成分；

(2)作为磷脂的磷酸与蛋白质的羧基间连接的桥梁，使膜结构更为牢固；

(3)在液泡内与草酸形成草酸钙结晶，可避免草酸过多的毒害；

(4)对植物抵御病原菌侵染有一定作用；

(5)是 ATP 水解酶、琥珀酸脱氢酶及磷酸酯酶的活化剂；

(6)与氢、铵、铝和钠离子有拮抗作用，可避免这些离子的不利影响；

(7)作为胞内第二信使，调节植物的生长、发育；

(8)促进花粉管的萌发和伸长，引导花粉管向胚珠定向生长。

缺 Ca^{2+} 症状：①缺钙时，茎和根的生长点及幼叶先出现病症，使其凋萎甚至生长点死亡；

②植株呈簇生状；③叶尖或叶缘变黄，枯焦坏死；④植株早衰，不结实或少结实。

5.试解释植物怎样利用土壤中的氮素营养。

(1)土壤中氮素营养主要有无机氮化物，其中以 NO_3^-、NH_4^+ 为主要形式。

(2)植物不能直接利用 N_2，需经根瘤菌等固定还原成 NH_4^+。

(3)植物从土壤中吸取的 NH_4^+ 可用于合成氨基酸。

(4)植物从土壤中吸取的 NO_3^- 需经硝酸还原酶和亚硝酸还原酶催化还原成为 NH_4^+ 才能被利用。根所吸收的 NO_3^- 可在根内还原也可通过木质部运到地上部在叶内还原，或转移到液泡内贮藏。NO_3^- 在根内的径向运输途径是：根的表皮→皮层→内皮层→中柱薄壁细胞→导管；向上运输经木质部随蒸腾流和根压流上运，到达地上部枝叶。在光合细胞内，NO_3^- 在细胞质中先被硝酸还原酶还原为亚硝酸盐；然后 NO_2^- 以 HNO_2 分子态从细胞质通过叶绿体被膜转移到叶绿体，在亚硝酸还原酶催化下被还原成 NH_4^+。

(5)将氨同化形成谷氨酸和谷氨酰胺，再进一步转化，合成蛋白质。在谷氨酰胺合成酶作用下，以 Mg^{2+}、Mn^{2+}、Co^{2+} 为辅因子，NH_4^+ 与谷氨酸结合，形成谷氨酰胺。这个过程在细胞质、根细胞的质体和叶细胞的叶绿体中进行。在谷氨酸合酶催化下谷氨酰胺与 α-酮戊二酸结合形成谷氨酸，这个过程在根细胞的质体和叶细胞的叶绿体中进行。当氨被同化形成谷氨酸和谷氨酰胺后，通过氨基转移过程合成其他氨基酸。再进一步转化，合成蛋白质。

第五章　光 合 作 用

内 容 提 要

一、概述

本章主要介绍植物光合作用的重要性、叶绿体及光合色素、光合作用的过程和途径以及影响光合作用的因素。重点介绍植物光合作用光反应和光合碳同化的机制。

二、学习目标

(1)掌握植物光合作用的概念及其重要性。

(2)掌握叶绿体的结构和功能。

(3)掌握叶绿体的化学组成与光合色素。

(4)掌握光合作用光反应的机制。

(5)掌握光合碳同化的途径。

(6)了解影响光合作用的因素。

三、基本内容

光合作用是光合生物利用光能同化生成有机物的过程,是地球上有机物和大多数能量的来源。叶绿体是进行光合作用的细胞器。类囊体是光反应的场所,类囊体膜上存在 PSⅠ、PSⅡ、Cyt b_6/f、ATP 合酶 4 类蛋白复合体。基质是 CO_2 同化的场所,内含同化 CO_2 的全部酶类。

光合作用可分为 3 大步骤:①原初反应,包括光能的吸收、传递和转换的过程;②电子传递和光合磷酸化,合成 ATP 和 NADPH(合称同化力)的过程;③碳同化,利用 ATP 和 NADPH,将 CO_2 转化为糖的过程,将活跃化学能变为稳定化学能。

光能被光合色素吸收,光合色素主要有叶绿素、类胡萝卜素和藻胆素。叶绿素和类胡萝卜素是高等植物的光合色素。吸收的光能被传递到光反应中心,在光反应中心进行光化学反应,将光能转变为化学能。光反应中心上进行原初光化学反应或原初电荷分离的是特殊的叶绿素 a。

植物体内存在两个光反应中心:PSⅡ 和 PSⅠ。这两个光反应中心串联起来推动电子传递,从水中夺取电子并将电子最终传递给 $NADP^+$(还原为 NADPH),形成非循环式电子传递(即 Z 链,图 5-1)。

PSⅡ 具有水光解、放出氧气的重要功能。PSⅡ 和 PSⅠ 在空间上是分离的,PSⅡ 主要位于基粒类囊体的垛叠区,而 PSⅠ 主要位于基质类囊体与基粒类囊体的非垛叠区。在两个光

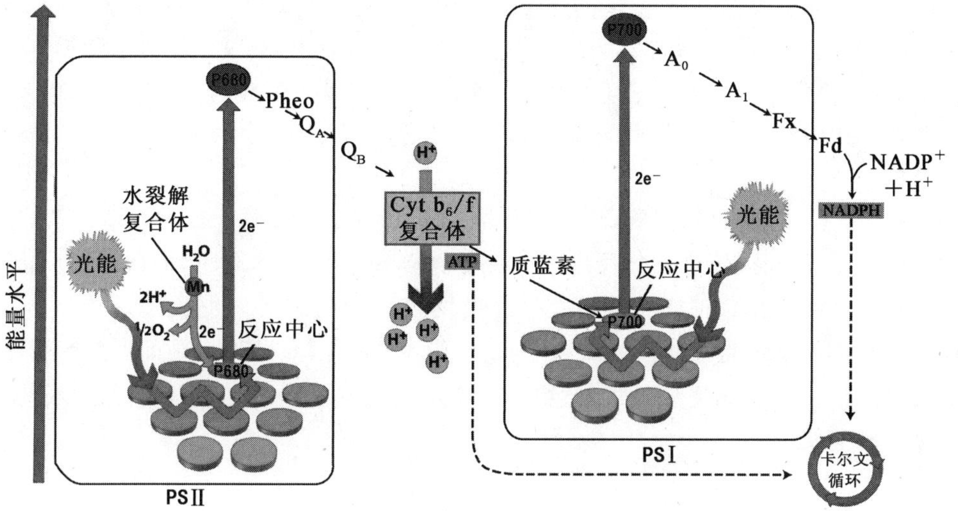

图 5-1 非循环式电子传递链

(Raven et al,2005)

系统间有质醌(PQ)、质蓝素(PC)和细胞色素 b_6/f 复合体进行电子的传递。质醌、细胞色素 b_6/f 复合体还在质子的跨膜转移中起重要的作用。在电子传递过程中形成的跨类囊体膜的质子动力势是光合磷酸化合成 ATP 的能量来源。ATP 合酶利用质子流进行 ATP 的合成(图 5-2)。

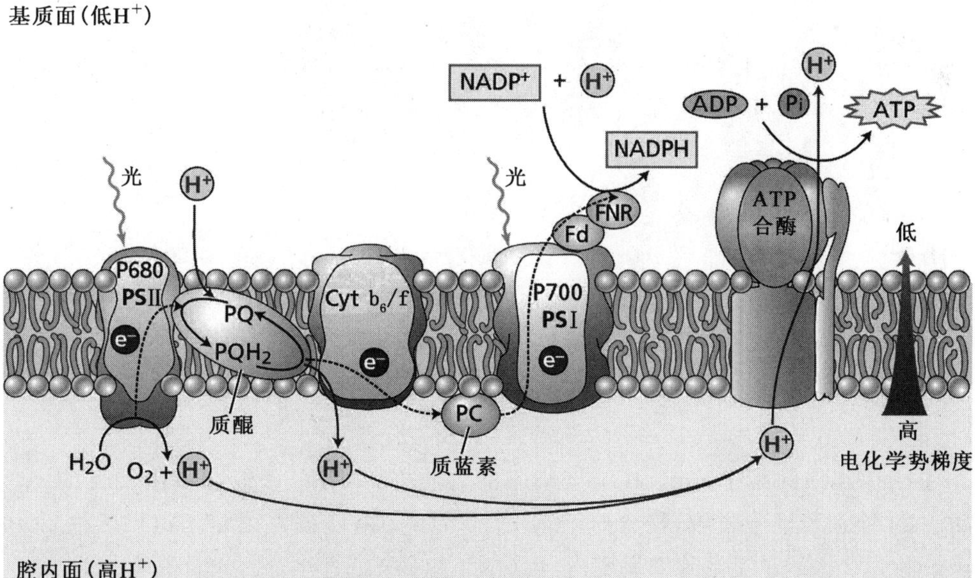

图 5-2 光合电子传递链在类囊体膜上的分布

(Taiz and Zeiger,2006)

碳同化是利用光反应中光能转化形成的同化力将无机物转化为有机物的过程。不同植物有不同的碳同化途径，包括 C_3 途径、C_4 途径与 CAM 途径。C_3 途径（卡尔文循环）是碳同化的基本共同途径，分为羧化、还原和再生 3 个阶段。生成的磷酸丙糖经叶绿体内膜上的磷酸转运器与无机磷酸交换，运到细胞质中进一步合成蔗糖，当运出受阻时，可暂时在叶绿体中合成淀粉。

Rubisco 是 C_3 途径的关键酶，具有羧化与加氧双重催化活性。CO_2/O_2 比值影响其催化方向，当 CO_2 充分时，催化羧化反应而固定 CO_2；当 O_2 分压增高时，催化加氧反应而发生光呼吸代谢。光呼吸是伴随光合作用发生的吸收 O_2 并释放 CO_2 的过程，由叶绿体、过氧化物酶体和线粒体 3 个细胞器协同完成（图 5-3）。其底物乙醇酸及许多中间产物都是 C_2 化合物，也简称为 C_2 循环。光呼吸是 C_3 植物一个不可避免的生理过程，对保护光合机构免受强光的破坏具有一定的功能。

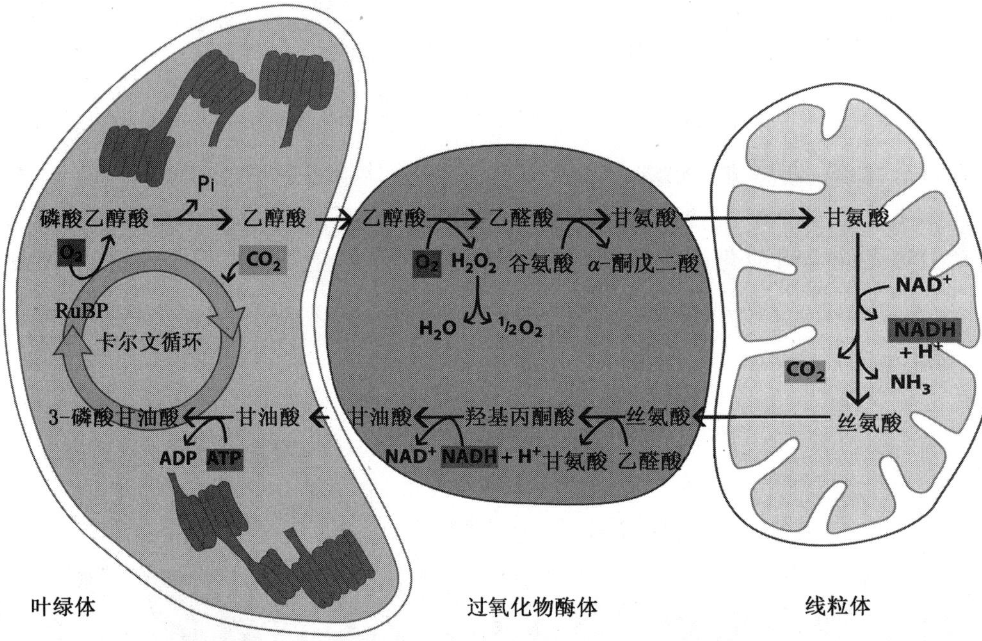

图 5-3　在叶绿体、过氧化物酶体和线粒体中发生的光呼吸碳循环

（Raven et al，2005）

C_4 途径在两种细胞中完成，在叶肉细胞的胞质中，由 PEPC 催化羧化反应，形成 C_4 二羧酸，进入维管束鞘细胞脱羧，释放的 CO_2 进入卡尔文循环被再固定。由于这种 CO_2 浓缩的机制抑制了 Rubisco 催化的加氧反应，因此 C_4 植物的光呼吸低，光合速率相对高。

CAM 途径是对高温、干旱气候的特殊适应。CAM 植物的气孔晚上开放，在叶肉细胞中由 PEPC 催化固定 CO_2，形成苹果酸，贮存在大液泡中，白天为减少水分丢失，气孔关闭，苹果酸脱羧产生的 CO_2 由 Rubisco 催化羧化反应，实现 CO_2 的再固定（图 5-4）。

图 5-4 C_4 植物和 CAM 植物光合作用的比较

(Raven et al,2005)

在光合碳代谢中催化许多重要生化反应的酶是受光调节的,如 Rubisco、PEPC、磷酸甘油醛脱氢酶、果糖-1,6-二磷酸酯酶、Ru5P 激酶等都是光调节酶,加之光反应中产生的同化力用于 CO_2 的固定与还原,说明 CO_2 的同化也是依赖光的。

光合作用受光照、CO_2、温度、水分和矿质营养等多种环境因素的影响,在植物生长的环境中,这些因子同时起作用,是相互联系、相互制约的。光合作用是作物产量形成的基础,提高作物群体的光能利用率是提高作物产量的重要途径。提高作物光能利用率的途径是:提高光合能力,增加光合面积,延长光合时间,减少有机物质消耗,提高经济系数。

四、重点和难点

1.重点

(1)光合色素的种类和特点、光能吸收传递和光化学反应;

(2)光合电子传递链和光合磷酸化;

(3)碳同化途径和光呼吸途径及特点;

(4)C_3、C_4、CAM 植物光合作用比较；
(5)外界条件对光合作用的影响。

2. 难点

电子传递链和光合磷酸化机理。

自 测 题

一、单项选择题

1. 下列有关叶绿体被膜的描述，不正确的是(　　)。
A. 叶绿体被膜是叶绿体的保护屏障　　B. 叶绿体被膜由一层单位膜组成
C. 叶绿体被膜具有选择性　　D. 叶绿体被膜含有孔蛋白

2. 下列有关类囊体膜的描述，不正确的是(　　)。
A. 类囊体膜是光合作用中光反应的场所
B. 蛋白质、脂类和色素是组成类囊体膜的主要物质
C. 类囊体膜富于流动性
D. 类囊体膜上均衡分布有蛋白复合体

3. 叶绿体基质(　　)。
A. 主要成分是蛋白质、脂类和色素　　B. 是光合作用中光反应的场所
C. 是光合作用 CO_2 固定和淀粉合成的场所　　D. 呈相对稳定(不流动性)状态

4. 下列有关光合色素的描述，不正确的是(　　)。
A. 高等植物的光合色素主要包括叶绿素和类胡萝卜素
B. 光合色素具有特殊的吸收光谱
C. 光合色素分布于类囊体腔中
D. 光合色素需结合在特定蛋白质上行使其功能

5. 影响叶绿素生物合成的主要环境因素是(　　)。
A. 温度　　B. 光照
C. 水分　　D. 氧气

6. 下列有关叶绿素分子的描述，不正确的是(　　)。
A. 叶绿素分为吸收和传递光能的叶绿素和参与光化学反应的叶绿素
B. 大多数的叶绿素 a 和全部叶绿素 b 都参与吸收和传递光能
C. 叶绿素 a 与叶绿素 b 的结构差异在于第 2 吡咯环上的—CH_3 被—CHO 取代
D. 光化学反应中心叶绿素是少数游离的叶绿素 a

7. 类胡萝卜素具有特殊的吸收光谱，最大吸收峰在(　　)。
A. 红光和远红光区　　B. 红光区
C. 蓝紫光区　　D. 红光和蓝紫光区

8. 下列有关叶绿素蛋白复合体的描述，不正确的是(　　)。
A. 叶绿素以共价键与特定蛋白质形成蛋白复合体
B. 叶绿素在蛋白复合体上的排列严格有序

C. 叶绿素蛋白复合体完成光能的吸收和传递

D. 叶绿素蛋白复合体排列于类囊体膜上

9. 在叶绿素酶作用下，叶绿素(　　)。

A. 发生降解，脱去叶醇尾部　B. 脱去镁，生成脱镁叶绿素 a

C. 卟啉环裂解，形成四吡咯结构　D. 由叶绿素 a 氧化为叶绿素 b

10. 光能的吸收和传递效率很高，主要原因是(　　)。

A. 在类囊体膜上，天线色素分子分布数量多

B. 天线色素分子在类囊体膜上排列紧密

C. 天线色素分子在类囊体膜上排列有序，色素分子间有适合的角度和距离

D. 光能在叶绿素分子间传递的效率接近 100%

11. 光能在天线色素分子间传递的顺序是(　　)。

A. 类胡萝卜素→叶绿素 b→叶绿素 a

B. 叶绿素 b→叶绿素 a→P680

C. 类胡萝卜素→叶绿素 a→叶绿素 b→P680

D. 类胡萝卜素→叶绿素 b→叶绿素 a→P680

12. 色素分子吸收光能后，再以较长波长光的形式释放出来的现象称为(　　)。

A. 红降现象　B. 荧光现象

C. 能量传递　D. 光化学反应

13. 叶绿素分子吸收(　　)后，电子跃迁到能量较高的(　　)。

A. 蓝光(430～450 nm)，第一单线态　B. 红光(640～660 nm)，第二单线态

C. 红光(640～660 nm)，三线态　D. 蓝光(430～450 nm)，第二单线态

14. 天线色素吸收的光能通过一系列色素分子向反应中心传递，传递方向是能量(　　)。色素分子距离反应中心(　　)，其激发能态(　　)。

A. 从低向高，越近，越高　B. 从高向低。越远，越高

C. 从低向高，越近，越低　D. 从高向低，越远，越低

15. 红降现象是指植物在波长(　　)的光照射时，光量子被叶绿素大量吸收，但(　　)急剧下降的现象。

A. 小于 680 nm，光合作用的量子产率

B. 大于 680 nm，光合作用的量子产率

C. 大于 550 nm，光合速率

D. 小于 550 nm，光合速率

16. 证明光合放氧生物具有两个反应中心的是(　　)。

A. 希尔反应和荧光现象　B. 红降现象和荧光现象

C. 红降现象和双光增益效应　D. 双光增益效应和希尔反应

17. 下列有关 PSⅠ 和 PSⅡ 的描述，不正确的是(　　)。

A. PSⅠ 和 PSⅡ 通过一系列电子传递体进行电子传递

B. PSⅡ 的最终电子受体是 PQ

C. PSⅠ 的最终电子受体是 Fd

D. PSⅠ 和 PSⅡ 在类囊体膜上相邻分布

18. 下列有关光系统Ⅱ复合体的描述，不正确的是(　　)。

A. 光系统Ⅱ复合体含有不同的多肽

B. 光系统Ⅱ复合体的核心多肽是 PsaA 和 PsaB

C. 光系统Ⅱ复合体结合 P680 和许多色素分子

D. 光系统Ⅱ复合体包括内天线和外天线蛋白

19. 下列有关光系统Ⅰ复合体的描述，不正确的是(　　)。

A. 光系统Ⅰ复合体含有不同的多肽

B. 光系统Ⅰ复合体的核心多肽是 D1 和 D2

C. 光系统Ⅰ反应中心是 P700

D. 光系统Ⅰ捕光色素蛋白环绕在反应中心周围

20. 铁氧还蛋白(Fd)是光合电子传递链中重要成员，存在于(　　)。

A. 类囊体膜内　　B. 类囊体腔

C. 类囊体腔内侧膜上　　D. 叶绿体基质

21. 光合作用中水光解释放氧所必需的矿质元素包括(　　)。

A. Mn^{2+}、Ca^{2+} 和 Fe^{2+}　　B. Mn^{2+}、Ca^{2+} 和 Cl^-

C. Mn^{2+}、Fe^{2+} 和 Mg^{2+}　　D. Mn^{2+}、Mg^{2+} 和 Cl^-

22. 光合链中，数量最多，可同时传递电子和质子的组分是(　　)。

A. Fd　　B. PC

C. $NADP^+$　　D. PQ

23. 光合链中的最终电子供体是(　　)。

A. O_2　　B. H_2O

C. CO_2　　D. $NADP^+$

24. 光合链中的最终电子受体是(　　)。

A. O_2　　B. H_2O

C. Fd　　D. $NADP^+$

25. 在光合作用的光反应中每释放 1 分子氧，进入光合电子传递的电子数为(　　)。

A. 2 个　　B. 4 个

C. 8 个　　D. 16 个

26. 光合电子传递链中的含 Fe 的电子传递体是(　　)。

A. PC　　B. PQ

C. $NADP^+$　　D. Fd

27. 非环式光合磷酸化的产物是(　　)。

A. O_2，$NADPH_2$　　B. O_2，$NADPH_2$，ATP

C. ATP　　D. O_2，ATP

28. 环式光合电子传递没有(　　)的参与。

A. PSⅠ　　B. PC

C. PSⅡ　　D. Fd

29. 除草剂敌草隆(DCMU)和百草枯(甲基紫精)抑制杂草生长的原因是(　　)。

A. 敌草隆(DCMU)抑制光合电子传递,百草枯抑制呼吸电子传递

B. 敌草隆(DCMU)抑制呼吸电子传递,百草枯抑制光合电子传递

C. 敌草隆(DCMU)抑制 PSⅡ的光化学反应,百草枯抑制 PSⅠ铁氧还蛋白的还原

D. 敌草隆(DCMU)抑制 PSⅡ的光化学反应,百草枯抑制 PSⅠ的光化学反应

30. Rubisco 大亚基和小亚基的编码基因是(　　)。

A. 核基因和叶绿体基因　　B. 叶绿体基因和核基因

C. 叶绿体基因　　D. 核基因

31. Rubisco 是双功能酶,在 CO_2/O_2 比值相对较高时,主要起(　　)作用。

A. 羧化酶　　B. 加氧酶

C. 还原酶　　D. 氧化酶

32. Rubisco 被活化所需条件是(　　)。

A. 光,O_2 和 Mg^{2+}　　B. 光,CO_2 和 Mg^{2+}

C. 暗,O_2 和 Mg^{2+}　　D. 暗,CO_2 和 Mg^{2+}

33. 下列有关光呼吸碳氧化循环的描述,不正确的是(　　)。

A. 光呼吸碳氧化循环在叶绿体、过氧化物酶体和线粒体 3 种细胞器中完成

B. Rubisco 与 O_2 的亲和力比与 CO_2 的亲和力高

C. CO_2 与 O_2 竞争 Rubisco 上的同一活性位点

D. 提高 CO_2 浓度可抑制光呼吸

34. 能促进光合作用增强、光呼吸作用降低的条件是(　　)。

A. 提高温度　　B. 提高光强度

C. 提高 CO_2 浓度　　D. 提高 O_2 浓度

35. 光呼吸的底物是(　　)。

A. 乙醇酸　　B. 乙醛酸

C. 丙酮酸　　D. RuBP

36. 下列有关 C_4 植物叶片结构及特性的描述,不正确的是(　　)。

A. 维管束鞘细胞与叶肉细胞间存在大量胞间连丝

B. 维管束鞘细胞发达,含有较大叶绿体

C. 维管束鞘细胞含丰富线粒体

D. 叶肉细胞含 Rubisco,维管束鞘细胞含 PEPC

37. 叶绿体被膜上的磷酸转运体是(　　)。

A. 丙糖磷酸与无机磷酸的同向转运体

B. 丙糖磷酸与无机磷酸的反向转运体

C. 果糖-6-磷酸与无机磷酸的同向转运体

D. 果糖-6-磷酸与无机磷酸的反向转运体

38. 光呼吸中 CO_2 的释放发生在(　　)。

A. 细胞质　　B. 线粒体

C. 叶绿体　　D. 过氧化物酶体

39. 光呼吸过程中形成的主要氨基酸是(　　)。

A. 丙氨酸和天冬氨酸　　B. 苏氨酸和丙氨酸

C. 甘氨酸和丝氨酸　　D. 甘氨酸和苏氨酸

40. 玉米光合碳同化中 CO_2 的受体是(　　)。

A. 磷酸烯醇式丙酮酸　　B. 苹果酸

C. 核酮糖二磷酸　　D. 草酰乙酸

41. 下列作物,在不同细胞中进行 CO_2 固定和三碳糖合成的是(　　)。

A. 水稻、小麦　　B. 高粱、玉米

C. 小麦、棉花　　D. 水稻、玉米

42. CAM 植物叶肉细胞中淀粉和苹果酸含量昼夜变化的趋势是(　　)。

A. 白天淀粉含量增加,夜间苹果酸含量增加

B. 白天淀粉和苹果酸含量均增加,夜间均降低

C. 夜间淀粉含量增加,白天苹果酸含量增加

D. 夜间淀粉和苹果酸含量均增加,白天均降低

43. 夜间,CAM 植物液泡内积累大量的(　　)。

A. 葡萄糖　　B. 氨基酸

C. 蔗糖　　D. 有机酸

44. 甘蔗的光合碳同化过程,OAA 还原为苹果酸的过程发生在(　　)。

A. 维管束鞘细胞质　　B. 叶肉细胞细胞质

C. 维管束鞘细胞叶绿体　　D. 叶肉细胞叶绿体

45. 提高环境中的 CO_2 浓度,植物(　　)。

A. 光补偿点降低,光饱和点升高　　B. 光饱和点降低,光补偿点升高

C. 光补偿点和光饱和点均降低　　D. 光补偿点和光饱和点均升高

46. 在较强光强度下,降低 CO_2 浓度,光合速率下降更快的作物是(　　)。

A. 玉米和水稻　　B. 棉花和高粱

C. 水稻和小麦　　D. 玉米和高粱

47. 下列环境条件,导致 C_4 植物光合速率比 C_3 植物高的是(　　)。

A. 高温,高光强　　B. 低温,低光强

C. 适宜温度,高 CO_2 浓度　　D. 适宜温度,低 CO_2 浓度

48. 在阴天光照不足时,打开温室的天窗,其主要目的是(　　)。

A. 补充光照,提高光合速率　　B. 降低室内温度,抑制植物的呼吸作用

C. 补充 CO_2,促进光合作用　　D. 提高室内温度,促进植物的光合作用

49. 卡尔文等在阐明 C_3 循环途径时所采用的主要实验技术是(　　)。

A. 高压液相层析　　B. ^{32}P 放射自显影

C. ^{14}C 同位素标记和双向纸层析　　D. 薄层层析

二、简答题

1. 简述植物叶片的颜色及影响叶片颜色发生变化的外部因素。

2. 简述叶绿素的存在形式及特点。

3. 根据叶绿体类囊体膜上光合蛋白复合体的空间分布说明光合光反应的过程。

4. 什么是希尔反应？希尔反应有何意义？

5. 什么是光反应的同化力？光反应的同化力是如何形成的？又是如何被利用的？

6. 在缺乏 CO_2 的情况下，对绿色叶片照光能观察到荧光，在供给 CO_2 的情况下，荧光立即猝灭，试解释其原因。

7. 简要分析捕光色素蛋白 LHCⅡ的分布和功能。

8. 在植物体中存在哪两类光反应中心？简述其异同点。

9. 细胞色素 b_6/f 复合体是如何使质子进行跨膜转移的？

10. 什么是光能分配的状态Ⅰ和状态Ⅱ？植物如何实现光能在两个光系统间的平衡分配？

11. 简述光合磷酸化的类型及特点。

12. 简述光合作用的光反应及碳还原反应的基本过程。

13. 卡尔文循环中的主要酶促反应及其生理意义是什么？

14. 说明 Rubisco 的特点及其对光合作用的重要性。

15. 简要说明光对光合酶的调节及其意义。

16. 光呼吸有什么特点？说明 C_2 循环和 C_3 循环的关系。

17. 试简要分析 C_4 植物 Rubisco 与 PEPC 的定位及功能之间的关系。

18. 在植物细胞中，蔗糖和淀粉是怎样合成的？

19. 简述景天科植物在光合作用中的碳固定途径及其适应意义。

20. 光补偿点、光饱和点、CO_2 补偿点、CO_2 饱和点的知识在生产实践中有何应用？

21. 冬季在温室中栽培蔬菜，采取哪些农业措施来提高其光合速率？

22. 试简要分析比较 C_3、C_4、CAM 植物的光合特性特征。

23. 从光合作用机理上看 C_4 植物和 C_3 植物各有何特点？把 C_4 植物称为“高光效植物”是否合理？为什么？

24. 比较光呼吸与线粒体呼吸。

25. 请绘出一般植物光合作用光强曲线图并加以说明。

26. 什么是光抑制？光抑制产生的原因是什么？

三、实验题

1. 怎样证明 C_3 途径中 CO_2 受体是 RuBP 及 CO_2 固定后的第一个产物是 3-PGA？

2. 请设计实验证明光合作用释放的 O_2 是来自 H_2O 而不是来自 CO_2。

3. 举例说明光呼吸的测定方法和原理。

4. 研磨提取叶绿素时加入石英砂和 $CaCO_3$ 的作用分别是什么？

5. 举出 3 种测定光合速率的方法，并简述其原理及优缺点。

6. 叶绿素 a、叶绿素 b 定量测定时为什么在红光区选用最大吸收峰？测定时所选用的两种波长分别是什么？

7. 设计实验证实 CO_2 同化场所是叶绿体的基质。

8. 用实验证明 C_3 植物比 C_4 植物的 CO_2 补偿点高。

9. 用不含水的有机溶剂如无水乙醇提取植物材料特别是干材料的叶绿体色素往往效果不

佳,为什么?

10.设计实验证明光合作用的存在。

11.叶绿体色素的取代反应和皂化反应能反映色素分子的哪些性质?怎样才能观察到叶绿素的荧光现象?

12.试用实验证明叶绿体是光合作用的细胞器。

四、分析讨论题

1.论述光对光合作用的影响。

2.试述作物光能利用率低的原因及提高作物光能利用率的途径。

3.试从光合作用机理来讨论影响光合作用的各种环境因子及各因子间的相互关系。

4.试分析矿质元素和光合作用速率的关系。如何做到合理施肥提高作物产量?

5.试从光合作用的角度简要分析影响作物经济产量的因素。

6.试述叶绿体的结构与功能的关系。

参考答案

一、单项选择题

1.B	2.D	3.C	4.C	5.B	6.D	7.C	8.A	9.A	10.C
11.D	12.B	13.D	14.B	15.B	16.C	17.D	18.B	19.B	20.D
21.B	22.D	23.B	24.D	25.B	26.D	27.B	28.C	29.C	30.B
31.A	32.B	33.B	34.C	35.A	36.D	37.B	38.B	39.C	40.A
41.B	42.A	43.D	44.D	45.A	46.C	47.A	48.B	49.C	

二、简答题

1.简述植物叶片的颜色及影响叶片颜色发生变化的外部因素。

植物叶片的颜色由体内所含色素决定。高等植物体内的色素主要有叶绿素和类胡萝卜素,叶绿素包括叶绿素 a 和叶绿素 b,叶绿素 a 呈蓝绿色,叶绿素 b 呈黄绿色。类胡萝卜素呈黄色或橙黄色,包括胡萝卜素和叶黄素。一般来说,正常叶片体内的叶绿素和类胡萝卜素的分子比例约为 3∶1,含有绿色的叶绿素比黄色的类胡萝卜素多,所以正常叶片总是呈现为绿色。当植物体内色素含量发生变化时,叶片颜色随之发生变化。影响色素合成和色素降解的因素均会影响叶片的颜色。

影响叶绿素生物合成的外部因素主要有:光照、温度、氧、水分和矿质营养等环境因素。

光是影响叶绿素形成的主要条件,从原叶绿素酸酯 a 转变为叶绿素酸酯 a 的过程受光驱动,因此,在暗中生长的植株不能形成叶绿素,呈现为黄化苗。但当光照过强,叶绿素受光氧化而破坏。

叶绿素的生物合成是一系列酶促反应,受温度影响。叶绿素形成的最低温度约 2 ℃,最适温度约 30 ℃,最高温度约 40 ℃。当秋季气温下降时,影响叶绿素的合成,体内叶绿素含量明显下降，而类胡萝卜素相对比较稳定，所以，在秋天叶片呈现为黄色或橙色。

矿质营养对叶绿素形成有很大影响。植株在缺氮、镁、铁、锰、铜、锌等元素时不能合成叶绿素，叶片表现出缺绿症。氮和镁是叶绿素的组成成分，铁、锰、铜、锌等在叶绿素的生物合成过程中有催化功能或其他间接作用。

缺氧引起 Mg-原卟啉Ⅸ或 Mg-原卟啉甲酯积累，影响叶绿素的合成。缺水不但影响叶绿素生物合成，而且还促使原有叶绿素加速分解，所以干旱时叶片呈黄褐色。

2. 简述叶绿素的存在形式及特点。

叶绿体中的叶绿素都位于类囊体膜上，叶绿素都以非共价键排列在特定的蛋白质上，以叶绿素蛋白复合体形式存在。根据色素蛋白所含的叶绿素将叶绿素蛋白复合体分为两类：叶绿素 a 蛋白复合体和叶绿素 a/b 蛋白复合体。

(1)叶绿素 a 蛋白复合体的特点：①含有叶绿素 a 和 β-胡萝卜素；②为高疏水性蛋白，与反应中心紧密联系；③分子质量一般高于叶绿素 a/b 蛋白复合体；④都是叶绿体基因编码的蛋白。叶绿素 a 蛋白复合体是 PSⅠ和 PSⅡ的重要组分。

(2)叶绿素 a/b 蛋白复合体的特点：①含有叶绿素 a 和叶绿素 b；②分子质量为 20～30 ku，由核基因编码；③光诱导合成，在黑暗中生长的植物缺失 a/b 蛋白复合体，在光下合成；④叶绿素 a/b 蛋白复合体具有某些共同的氨基酸序列，在结构上有共性。叶绿素 a/b 蛋白复合体又称为捕光色素蛋白复合体。

3. 根据叶绿体类囊体膜上光合蛋白复合体的空间分布说明光合光反应的过程。

PSⅡ主要集中在垛叠的基粒类囊体膜上，而 PSⅠ和 ATP 合酶则主要分布于基质类囊体膜上或者基粒类囊体的边缘。Cyt b_6/f 蛋白复合物在类囊体的膜上分布较为均匀(图 5-5)。因此光合作用的两个光反应系统在空间上是分离的，PSⅡ反应中心色素吸收 680 nm 的红光，产生强氧化剂氧化水，释放电子和质子；PSⅠ反应中心色素吸收 700 nm 的远红光，产生强还原剂使 $NADP^+$ 还原。这两个光反应系统通过一系列的电子传递体串接起来进行电子传递，最终形成 NADPH，在电子传递的同时形成跨类囊体膜的质子电动势，用于 ATP 的合成。

4. 什么是希尔反应？希尔反应有什么意义？

离体叶绿体加入具有适当氢接受体的水溶液中，在光下进行光解，并放出氧的反应，称希尔反应。这一发现使光合作用机理的研究进入一个新阶段，首次应用细胞器研究光合电子传递，并初步证明了光合作用释放的氧来源于水。

5. 什么是光反应的同化力？光反应的同化力是如何形成的？又是如何被利用的？

植物通过光合电子传递，产生 ATP 和 NADPH，ATP 和 NADPH 被用于 CO_2 的同化过程，因此，ATP 和 NADPH 被称为同化力。两个光反应系统通过一系列的电子传递体串接起来进行电子传递，最终形成 NADPH，在电子传递的同时形成跨类囊体膜的质子电动势，在这个梯度的驱动下，促使 ADP 和 Pi 合成 ATP。所形成的 NADPH 和 ATP 将用于还原 CO_2 产生有机物。

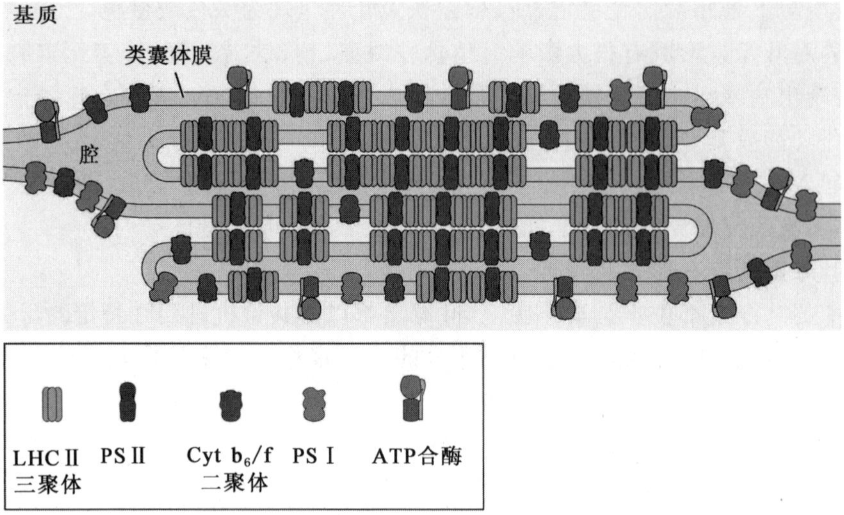

图 5-5 类囊体膜上蛋白复合体的分布

(Taiz and Zeiger,2006)

6. 在缺乏 CO_2 的情况下,对绿色叶片照光能观察到荧光,在供给 CO_2 的情况下,荧光立即猝灭,试解释其原因。

激发态的叶绿素分子处于能量不稳定的状态,会发生能量转变,或用于光合作用,或用于发热、发射荧光与磷光。荧光即是激发态的叶绿素分子以光子的形式释放能量的过程。在缺乏 CO_2 的情况下,光反应形成的同化力不能用于光合碳同化,故光合作用被抑制,叶片中被光激发的叶绿素分子较多以荧光的方式退激。所以,在缺乏 CO_2 的情况下,给绿色叶片照光能观察到荧光。当供给 CO_2 时,被叶吸收的光能大部分用于光合作用,荧光淬灭。

7. 简要分析捕光色素蛋白 LHCⅡ 的分布和功能。

捕光色素蛋白 LHCⅡ 是 PSⅡ 的一个亚单位,是 PSⅡ 的主要天线,主要分布在类囊体的垛叠区(图 5-5)。

LHCⅡ 的主要功能是进行光能的吸收和传递,提高捕光面积和捕光效率。LHCⅡ 在光能分配的调节以及光保护反应中也具有重要的作用。

8. 在植物体中存在哪两类光反应中心? 简述其异同点。

两个光反应系统,即 PSⅡ 和 PSⅠ。

PSⅡ 和 PSⅠ 具有一些共同的特点:它们的核心都是由两条对称的多肽组成,都利用"特殊对"的叶绿素 a 分子作为反应中心色素分子(原初电子供体),它们的原初电子受体是一个叶绿素或去镁叶绿素分子,说明这两个光反应中心可能有共同的进化来源。

PSⅡ 和 PSⅠ 也有不同:PSⅡ 的反应中心色素分子是 P680,原初电子受体是 Pheo,最终电子受体是质醌(plastoquinone,PQ),最终电子供体是水。而 PSⅠ 的反应中心色素分子是 P700,原初电子受体是 A_0,最终电子受体是铁氧还蛋白(ferredoxin,Fd),最终电子供体是 PC。

9. 细胞色素 b_6/f 复合体是如何使质子进行跨膜转移的?

细胞色素 b_6/f 复合体催化 PQH_2 的氧化和 PC 的还原,即将电子从 PQH_2 传递到 PC。

一分子 PQH_2 传递 2 个电子和 2 个质子，而 PC 只传递电子不传递质子，因此细胞色素 b_6/f 复合体在 PQH_2 向 PC 传递电子的过程中，一部分自由能被细胞色素 b_6/f 复合体转变为质子的驱动力，把质子从基质中跨膜转移到类囊体腔中，形成跨膜的质子梯度。在这个梯度的驱动下，质子穿过内膜上的 ATP 合酶流回到基质，其能量促使 ADP 和 Pi 合成 ATP。

10. 什么是光能分配的状态Ⅰ和状态Ⅱ？植物如何实现光能在两个光系统间的平衡分配？

将激发能向 PSⅡ分配比例增加的状态称为“状态Ⅰ”，将激发能向 PSⅠ分配比例增加的状态称为“状态Ⅱ”。

（1）阳离子对光能分配状态的诱导作用：提高体外阳离子（如镁离子）浓度，PSⅡ的荧光强度增加而 PSⅠ荧光强度降低，表明阳离子使激发能向 PSⅡ的分配增加而向 PSⅠ的分配减少。

（2）光能分配的磷酸化调节：

①光能分配的 LHCⅡ磷酸化/脱磷酸化调节机制：当 PSⅡ被光能优先激发时，PQ 被还原，PQ 的还原使 LHCⅡ激酶活化，引起 LHCⅡ磷酸化，导致状态Ⅰ转变为状态Ⅱ，有利于光能向 PSⅠ分配；反之，导致状态Ⅱ转变为状态Ⅰ，有利于光能向 PSⅡ分配。

②“天线移动”假说：捕光的天线色素蛋白 LHCⅡ磷酸化后，会从 PSⅡ分布的基粒类囊体的垛叠区向 PSⅠ分布的非垛叠区移动，扩大了 PSⅠ的捕光面积，使吸收的光能更多地向 PSⅠ分配；当 LHCⅡ脱磷酸化后，则向基粒类囊体垛叠区移动，使吸收的光能更多地向 PSⅡ分配。

11. 简述光合磷酸化的类型及特点。

光合磷酸化一般可分为非循环光合磷酸化和循环光合磷酸化。

（1）非循环光合磷酸化：与非循环式电子传递链相偶联产生 ATP 的反应。在 PSⅡ放氧复合体（OEC）处水裂解后，把 H^+ 释放到类囊体腔内，把电子传递到 PSⅡ。在传递电子的同时，伴随着类囊体外侧的 H^+ 转移到腔内，由此形成了跨膜的 H^+ 浓度差，引起了 ATP 的形成，同时有 O_2 的释放和 NADPH 的产生（图 5-1）。在这个过程中，电子传递是一个开放的通路，所以称为非循环光合磷酸化。非循环光合磷酸化在基粒片层中进行，是光合磷酸化的主要形式。

（2）循环光合磷酸化：与循环式电子传递链相偶联产生 ATP 的反应。PSⅠ产生的电子经过一些传递体传递后，伴随形成腔内外 H^+ 浓度差，只引起 ATP 的形成，而不释放 O_2，也没有 NADPH 的产生（图 5-6）。这个过程中，电子传递是一个闭合的回路，所以称为循环光合磷酸化。循环光合磷酸化在基质片层内进行，在植物体内可能起着补充 ATP 不足的作用。

非循环光合磷酸化被 DCMU 所抑制，而循环光合磷酸化不被 DCMU 所抑制。

12. 简述光合作用的光反应及碳还原反应的基本过程。

光合作用的光反应是在叶绿体的类囊体膜上进行的，可分为原初反应、水的光解和光合电子传递、光合磷酸化，其产物除释放氧外，还形成高能化合物 ATP 和 NADPH，两者合称为同化力，光能积累在同化力中。

光合作用的碳还原反应是指 CO_2 的固定和还原，这一过程是在叶绿体的间质中进行的，可分为 CO_2 的固定、初产物的还原、光合产物的形成和 CO_2 受体 RuBP 的再生。光反应形成的同化力即用于 CO_2 固定后的初产物还原，叶绿体中的光合产物主要以磷酸丙糖的形式在叶绿体中形成淀粉或运到细胞质中转化成蔗糖。

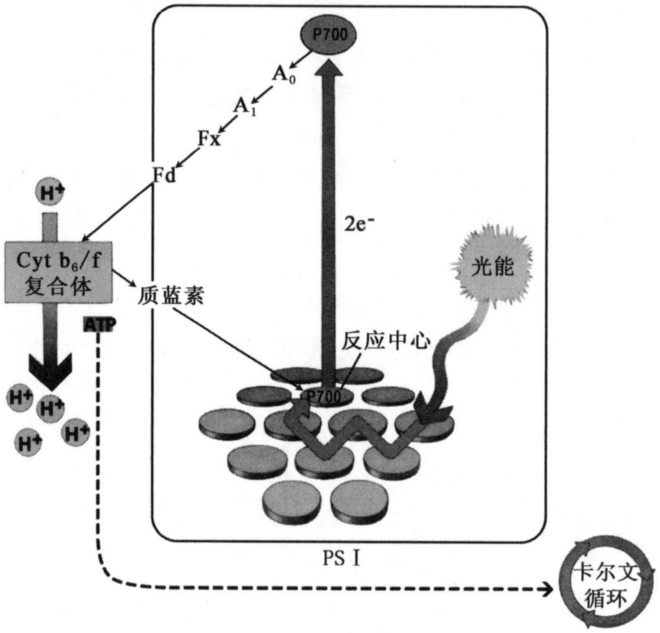

图 5-6 循环式电子传递链

(Raven et al,2005)

13. 卡尔文循环中的主要酶促反应及其生理意义是什么?

(1)Rubisco 催化 RuBP 与 CO_2 起羧化反应,推动 C_3 循环,它所催化的羧化反应是光合作用中最基本的碳还原反应。

(2)3-磷酸甘油酸激酶催化 3-PGA 的磷酸化反应形成 1,3-二磷酸甘油酸,再由 NADP-甘油醛-3-磷酸脱氢酶催化形成 3-磷酸甘油醛(GAP)。磷酸丙糖是叶绿体中光合碳同化的重要产物。至此,3-PGA 被还原为糖,光合作用光反应中形成的 ATP 与 NADPH 携带的能量转贮于碳水化合物中。

(3)叶绿体中需保持 RuBP 不断再生去接受 CO_2,卡尔文循环才得以继续。经羧化反应和还原反应形成的 GAP 经过一系列反应转化,形成核酮糖-5-磷酸(Ru5P),最后由核酮糖-5-磷酸激酶催化,消耗 ATP,再形成 RuBP。

14. 说明 Rubisco 的特点及其对光合作用的重要性。

Rubisco 具有双重催化作用。

在光合作用中,Rubisco 催化 RuBP 的羧化反应,固定 CO_2,形成 3-磷酸甘油酸。

在光呼吸中,Rubisco 催化 RuBP 的加氧反应,产生的磷酸乙醇酸被磷酸酶催化脱去磷酸而生成乙醇酸。

在 CO_2/O_2 比值高的条件下,Rubisco 的加氧活性被抑制,催化羧化反应,进行碳同化;当 CO_2/O_2 比值降低时,Rubisco 的加氧活性表现出来,进行光呼吸。

Rubisco 的羧化酶活性和加氧酶活性取决于 CO_2/O_2 比值,当大气中 CO_2/O_2 比值降低时,Rubisco 的加氧活性表现出来,进行光呼吸,消耗光合产物,特别是 C_3 植物光呼吸消耗严重,所以如何降低其加氧酶活性以减少光合产物的消耗成为研究的热点。

15. 简要说明光对光合酶的调节及其意义。

C_3 循环中的 Rubisco、GAPDH、FBPase、SBPase、Ru5PK 等都是光调节酶。

光对酶活性的调节至少通过两种方式：一是提供还原力（ATP 和 NADPH）和活化因子（包括光合电子传递链的还原性组分等）使酶活化；二是光通过调节叶绿体间质环境而使酶活性增强。

Rubisco 具有钝化和活化两种存在形式与光有关，暗中 RuBP 结合在 Rubisco 上，使其钝化。光下 Rubisco 活化酶被激活，与 Rubisco 结合，使 Rubisco 构象发生变化，释放 RuBP，游离态的 Rubisco 与 CO_2 和 Mg^{2+} 结合，Rubisco 被活化，形成具有催化活性的酶。

除 Rubisco 外，GAPDH、FBPase、SBPase、Ru5PK 等的活性都受光调节。这 4 种酶通过铁氧还蛋白-硫氧还蛋白系统的氧化还原调控酶活性，这个系统由铁氧还蛋白、铁氧还蛋白-硫氧还蛋白还原酶以及硫氧还蛋白组成，硫氧还蛋白中的硫氢基氧化态（—S—S—）与还原态（—SH HS—）在光、暗下发生可逆变化，当 PSⅠ受光激发时，酶中的—S—S—被铁氧还蛋白-硫氧还蛋白还原酶催化还原成—SH HS—，导致酶活化。

Rubisco 活化酶也受铁氧还蛋白-硫氧还蛋白系统调控而活化。

16. 光呼吸有什么特点？说明 C_2 循环和 C_3 循环的关系。

植物的绿色细胞在光照下不仅进行 CO_2 的同化，而且存在依赖光的吸收 O_2 和释放 CO_2 的反应，被称为光呼吸。光呼吸碳氧化循环是在叶绿体、过氧化物体和线粒体中进行的。在光呼吸碳氧化循环中，乙醇酸、乙醛酸、甘氨酸等均为二碳化合物，因此，光呼吸碳氧化循环又称为 C_2 循环。

C_2 循环和 C_3 循环即 RuBP 的羧化或加氧间的竞争与大气中 CO_2/O_2 比值的高低有关，CO_2/O_2 比值高的条件下，Rubisco 的加氧活性被抑制，主要进行 C_3 循环；当大气中 CO_2/O_2 比值降低时，Rubisco 加氧活性表现出来，进行 C_2 循环。

17. 试简要分析 C_4 植物 Rubisco 与 PEPC 的定位及功能之间的关系。

Rubisco 含量丰富，存在于 C_4 植物维管束鞘细胞的叶绿体基质中。与叶肉细胞叶绿体相比，维管束鞘细胞中含有较大的叶绿体，其中的基粒垛叠较少，还有丰富的线粒体等其他细胞器，维管束鞘细胞与叶肉细胞间存在大量胞间连丝，有利于光合产物的转运。Rubisco 具有双重催化活性，既催化 RuBP 的羧化反应，形成 3-磷酸甘油酸；又催化 RuBP 的加氧反应，产生磷酸乙醇酸。

PEPC 存在于叶肉细胞中，叶肉细胞的 CO_2 首先在细胞质中被碳酸酐酶催化形成 HCO_3^-，再在 PEPC 催化下，被磷酸烯醇式丙酮酸（PEP）接受而羧化，形成草酰乙酸（OAA）。OAA 进一步形成苹果酸或天冬氨酸进入维管束鞘细胞，在维管束鞘细胞脱羧释放 CO_2 被 Rubisco 进一步固定。由于 PEPC 对 CO_2 亲和力强，可以迅速固定 CO_2 运到维管束鞘细胞，起到 CO_2 泵的作用，增加了维管束鞘细胞的浓度，促进 Rubisco 的羧化活性。

18. 在植物细胞中，蔗糖和淀粉是怎样合成的？

蔗糖和淀粉由卡尔文循环中产生的磷酸丙糖转化合成。

光合作用中，在叶绿体基质中形成的磷酸丙糖经叶绿体被膜上的磷酸转运器与无机磷交换进入细胞质，磷酸二羟丙酮与磷酸甘油醛在醛缩酶催化下形成果糖-1，6-二磷酸，由果糖-1,6-二磷酸酯酶催化水解形成果糖-6-磷酸，再由磷酸葡萄糖异构酶与变位酶催化形成葡萄糖-6-磷酸与葡萄糖-1-磷酸。在UDPG焦磷酸化酶催化下，形成UDPG和焦磷酸。UDPG是葡萄糖的转移体，可将葡萄糖转移到F-6-P上，形成蔗糖。

在叶绿体中，当磷酸丙糖输出减慢而积累时，在醛缩酶催化下，生成F-1,6-P，再脱磷酸成为F-6-P，后转化为G-6-P和G-1-P。由ADPG焦磷酸化酶催化形成作为葡萄糖供体的ADPG，再由淀粉合酶催化ADPG分子中的葡萄糖转移到(1→4)葡聚糖引物的非还原末端，如此不断延长而形成长链的直链淀粉。支链淀粉是由分支酶催化形成α-1,6-糖苷键的分支葡聚糖链，其分子质量可不断增大，贮存更多的能量。α-1,6-糖苷键的导入使分子的非还原性末端增加，也有利于ADPG焦磷酸化酶和淀粉合酶催化的反应，使之合成更多的淀粉。

19.简述景天科植物在光合作用中的碳固定途径及其适应意义。

夜间气孔张开，CO_2进入叶肉细胞，在细胞质中，由PEPC催化，迅速发生羧化反应，PEP与HCO_3^-结合生成草酰乙酸；并在NADP-苹果酸脱氢酶催化下，将草酰乙酸还原为苹果酸，大量苹果酸暂时贮存在叶肉细胞的大液泡中，此时叶片酸化，并维持较低的渗透势以保存水分。白天气孔关闭，夜间贮存的苹果酸从液泡转移到细胞质中，被NADP-苹果酸酶催化脱羧，或由羧激酶催化OAA脱羧。释放CO_2进入叶绿体，在卡尔文循环中得以再固定。

意义：CAM植物白天气孔关闭，当夜间温度降低、相对湿度升高时气孔才开放，保存水分、提高水分利用效率，以适应高温干旱的生态环境。

20.光补偿点、光饱和点、CO_2补偿点、CO_2饱和点的知识在生产实践中有何应用？

植物的光补偿点和光饱和点显示了植物叶片对强光和弱光的利用能力，代表了植物的需光特性。在选用某地区栽培作物品种及正确选择间种、套作的作物以及林带树种搭配方面，在决定作物的密植程度方面有重要的参考价值，可考虑如何降低作物的光补偿点，而提高作物的光饱和点，以最大限度地利用日光能。

一般C_4植物的CO_2饱和点和CO_2补偿点比C_3植物低。因此，在低CO_2浓度时，C_4植物的光合效率高于C_3植物。在温度升高、光照较弱、水分亏缺等条件下，CO_2补偿点上升，光合作用下降。在温室栽培中，加强通风、增施CO_2可防止植物出现CO_2"饥饿"；在大田生产中，增施有机肥，经土壤微生物分解释放CO_2，能有效地提高作物的光合效率。

21.冬季在温室中栽培蔬菜，采取哪些农业措施来提高其光合速率？

在冬季温室中光合作用的主要限制因素有温度和CO_2等，通常采用以下措施提高其光合速率。

(1)温度要适宜。温度低时，光合酶活性低，CO_2同化减慢，淀粉与蔗糖的合成减少，对磷酸丙糖的需求量下降，进入叶绿体的无机磷酸减少，同化力的合成受到限制。温度高时，由于呼吸作用的最适温度比光合作用的高，当光合作用不再升高时，呼吸作用继续升高而使净光合速率下降。同时，温度过高时，酶钝化，光合机构受损，而导致光合速率迅速下降。昼夜温差大时，有利于净光合产物的积累，在白天较高温度下植物有高的光合速率，而夜间温度较低时可减少呼吸消耗，因而可积累更多的物质。

(2)水分充足，合理施肥。除了施用大量元素之外，还需要配合微量元素的施用。无机肥与有机肥配合施用，才能全面合理。

(3)加强通风，增加CO_2浓度。温室栽培要注意适时通风，增加CO_2浓度；或增施有机肥，利用微生物活动补充温室内的CO_2；或适当施用CO_2肥料，以提高光能利用率。

22. 试简要分析比较 C_3、C_4、CAM 植物的光合特性特征。

特性	C_3 植物	C_4 植物	CAM 植物
叶片解剖结构	维管束鞘细胞不发达，内无叶绿体，叶肉细胞中一种类型叶绿体	维管束鞘细胞发达，内有叶绿体，具两种不同类型的叶绿体	肉质叶片，维管束鞘细胞不发达，叶肉细胞中有大液泡
CO_2 固定酶	Rubisco	PEPC、Rubisco	PEPC、Rubisco
碳同化途径	一条 C_3 途径	在不同细胞中存在两条途径	在不同时间的两条途径
最初 CO_2 受体	RuBP	细胞质中 PEP；维管束鞘细胞中 RuBP	暗中 PEP；光下 RuBP
催化 CO_2 羧化反应的酶活性	高 Rubisco 酶活性	在叶肉细胞中有高 PEPC 酶活性；在维管束鞘细胞中有高 Rubisco 酶活性	暗中有高 PEPC 酶活性；光下有高 Rubisco 酶活性
光合初产物	PGA	草酰乙酸→苹果酸	暗中苹果酸；光下 PGA
光合最适温度/℃	较低，15～30	较高，30～47	约 35
耐旱性	弱	耐旱	极耐旱

23. 从光合作用机理上看 C_4 植物和 C_3 植物各有何特点？把 C_4 植物称为“高光效植物”是否合理？为什么？

C_4 植物，PEP 羧化酶对 CO_2 亲和力高，固定 CO_2 的能力强，在叶肉细胞形成 C_4 二羧酸后，再转运到维管束鞘细胞，脱羧后放出 CO_2，起到了 CO_2 泵的作用，增加了 CO_2 浓度，提高了 RuBP 羧化酶的活性，有利于 CO_2 的固定和还原，不利于乙醇酸形成，不利于光呼吸进行，所以 C_4 植物光呼吸测定值很低。

C_3 植物，在叶肉细胞内固定 CO_2，叶肉细胞的 CO_2/O_2 比值较低，此时，RuBP 加氧酶活性增强，有利于光呼吸的进行，而且 C_3 植物中 RuBP 羧化酶对 CO_2 亲和力低，光呼吸释放的 CO_2 不易被重新固定。

把 C_4 植物称为“高光效植物”不合理，因为 C_4 植物每固定 1 个 CO_2 比 C_3 植物多消耗 1 个 ATP，所以在光照较弱、温度较低的条件下，C_4 植物的光合速率不一定高于 C_3 植物，甚至低于 C_3 植物。

24. 比较光呼吸与线粒体呼吸。

项目	光呼吸	线粒体呼吸
底物	乙醇酸	糖、脂肪、蛋白质、核酸
发生部位	光下绿色组织	任何活细胞
对光需求	光	有光无光都可
O_2/CO_2 影响	O_2 上升，CO_2 下降，光呼吸上升	O_2＞5％时，暗呼吸达到饱和，CO_2＞5％时，暗呼吸受抑制
对 O_2/CO_2 需求	需氧，放 CO_2	有无 O_2 均可

25. 请绘出一般植物光合作用光强曲线图并加以说明。

光合作用光强曲线如图 5-7 所示。

(1)在光照极弱时,光合速率低于呼吸速率。

(2)当真正光合速率等于呼吸速率时,这时的光强为光补偿点。

(3)随光强增加,光合速率增加,达到一定限度后,再增加光强,光合速率不再增加,此时光强为光饱和点。

(4)在弱光条件下,光强是光合作用的限制因子。因此,随光强增加,光合速率亦迅速增加。

(5)当光强增加到一定值时,由于光合色素和光化学反应来不及利用过多的光能,暗反应系统来不及利用同化力时,光合作用出现饱和现象。

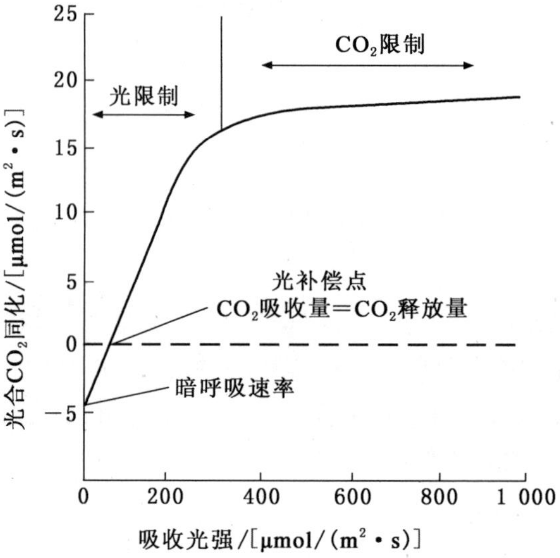

图 5-7 光合作用光强曲线

26. 什么是光抑制? 光抑制产生的原因是什么?

光抑制是指当叶片接受的光能超过它所能利用的光能时,光合活性降低,光合作用被抑制的现象。特点是 PSⅡ 光化学效率降低和光合碳同化的量子效率降低。

一般认为光抑制主要发生在 PSⅡ,按其发生的部位可以分为受体侧光抑制和供体侧光抑制。受体侧光抑制常起始于还原态 Q_A 的积累。还原态 Q_A 的积累促使三线态 P680($P680^T$)的形成,而 $P680^T$ 可以与氧作用($P680^T + O_2 \rightarrow P680 + {}^1O_2$)形成单线态氧(${}^1O_2$);供体侧光抑制起始于水氧化受阻。由于放氧复合体不能很快把电子传递给反应中心,从而延长了氧化型 P680($P680^+$)的存在时间。${}^1O_2$ 和 $P680^+$ 都是强氧化剂,如不及时清除,它们都可以氧化破坏附近的叶绿素和 D_1 蛋白,使光合器官受到损伤,光合活性下降。

三、实验题

1. 怎样证明 C_4 途径中 CO_2 受体是 RuBP 及 CO_2 固定后的第一个产物是 3-PGA?

用${}^{14}CO_2$ 饲喂小麦,照光,在不同时间取样,杀死植物,提取${}^{14}C$ 化合物,利用放射性同位素示踪和纸层析分析方法追踪^{14}C在各种化合物中出现的先后次序。最早标记的化合物是3-PGA。

同样方法,将CO_2浓度突然下降,若RuBP的量急剧增高,而3-PGA的量相应急剧下降,说明3-PGA是RuBP的产物,CO_2受体是RuBP。

2.请设计实验证明光合作用释放的O_2是来自H_2O而不是来自CO_2。

实验一:用^{18}O同位素标记的H_2O饲喂植物,照光后进行检测。若释放的O_2是同位素标记的,说明O_2来自H_2O。

实验二:分离叶绿体,在离体叶绿体中加入氢受体如Fe^{3+}等(希尔反应),在无CO_2参与的条件下,照光后可使水分解而释放O_2。

3.举例说明光呼吸的测定方法和原理。

(1)测定高、低氧下光合速率的差值:当大气中含氧量从21%降至1%～3%时,植物的净光合率增高30%～50%,增加的这部分代表在高氧条件下光呼吸的消耗。

(2)测定叶片在光下的吸氧量:在光下测定在无CO_2空气中叶片的吸氧量;或用$^{18}O_2$标记,测定叶片在光下对$^{18}O_2$的吸收速率。

(3)测定无CO_2空气中的CO_2释放:光下通入无CO_2的气体到叶室中,测定叶片CO_2释放量。

(4)测定从光转暗后的CO_2猝发:将植物叶片放入叶室,光照一段时间后停止,则有CO_2释放高峰。

4.研磨提取叶绿素时加入石英砂和$CaCO_3$的作用分别是什么?

加入石英砂主要是起助研作用,加快研磨的速率。

加入$CaCO_3$是为了中和酸,起到保护叶绿素的作用。

5.举出3种测定光合速率的方法,并简述其原理及优缺点。

(1)改良半叶法:选择生长健壮、对称性较好的叶片,在其一半叶片上打取小圆片若干,烘干称重,并用三氯醋酸对叶柄进行化学环割,以阻止光合产物外运,用同样方法对另一半叶片的相对称部位取相同数目的小圆片,烘干称重,两者之差即为这段时间内这些小圆片累积的有机物质量。此法简便易行,不需贵重设备,但精确性较差。

(2)红外线CO_2分析法:气体CO_2对红外线有吸收作用(尤其是对波长260 nm的红外线有强烈的吸收),不同浓度的CO_2对红外线的吸收强度不同,所以当红外线透过一定厚度的含CO_2的气层之后,其能量会发生损耗,能量损耗的多少与CO_2的浓度紧密相关。植物进行光合作用始、末时,其环境中CO_2浓度的变化可以通过红外线气体分析仪表迅速而准确地观察获得,即可知植物在该测定时间内叶片吸收CO_2的量。因此,可以计算出单位时间内单位叶面积吸收CO_2的量,即植物的光合速率。此法具有迅速、准确、安全、灵敏、测定连续等优点,但仪器比较昂贵,目前基层还较难实现。

(3)氧电极法:氧电极由嵌在绝缘棒上的铂和银所构成,以0.5 mol/L氯化钾为电解质,覆盖一层15～20 μm的聚乙烯或聚四氟乙烯薄膜,两极间加0.6～0.8 V的极化电压。溶氧可透过薄膜进入电极在铂阴极上还原,同时在极间产生扩微电流,此电流与溶解氧浓度成正比,记录此电流的变化,则能换算出相应的氧分压值。当温度恒定时,植物叶片在反应液中照光时释放的氧量,即为该叶片的光合速率。此法灵敏度高,操作简便,可以连续测定水溶液中溶解氧量及其变化过程,但只能测离体叶片。目前也受仪器的限制。

6.叶绿素a、叶绿素b定量测定时为什么在红光区选用最大吸收峰？测定时所选用的两种波长分别是什么？

叶绿素a、叶绿素b和类胡萝卜素在蓝紫光区都有吸收峰，叶绿素a、叶绿素b定量测定时为了排除类胡萝卜素的干扰，所以在红光区选用最大吸收峰。叶绿素在不同有机介质中的最大吸收波长和摩尔吸光系数存在差异，如叶绿素a、叶绿素b在80%丙酮溶液中的最大吸收波长分别是663 nm和645 nm，在95%乙醇溶液中则分别为665 nm和649 nm。

7.设计实验证实 CO_2 同化场所是叶绿体的基质。

提取完整的叶绿体，把叶绿体的基质和叶绿体的被膜或类囊体的膜分开，在基质和膜上分别检测光反应和碳还原反应活性，如果在分离的叶绿体的基质中检测到碳还原反应活性而无光反应活性，则证实 CO_2 同化场所是在叶绿体的基质而不是在叶绿体的被膜或类囊体的膜上。

(1)在适宜的条件下，提取具有生理活性的完整叶绿体。

(2)将提取的完整叶绿体放入低渗液中，让叶绿体被膜破裂，然后高速离心，上清液中含有叶绿体的基质，沉淀为叶绿体的被膜和类囊体的膜。

(3)分别在上清液和沉淀中加入 $^{14}CO_2$ 同化底物，看在哪里能同化 $^{14}CO_2$，结果是只有上清液能进行 CO_2 同化反应，生成含有 ^{14}C 光合产物。

(4)将上清液和沉淀电泳，看在哪里有同化 CO_2 的酶类，结果是只有上清液中含有同化 CO_2 的酶类。而从类囊体的膜上仅分离出PSⅠ，PSⅡ，Cyt b_6/f 和ATP合酶等蛋白复合体和其他组分。

8.用实验证明 C_3 植物比 C_4 植物的 CO_2 补偿点高。

把 C_3 植物(如小麦)和 C_4 植物(如高粱)放在同一密闭容器中，照光一定时间后会出现小麦首先死亡，一段时间后高粱也死亡的现象。

随着光合作用的进行，室内的 CO_2 浓度越来越低。当低于 C_3 植物(如小麦)的 CO_2 补偿点时，小麦没有净光合，只有消耗，不久便死亡。此时 CO_2 浓度仍高于 C_4 植物(如高粱)的 CO_2 补偿点，所以仍能进行光合作用。当 CO_2 浓度低于 C_4 植物的 CO_2 补偿点时，高粱因不能进行光合作用而死亡。

9.用不含水的有机溶剂如无水乙醇提取植物材料特别是干材料的叶绿体色素往往效果不佳，为什么？

因叶绿素与蛋白质结合很牢，须经过水解被提取，故用不含水的有机溶剂如无水乙醇提取植物材料特别是干材料的叶绿体色素往往效果不佳。

10.设计实验证明光合作用的存在。

依据光合作用的原理，可以用下列简便方法证明植物在光下进行光合作用。

(1)用水生植物如金鱼藻、伊乐藻，置于光下，可见叶片上有气泡放出，放出的气泡就是氧气(图5-8)，在暗中则观察不到气泡的释放。

(2)将陆生植物叶片切成小片，放入小烧杯中，加入20 mmol/L $NaHCO_3$ 溶液。将小烧杯放入真空干燥器中通过减压抽气使小叶片下沉，再将小烧杯置于直射光下，一段时间后小圆片上很快出现小气泡，小叶片开始上浮，小气泡即是光合作用释放的氧气；若将小烧杯置于暗处，小叶片不上浮，叶上没有气泡出现。

图 5-8　伊乐藻进行光合作用释放氧气

(3)有些植物在光下累积淀粉，用剪有一定形状空洞的黑纸将在光下累积淀粉的植物叶片遮光，放于直射光下，一定时间后，除去黑纸，将叶片用乙醇脱色后放入碘液中，观察叶片的颜色。在未被黑纸遮盖的部分叶片变为蓝黑色，证明有淀粉存在，而被黑纸遮盖部分则不变色。

11. 叶绿体色素的取代反应和皂化反应能反映色素分子的哪些性质？怎样才能观察到叶绿素的荧光现象？

叶绿素的化学性质很不稳定，容易被光破坏。叶绿素分子中的镁可以被 H^+ 所取代，即形成褐色的去镁叶绿素，后者中的 H^+ 又能被 Cu^{2+} 所取代，形成颜色鲜艳的铜代叶绿素。铜代叶绿素很稳定，在光下不易破坏，所以此法是制作植物标本的方法之一。取代反应能够反映叶绿素分子的化学不稳定性质。

皂化反应能够反映叶绿素是一种双羧酸的酯类物质，不溶于水。能与碱发生皂化反应，生成叶绿酸的碱性盐，形成盐后，叶绿素的亲水性大大增加，可溶于水，可用此法将叶绿素和类胡萝卜素分开。

在反射光下观察叶绿体色素的颜色，可观察到暗红色，即为叶绿素产生的荧光颜色。

12. 试用实验证明叶绿体是光合作用的细胞器。

用离体叶绿体能够证明叶绿体是光合作用的器官。利用细胞匀浆法和差速离心技术把叶绿体从叶片中提取出来，在分离的叶绿体悬浮液中加入 $^{14}CO_2$，同时照光，如果能够观察到有氧气释放，并且 ^{14}C 出现在淀粉等光合产物中，就能够证明叶绿体是进行光合作用的细胞器。

四、分析讨论题

1. 论述光对光合作用的影响。

光对光合作用的影响是多方面的，包括光强和光质，一方面影响叶绿素的生物合成，另一方面影响光合速率。

(1)光是叶绿素形成的必要条件。由原叶绿素酸酯还原成叶绿素酸酯需要在光下才能进行，所以黑暗中生长的幼苗不能形成叶绿素而呈黄白色。过强的光照容易使叶绿素被光氧化破坏，对叶绿素形成也不利。光质与叶绿素形成有关，单色光不如全色光，单色光中又以红光最好，蓝光次之，绿光最差。

(2)光影响叶绿体的发育。黑暗下，叶绿体发育畸形，片层结构不形成或不发达，见光后才能逐渐转入正常。

(3)光影响气孔的开闭，进而影响叶片温度和 CO_2 的吸收。

(4)光调节光合酶的活性。C_4 循环中的 Rubisco、PGAK、GAPDH、FBPase、SBPase 和 Ru5PK 都是光调节酶，光下这些酶活性提高，暗中活性降低或丧失。

(5)光是光合作用能量的来源，没有光，同化力(ATP 和 $NADPH+H^+$)不能形成，就不能同化 CO_2。

(6)光质也影响光合速率。例如，菜豆在红光下光合速率最快，蓝光次之，绿光最差。水稻表现为蓝光最好，红光次之，绿光最差。

2. 试述作物光能利用率低的原因及提高作物光能利用率的途径。

光能利用率是指单位面积上的绿色植物光合产物中所累积的化学能量与照射在这块面积上的日光能的比率。以年来计算，一般作物的光能利用率不到 1%，森林植物大概只有 0.1%。光能利用率不高的原因有很多，主要有以下几方面。

(1)一部分光不能参加光合作用。可以参加光合作用的光是可见光，它只占到达地球表面的太阳辐射的 45%左右。

(2)漏光。一年中即使种三季，也会有 30%左右的光是没有照射到植物上的。

(3)反射与透射。照在植物叶片上的光有 15%～20%未被吸收，而以反射和透射损失。

(4)量子需要量的损失。被叶绿体吸收的光，在光合作用能量转化过程中只有 23%左右累积到光合产物中，77%被损失消耗掉。

(5)呼吸消耗的损失。光合产物大约 1/3 被呼吸消耗。

此外，还有许多因子影响光能利用率，例如光饱和点的损失、叶片衰老、CO_2 供给不足、病虫危害、水分亏缺、矿质营养不良等都会影响植物对光能的利用。

提高光能利用率的途径有：

增加光合面积。①合理密植；②改善株型。

延长光合时间。①提高复种指数；②延长生育期；③补充人工光照。

提高光合速率。①增加田间 CO_2 浓度；②降低光呼吸。

提高经济系数。通过育种或栽培管理措施促进光合产物向经济器官中运送，提高经济系数。

减少光合产物消耗。培育光呼吸低的作物品种，室内栽培的晚上降低室内温度等。

3. 试从光合作用机理来讨论影响光合作用的各种环境因子及各因子间的相互关系。

影响光合作用的环境因子主要有光、温度、CO_2、矿质元素、水等。

(1)光：光是光合作用的动力，也是形成叶绿素、叶绿体以及正常叶片的必要条件，光还调节气孔开度和光合酶的活性，因此光直接制约着光合速率的高低。

在一定的温度和 CO_2 浓度下，植物光合作用强度随光强增加而增加，当光强增加到一定程度时，光合强度不再增加，这种现象叫光饱和现象，这时的光强度叫该植物的光饱和点。

出现光饱和现象的原因主要有：①光反应系统跟不上，来不及吸收和利用那么多光；②暗反应系统不能配合，酶促反应的限制，如 CO_2 供应不足，酶促反应周转不快等。

在光饱和点以下，植物光合强度随光强的减少而下降，当下降到某一光强时，光合作用吸收的 CO_2 与呼吸作用放出的 CO_2 达到动态平衡，这时的光强叫光补偿点。

光饱和点和光补偿点分别代表一定植物光合作用光强度的上限与下限，也代表该植物叶片对强光和弱光的利用能力，可用来衡量植物的需光特性和需光量，对栽培植物、合理选择间套作品种和密植程度、林带树种搭配等都有重要参考价值。

(2)温度：CO_2 的同化是一系列酶促反应，受温度的影响。在强光和高 CO_2 条件下，温度是光合作用的主要限制因素。在强光、高 CO_2 浓度时温度对光合速率的影响要比弱光、低 CO_2 浓度时大。

(3)CO_2：CO_2 是光合作用的原料。在一定范围内(一定光强和温度下)植物的净光合速率随 CO_2 浓度增高而增加，但到一定程度时，再增加 CO_2 浓度光合速率不再增加，这时环境中的 CO_2 浓度称为该植物的 CO_2 饱和点。

(4)水分：水是光合作用的原料，没有水就不能进行光合作用。缺水时，叶片气孔开度减小，影响 CO_2 进入，使光合作用的原料缺乏，光合速率下降。另外，水分亏缺时，一些水解酶活性提高，不利于糖的合成。缺水还影响细胞伸长生长并抑制蛋白质合成，而使光合面积减小，限制了植物的光合作用。在较严重缺水时，光合机构受损，电子传递速率下降，光合磷酸化解偶联，影响同化力的形成。在严重缺水时，叶绿体片层结构受到破坏，叶片光合能力不能再恢复。水分过多时，会因土壤通气不良、根系发育不好或根系活力降低而间接影响光合作用。

(5)矿质营养：矿质营养影响了植物的光合面积、光合时间和光合能力，具体可在以下方面起作用：N、P、S、Mg 等元素是叶绿素的组分及叶绿体组成成分，其中 N 元素与叶绿素含量、叶绿体发育、光合酶活性的关系都很大，所以氮素营养对光合作用的影响最为显著。Fe、Mn、Cu、Zn 等作为酶的辅基或活化剂而影响叶绿素的生物合成。在光合电子传递链中，主要的电子传递体是含 Cu、Fe 的蛋白质；Mn、Cl 作为放氧复合体的成分参与 H_2O 的光解；光合作用中同化力 ATP 和 NADPH 的形成及许多中间磷酸化合物都需要无机磷酸。K、Ca 影响气孔开闭而控制 CO_2 的出入。K、Mg、Zn 等是多种重要的相关酶的活化剂。磷酸和 B 促进光合产物的运输等。

以上各个因子和条件都不是单独起作用的，而是彼此存在相互作用的关系，如光强会影响 CO_2 利用的浓度，温度会影响光补偿点。

当几个因子同时影响光合作用时，数量最小的那个因子限制其他因子，被称为“限制因子律”。在 CO_2 浓度低(0.01%)时，随 CO_2 增加，光合强度增加，光成为限制因子，增加光强及 CO_2 浓度，光合又增加，但到一定程度时又受到限制。当然，限制因子不是一成不变的，在不同的时期、不同的条件下是在变化着的，但就某一条件下的某一时期，总是存在着主要矛盾及矛盾的主要方面。

光合作用所需要的各个条件是同等重要和不可代替的，这些因子中的任何一个都不能利用别的因子替代。

4.试分析矿质元素和光合作用速率的关系。如何做到合理施肥提高作物产量？

植物生命活动所必需的矿质元素，都对光合作用速率有着直接或间接的影响，按功能将与光合作用有关的矿质元素归纳如下：

(1)叶绿体及叶绿素组分：N，P，S，Mg，C，H，O；

(2)影响叶绿素的形成：N，Mg，Fe，Mn，Cu，Zn；

(3)水的光解放氧：Mn，Cl，Ca；

(4)光合电子传递：Fe，Cu，S；

(5)同化力形成：Mg，P，K，H；

(6)酶活化：K，Mg，Zu，Mn；

(7)促进光合产物运输：K，B，P；

(8)光合作用原料：C，H，O；

(9)影响气孔开放：K，Ca。

由此可见，为了夺取作物高产，在给作物施肥时，除了施用大量元素之外，还需要配合微量元素的施用。无机肥与有机肥配合施用，同时要考虑到作物不同需肥形态及不同生育期的需求差别，才能全面、合理。

5.试从光合作用的角度简要分析影响作物经济产量的因素。

作物的经济产量主要是靠光合作用转化光能得来的。

经济产量=(净同化率×光合面积×光照时间)×经济系数－呼吸消耗

能提高净同化率，增加光合面积，延长光照时间，提高经济系数，减少呼吸消耗，就能提高作物产量。

(1)提高净同化率。净同化率是指一昼夜中在1 m^2 叶面积上所积累的干物质量，它实际上是单位叶面积上白天的净光合生产量与夜间呼吸消耗量的差值。

(2)增加光合面积。光合面积即植物的绿色面积，主要是叶面积，它是对产量影响最大同时又是最容易控制的一个因子。通过合理密植或改变株型等措施，可增大光合面积。

①合理密植。所谓合理密植，就是使作物群体得到合理发展，使之有最适的光合面积，最高的光能利用率，并获得最高收获量的种植密度。

②改变株型。矮化种植可增加密植程度，提高叶面积系数，并耐肥抗倒伏，因而能提高光能利用率。

(3)延长光照时间。

①提高复种指数。复种指数就是全年内农作物的收获面积与耕地面积之比。提高复种指数就相当于增加收获面积，延长单位土地面积上作物的光合时间。通过轮种、间种和套种等提高复种指数的措施，就能在一年内巧妙地搭配作物，从时间和空间上更好地利用光能。

②延长生育期。在不影响耕作制度的前提下，适当延长生育期能提高产量，如育苗移栽。

③补充人工光照。在小面积的栽培试验中，或要加速重要的材料与品种的繁殖时，可采用生物灯或日光灯作人工光源，以延长光照时间。

(4)提高经济系数。可以通过育种培育经济系数高的作物品种，或通过栽培、管理措施(合理施肥、修剪等)促进光合产物尽可能多地向经济器官中运转，并转化为人类需要的经济价值较高的收获物质。

(5)减少呼吸消耗。室内栽培时,晚上可以适当降低室内温度,以减少呼吸消耗。

6.试述叶绿体的结构与功能的关系。

叶绿体的外围是双层膜结构,叶绿体内是复杂的内膜系统和基质。叶绿体的结构与功能之间存在密切关联,结构决定了其功能(图 5-9)。

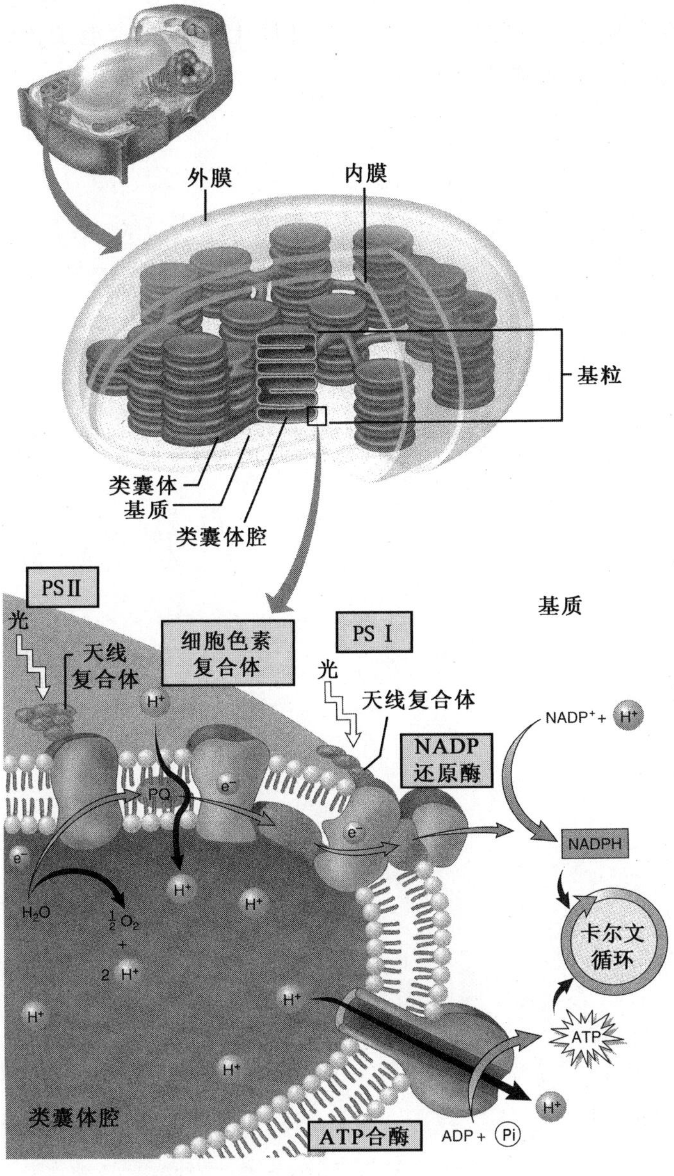

图 5-9　叶绿体结构和类囊体膜上光合电子传递链的分布

(Stern et al,2008)

(1)叶绿体有两层被膜,分别称为外膜和内膜,具有选择性,使叶绿体内的离子和 pH 等微环境利于光合作用的进行。

(2)叶绿体膜以内的基础物质为基质。基质成分主要是可溶性蛋白质(包括参与碳同化的各种酶)和其他代谢活跃物质。特别是 Rubsico 的含量高,使其在基质里进行 CO_2 的固定还原,形成淀粉。

(3)在基质中分布有绿色的由类囊体垛叠而成的基粒。所有光合作用的色素、吸收光能的捕光色素蛋白复合体、光系统Ⅰ(PSⅠ)和光系统Ⅱ(PSⅡ)、细胞色素 b_6/f 复合体、ATP 合酶以及与电子传递有关的蛋白质都位于类囊体膜上,类囊体结构对光能的吸收和传递、电子的传递及 ATP 的产生都有至关重要的作用。在类囊体膜上存在光合电子传递体,光能转变为化学能的过程是在基粒的类囊体膜上进行的。

第六章 植物的呼吸作用

内容提要

一、概述

本章主要介绍植物呼吸代谢途径及特点，重点介绍呼吸电子传递途径的多样性。

二、学习目标

(1)了解呼吸作用的基本概念和生理意义。

(2)掌握植物呼吸代谢途径和电子传递途径。

(3)掌握呼吸作用的调节和影响因素。

(4)了解呼吸作用与农业生产的关系。

三、基本内容

呼吸作用是植物最基本的生理活动之一，是植物体将底物通过有控制的步骤逐步氧化为 H_2O 和 CO_2 的过程。呼吸作用不仅产生能量以供植物体各种生理活动的需要，而且为各种生物的合成提供了代谢底物。

呼吸作用按照其需氧状况，可分为有氧呼吸和无氧呼吸两大类型。在正常情况下，有氧呼吸是高等植物进行呼吸的主要形式。

植物的呼吸作用具有多样性，主要表现为底物降解的多样性、呼吸电子传递的多样性和末端氧化酶的多样性。植物呼吸作用的底物主要是糖类。

在呼吸代谢途径中，除少数底物水平的磷酸化外，呼吸底物逐步氧化降解所释放的自由能被贮存在 NADH 和 $FADH_2$ 中，经过电子传递链，形成跨线粒体内膜的质子电化学势梯度，并利用质子电化学势梯度合成 ATP。这个转化过程是经过线粒体内膜上的一系列电子传递复合体进行的(图 6-1)，由于电子的最终受体是氧，所以将底物的电子传递到分子氧并形成水的最末端的氧化酶称为末端氧化酶。线粒体内末端氧化系统包括细胞色素途径和交替途径。除了线粒体内的末端氧化外，植物中还有非线粒体的末端氧化途径，包括多酚氧化酶、抗坏血酸氧化酶、过氧化物酶和过氧化氢酶、乙醇酸氧化酶等末端氧化途径。

植物的呼吸作用与植物的种类、不同器官、生理状况等都有很大的关系，并且受到各种外界条件的影响。许多代谢途径的中间产物例如 PEP 和丙酮酸对代谢的关键调节酶有重要的调节作用，特别是 ADP、ATP 和 NAD、NADH 对呼吸代谢途径有广泛的调控作用。

呼吸作用与农作物栽培、育种和种子、果蔬、块根、块茎的贮藏都有着密切的关系。

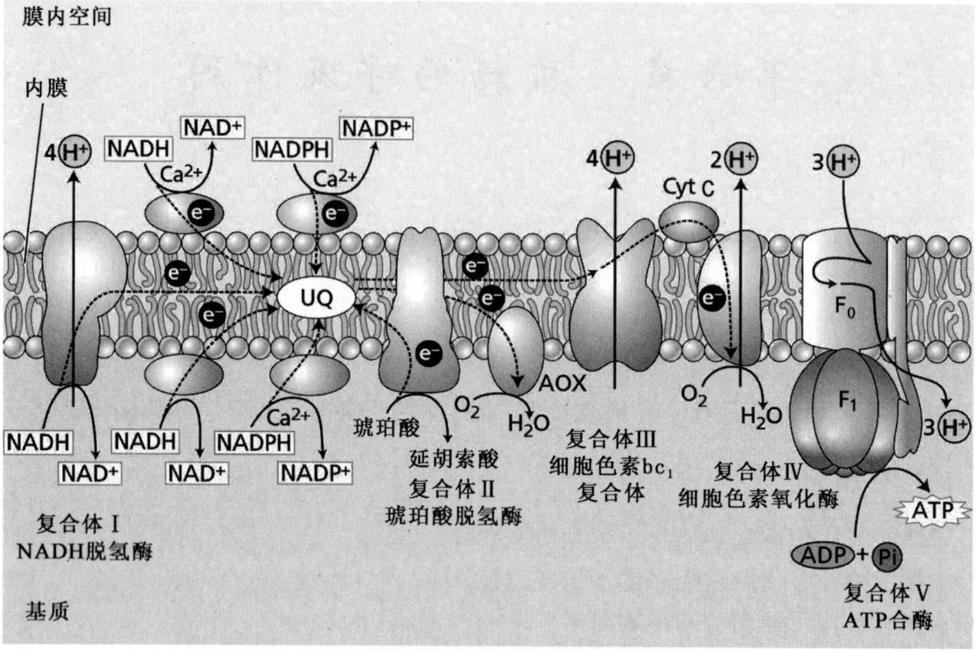

图 6-1 线粒体内膜上的电子传递复合体

(Taiz and Zeiger,2006)

四、重点和难点

1.重点

(1)植物呼吸系统的多样性和生物意义;

(2)外界条件对呼吸速率的影响;

(3)植物呼吸作用与农业生产的关系。

2.难点

呼吸系统的多样性。

自 测 题

一、单项选择题

1.有氧呼吸是呼吸作用的主要方式,是指(　　)。

A.在有氧条件下,生活细胞将呼吸底物部分氧化分解产生能量(ATP)的过程

B.在有氧条件下,生活细胞将呼吸底物彻底氧化降解为 H_2O 和 CO_2 并产生大量能量(ATP)的过程

C.在有氧条件下,生活细胞将呼吸底物部分氧化分解并只有较少能量产生的过程

D.在有氧条件下,生活细胞将呼吸底物彻底氧化分解的过程

2. NADH 的一对电子经呼吸链传递给 O_2 时可产生的 ATP 数量是(　　)。

A. 4　　B. 2

C. 3　　D. 1

3. 某一植物组织呼吸作用释放 CO_2 摩尔数和吸收 O_2 摩尔数的比值小于 1，该组织在此阶段的呼吸底物主要是(　　)。

A. 脂肪　　B. 淀粉

C. 有机酸　　D. 葡萄糖

4. PPP 在植物中普遍存在，对其描述正确的是(　　)。

A. 在植物细胞的线粒体中进行

B. 主要在植物细胞的细胞质基质和质体中进行

C. PPP 可放热增温，促进开花

D. 植物遇逆境如干旱、受伤时，PPP 先升高后降低

5. 在细胞色素途径和交替途径两条呼吸链途径中都存在的传递体是(　　)。

A. Cyt c　　B. Fd

C. UQ　　D. Cyt b

6. 植物组织受伤时，呼吸链电子传递的末端氧化酶主要是(　　)。

A. 交替氧化酶　　B. 酚氧化酶

C. 黄素氧化酶　　D. 细胞色素氧化酶

7. 对水杨基羟肟酸敏感的呼吸途径是指(　　)。

A. 交替途径　　B. 细胞色素呼吸途径

C. 乙醛酸呼吸途径　　D. TCA 途径

8. 在线粒体中，电子经电子传递链传递到氧的过程，伴随自由能的释放，并用于 ADP 的磷酸化而合成 ATP 的过程，称为(　　)。

A. 光合磷酸化　　B. 氧化磷酸化

C. 呼吸链　　D. 底物磷酸化

9. 依据化学渗透学说，呼吸链氧化磷酸化 ATP 的合成部位是(　　)。

A. 线粒体内膜上 ATP 合酶　　B. UQ

C. 线粒体间质　　D. 线粒体基质

10. 单位质量的植物材料，在单位时间内进行呼吸所消耗的 O_2 或释放的 CO_2 数量被称为(　　)。

A. 呼吸强度　　B. 呼吸系数

C. 呼吸效率　　D. 呼吸商

11. 植物组织在一定时间内释放 CO_2 和吸收 O_2 量的比值称为(　　)。

A. 光合速率　　B. 呼吸速率

C. 呼吸商　　D. CO_2 补偿点

12. 根据呼吸商了解某呼吸过程的底物性质，当发生彻底氧化时，若呼吸商分别为 1、小于 1、大于 1，则呼吸底物分别是(　　)。

A. 糖、油脂、有机酸　　B. 糖、有机酸、蛋白质

C. 有机酸、油脂、糖　　D. 油脂、糖、有机酸

13. 可表示呼吸速率与温度的关系的指标是(　　)。

A. PQ　　B. RQ

C. UQ　　D. Q_{10}

14. 大气中 CO_2 含量达到(　　)时,对呼吸作用有一定的抑制作用。

A. 3%～5%　　B. 1%～2%

C. 0.1%～0.5%　　D. 0.02%～0.5%

15. 参与糖酵解反应的酶主要存在于(　　)。

A. 线粒体基质　　B. 细胞质中

C. 线粒体间质　　D. 质体

16. 交替氧化酶途径具有明显的放热特征,其 P/O 为(　　)。

A. 1　　B. 2

C. 3　　D. 4

17. 下列有关植物呼吸作用的描述,不正确的是(　　)。

A. 抗氰呼吸释放大量热量　　B. 抗氰呼吸是植物体内普遍存在的呼吸途径

C. 植物感染病菌时,其呼吸速率降低　　D. 在各种逆境条件下交替途径活性提高

18. 呼吸作用中的电子传递链定位在(　　)。

A. 细胞质中　　B. 线粒体外膜上

C. 线粒体内膜上　　D. 线粒体基质中

19. 含有 Cu 的末端氧化酶是(　　)。

A. 细胞色素氧化酶　　B. 交替氧化酶

C. 抗坏血酸氧化酶　　D. 乙醇酸氧化酶

20. 呼吸作用电子传递链中的质子传递体不包括(　　)。

A. NAD^+　　B. FAD

C. UQ　　D. PQ

21. 在正常情况下,植物细胞内能够彻底降解葡萄糖的主要途径是(　　)。

A. EMP-TCA　　B. PPP

C. EMP　　D. TCA

22. 水果贮藏久了,组织内部会发生(　　)。

A. 抗氰呼吸　　B. 酒精发酵

C. 糖酵解　　D. 有氧呼吸

23. 抗氰呼吸的末端氧化酶为(　　)。

A. 细胞色素氧化酶　　B. 乙醇酸氧化酶

C. 多酚氧化酶　　D. 交替氧化酶

24. 植物组织衰老时,磷酸戊糖途径在呼吸代谢中所占比例(　　)。

A. 下降　　B. 上升

C. 先降后升　　D. 维持一定水平

25. 温度升高时,种子贮藏的安全含水量(　　)。

A. 升高　　B. 降低

C. 不变　　D. 无影响

26. 淀粉种子和油料种子贮藏的安全含水量(　　)。

A. 相同　B. 淀粉种子高,油料种子低

C. 不一定　D. 淀粉种子低,油料种子高

27. 在磷酸戊糖途径中,糖氧化脱氢时的氢受体是(　　)。

A. NAD^+　B. $NADP^+$

C. FAD　D. CoQ

28. 苹果和马铃薯等切开后,组织变褐,是由于(　　)作用的结果。

A. 抗坏血酸氧化酶　B. 抗氰氧化酶

C. 细胞色素氧化酶　D. 多酚氧化酶

29. 某组织材料有 ATP 16 nmol,ADP 2 nmol,AMP 2 nmol,该组织的能荷为(　　)。

A. 1　B. 0.85

C. 0.9　D. 0.8

30. 下列有关影响植物呼吸作用因素的描述,不正确的是(　　)。

A. 呼吸作用最适温度是植物可以保持稳态的最高呼吸速率的温度

B. 有氧条件下,糖酵解途径调节酶活性受抑制

C. 当大气中二氧化碳含量增加到 3% ～ 5%时,呼吸作用受抑制

D. 种子含水量超过安全含水量时,种子的呼吸强度急剧增加。一般情况下,淀粉种子的安全含水量低于油料种子

31. 将培养在无离子水中植物幼苗转移到稀盐溶液时,根系的呼吸速率增加,这种呼吸被称为(　　)。

A. 硝酸盐呼吸　B. 无氧呼吸

C. 抗氰呼吸　D. 盐呼吸

32. 下列末端氧化酶中,与氧分子亲和力最高的是(　　)。

A. 酚氧化酶　B. 抗坏血酸氧化酶

C. 细胞色素氧化酶　D. 乙醇酸氧化酶

33. O_2 抑制酒精发酵的现象被称为(　　)。

A. 巴斯德效应　B. 爱默生效应

C. 抑制效应　D. 氧抑制效应

34. 呼吸链中细胞色素 a 主要靠(　　)元素价态的变化传递电子。

A. 钙　B. 锰

C. 铁　D. 钼

35. 解偶联剂可以(　　)。

A. 阻断呼吸电子传递过程　B. 抑制 ATP 合酶活性

C. 抑制呼吸电子传递和氧化磷酸化　D. 抑制氧化磷酸化但不影响电子传递

36. 能够抑制细胞色素氧化途径,但不能抑制交替氧化途径的物质是(　　)。

A. 鱼藤酮　B. 丙二酸

C. CO_2　D. CN^-

37. 在呼吸链中只能传递电子的组分是(　　)组。

A. NAD,FAD 和 Cyt b　　B. NAD,FAD 和 CoQ

C. Cyt b,FAD 和 CoQ　　D. Fe-S,Cyt a/a_3 和 Cyt b

38. 制作红茶时要把摘下的茶叶进行揉搓,以和底物接触发生作用形成红褐色物质的关键酶是(　　)。

A. 抗氰氧化酶　　B. 多酚氧化酶

D. 抗坏血酸氧化酶　　C. 细胞色氧化酶

二、简答题

1. 为什么说呼吸作用是生物体内最基本的代谢过程?
2. 试比较有氧呼吸和无氧呼吸的异同点。
3. 植物细胞能否长期通过无氧呼吸维持细胞的生命活动? 为什么?
4. 植物体内淀粉和蔗糖是怎样被降解的?
5. 简述植物的抗氰呼吸及其生理意义。
6. 试述氧化磷酸化的机理。
7. 试用构象转化原理解释氧化磷酸化中 ATP 的产生过程。
8. 植物的呼吸作用对其水分吸收、矿质营养和物质运输过程有何影响?
9. 为什么昼夜温差大有利于作物积累干物质? 温室或大棚生产中应注意什么问题?
10. 粮油种子贮藏过程中应注意些什么? 说明其原理。
11. 果实和蔬菜贮藏时应注意什么?
12. 简述线粒体中电子载体的分布与质子跨膜梯度形成之间的联系。

三、实验题

1. 证明植物组织中存在 PPP 途径,并分析 EMP-TCA 和 PPP 在己糖分解过程中所占的比例。
2. 如何证明植物体中存在抗氰呼吸途径?
3. 测定植物呼吸速率的方法主要有哪些? 简要论述其基本原理。
4. 在测定抗坏血酸氧化酶、多酚氧化酶活性时,为什么要用预冷的磷酸缓冲液提取酶液? 计算多酚氧化酶活性时为什么要减去抗坏血酸氧化酶的活性?
5. 光下如何测定植物叶片的呼吸速率?

四、分析讨论题

1. 说明 EMP-TCA 途径和 PPP 途径的特点及生理意义。
2. 植物受涝害的原因是什么? 为什么夏季淹水比冬季危害更大?
3. 分析比较光合作用与呼吸作用的异同点及其相互关系。
4. 讨论植物呼吸代谢的主要调控机制。
5. 说明植物呼吸代谢的多样性及其意义。
6. 举例说明如何用植物呼吸作用的相关知识来解决农业生产上的问题。

参考答案

一、单项选择题

1. B	2. C	3. A	4. B	5. C	6. B	7. A	8. B	9. A	10. A
11. C	12. A	13. D	14. A	15. B	16. A	17. C	18. C	19. C	20. D
21. A	22. B	23. D	24. B	25. B	26. B	27. B	28. D	29. B	30. D
31. D	32. C	33. A	34. C	35. D	36. D	37. D	38. B		

二、简答题

1. 为什么说呼吸作用是生物体内最基本的代谢过程？

(1)呼吸作用提供了植物生命活动所需的大部分能量。呼吸作用释放的 ATP 供生命活动之需。

(2)呼吸作用为细胞内其他物质的合成提供原料。呼吸作用中碳水化合物(呼吸底物)在被彻底氧化分解成 CO_2 的过程中，产生许多中间产物，这些中间产物是进一步合成蛋白质、核酸、脂肪、激素、维生素等重要生命物质的原料。同时这些物质的分解代谢也最终要通过呼吸作用来完成，因此，呼吸作用是植物体内能量和物质的代谢中心。

(3)呼吸作用在植物的抗病免疫方面也具有重要作用。植物染病时，染病组织不仅呼吸增强，同时呼吸途径也发生变化。呼吸增强，有利于氧化分解病原菌毒素，消除病害；呼吸途径改变主要是 PPP 加强，可导致产生多种抗菌物质，阻止病原菌的侵染。因此，呼吸作用能增强植物对伤、病的抵抗能力。

2. 试比较有氧呼吸和无氧呼吸的异同点。

有氧呼吸可用下列反应式来表示：

$C_6H_{12}O_6 + 6O_2 \rightarrow 6CO_2 + 6H_2O \qquad \Delta G^{\ominus\prime} = -2\ 870\ kJ/mol$

无氧呼吸可用下列反应式表示：

$C_6H_{12}O_6 \rightarrow 2C_2H_5OH + 2CO_2 \qquad \Delta G^{\ominus\prime} = -226\ kJ/mol$

(1)共同点：①都是在生活细胞内在酶的参与下，将有机物逐步氧化分解并释放能量的过程；②都可为植物的生命活动提供能量和中间产物；③都经过糖酵解阶段。

(2)不同点：①有氧呼吸有分子氧的参与，而无氧呼吸可在无氧条件下进行；②有氧呼吸的呼吸底物能彻底氧化分解为 CO_2 和水，释放的能量多，而无氧呼吸对呼吸底物进行不彻底的氧化分解，释放的能量少，而且它的生成物如乙醇、乳酸对植物有毒害作用；③有氧呼吸产生的中间产物多，即为机体合成作用所能提供的原料多，而无氧呼吸产生的中间产物少，为机体合成作用所能提供的原料也少。

3. 植物细胞能否长期通过无氧呼吸维持细胞的生命活动？为什么？

依赖无氧呼吸不可能长期维持细胞的生命活动。

植物进行无氧呼吸时，每分子葡萄糖发酵时，只净形成 2 分子 ATP，葡萄糖中的大部分能量仍保存在乳酸或乙醇分子中，能量利用效率低，有机物耗损大，而且发酵产物的产生和累积对细胞原生质有毒害作用。如乙醇积累过多，会破坏细胞的膜结构，乙醇是较低毒性的发酵产物，它能够从细胞中扩散出来；而酸性发酵产物则累积在细胞中，使细胞酸化，如超过细胞本身的缓冲能力，会引起细胞酸中毒。因此依赖无氧呼吸不可能长期维持细胞的生命活动。

4. 植物体内淀粉和蔗糖是怎样被降解的？

淀粉和蔗糖是植物体中的糖类物质，在植物的许多生理活动中都起着相当重要的作用，淀粉和蔗糖在植物体中的降解主要通过糖酵解、三羧酸循环、戊糖磷酸途径等实现。

淀粉被降解为葡萄糖的过程涉及多种酶的催化作用，如 α-淀粉酶、β-淀粉酶、脱支酶、麦芽糖酶等。蔗糖在蔗糖酶的作用下，水解成 D-葡萄糖与 D-果糖。葡萄糖与果糖在己糖激酶、磷酸己糖激酶异构酶与果糖激酶等作用下，生为果糖-6-磷酸，在细胞质中经糖酵解途径，最后生成丙酮酸。

丙酮酸可参与氮代谢用于氨基酸的合成等。在无氧条件下，丙酮酸被还原为乳酸或乙醇。在有氧条件下，丙酮酸进入三羧酸循环，被彻底氧化，释放 CO_2。

在植物感病、受伤、干旱等特殊状态下，戊糖磷酸途径会逐渐上升。这条代谢途径会使葡萄糖在细胞质中直接氧化分解，释放 CO_2，实现各种糖类之间的转化，还可合成与植物生长、抗病性有关的生长素、木质素、绿原酸、咖啡酸等。

5. 简述植物的抗氰呼吸及其生理意义。

在氰化物存在下，某些植物呼吸不受抑制，所以把这种呼吸称为抗氰呼吸。抗氰呼吸电子传递途径在某些条件下与正常的 NADH 电子传递途径交替进行，因此抗氰呼吸途径又称为交替呼吸途径(图 6-2)。

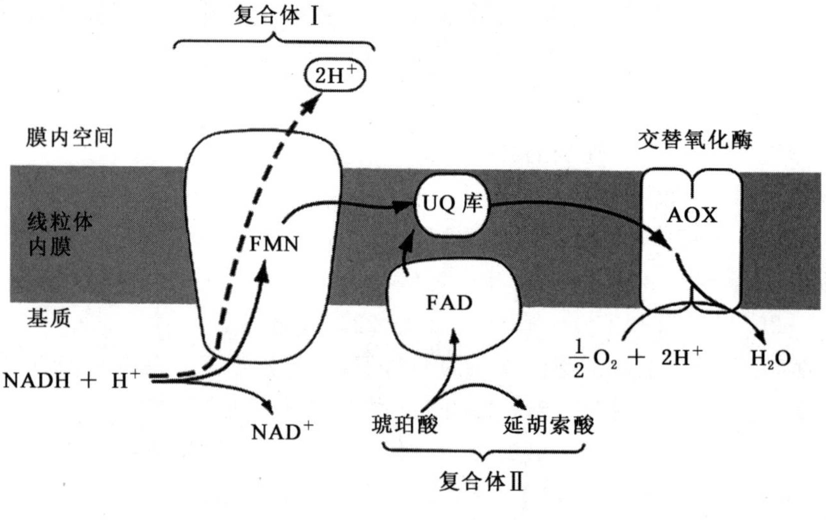

图 6-2 交替呼吸途径

(Hopkins and Hüner, 2004)

抗氰呼吸的生理意义如下：

(1)促进开花、授粉。抗氰途径的氧化不与磷酸化偶联，不产生 ATP 或只产生一个 ATP，释放大量热量，从而有助于某些植物花粉的成熟及授粉、受精过程；有利于挥发引诱剂(如 NH_3、胺类、吲哚等)，以帮助昆虫传粉。

（2）增加抗性。植物在逆境胁迫时抗氰呼吸增强，抗氰呼吸的强弱与植物的抗性有密切关系。

（3）增加乙烯生成，促进果实成熟，促进衰老。在正常条件下，抗氰呼吸的出现常与衰老相联系。随着植株年龄的增长、果实的成熟，抗氰呼吸随之提高。同时乙烯与抗氰呼吸上升有平行关系。乙烯刺激抗氰呼吸，诱发呼吸跃变产生，促进果实成熟和植物组织衰老。

（4）分流电子。当细胞富含糖，而糖酵解和三羧酸循环又进行得很快，它们所提供的电子无法完全经细胞色素途径传递时，交替途径的活性也最高。因此，当细胞色素途径被饱和时，交替途径可能是作为一种“溢出”途径将过剩的电子除去。

6. 试述氧化磷酸化的机理。

氧化磷酸化的机理有多种假说，目前得到较多支持的是米切尔（P. Mitchell，1961）的化学渗透学说。该学说认为，氧化磷酸化的动力是呼吸电子传递产生的跨线粒体内膜的质子电化学梯度，在质子电化学梯度推动下合成 ATP。该学说的要点是：①呼吸电子传递体分为氢传递体与电子传递体，氢传递体既传递电子也传递质子，电子传递体只传递电子。②氢传递体与电子传递体在线粒体内膜上有特定的位置，彼此间隔交替排列。③氢传递体有质子泵的作用，当氢传递体从线粒体内膜内侧接受从底物传来的 2 个质子后，可将其中的电子（2e）传给其后的电子传递体，而将两个 H^+ 泵出内膜，进入膜内空间。由此产生跨膜 H^+ 电化学势梯度，也被称为质子动力势，H^+ 电化学势梯度是光合磷酸化的动力。④线粒体膜内空间的 H^+ 顺电化学势梯度经 ATP 合成复合体的 H^+ 通道（F_0）进入线粒体基质时，在 ATP 合酶的作用下推动 ADP 和 Pi 合成 ATP（图 6-3）。

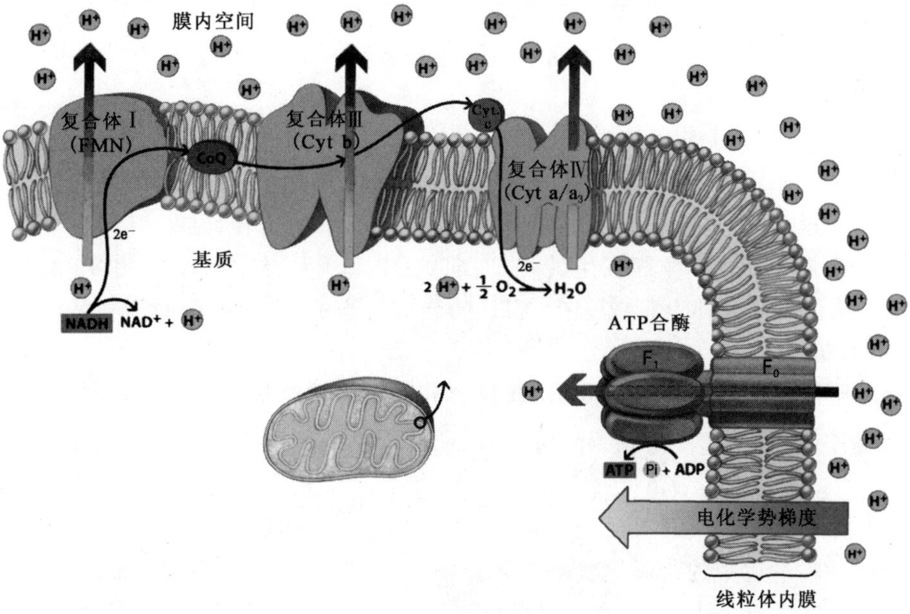

图 6-3　线粒体氧化磷酸化过程

（Raven et al，2005）

7. 试用构象转化原理解释氧化磷酸化中 ATP 的产生过程。

线粒体电子传递形成的 ATP 是在线粒体内膜上由 ATP 合酶催化合成的。ATP 合酶由 F_0 和 F_1 两部分组成，所以又称为 F_0F_1-ATP 合酶（F_0F_1-ATP synthase）。F_0 是一个膜内蛋白复合体，由至少 3 种亚基组成，形成中空的通道，质子通过该通道进入线粒体内膜。F_1 是一个外周膜蛋白复合体，由至少 5 种亚基组成，位于线粒体的基质一侧，连接在 F_0 的基质位点上（图 6-4）。F_1 的头部由 3 个 α 亚基和 3 个 β 亚基交替排列组成的中空六角形，β 亚基上各有一个核苷酸的结合位点。γ 亚基位于 α 和 β 组成的中空六角形的空隙，对催化起重要作用。

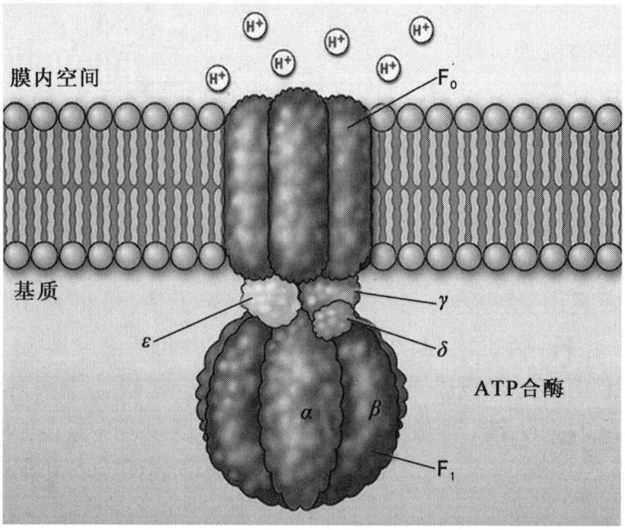

图 6-4 ATP 合酶的构成

结合转化机制认为：β 亚基上有核苷酸的结合位点并具有紧张、松弛和开放 3 种构象，这 3 种不同的构象分别对应于与底物（ADP 和 Pi）的结合、产物的形成和释放过程。当质子顺质子电化学梯度通过 F_0 组成的中空的通道时，会引起 γ 亚基的旋转，结果引起 3 个 β 亚基构象依次从紧张→松弛→开放的顺序发生转化，完成 ADP 和 Pi 的结合、ADP 和 Pi 的高能磷酸键的合成、ATP 从催化复合体上释放。在 ATP 的合成过程中，主要耗能的步骤是 ATP 的释放，而非 ATP 的合成。

8. 植物的呼吸作用对其水分吸收、矿质营养和物质运输过程有何影响？

（1）呼吸作用为水分、矿质营养的吸收和运输提供能量，水分和矿质的主动吸收需要消耗能量；

（2）呼吸作用为氮、硫、磷等的同化过程提供还原力和能量；

（3）矿质运输过程中的跨膜运输需呼吸提供能量，同化物的装载、卸出和运输过程是耗能的；

（4）根系是吸收水分与矿质的器官，它的生长状况与能量供应密切相关。

9. 为什么昼夜温差大有利于作物积累干物质？温室或大棚生产中应注意什么问题？

（1）呼吸作用受温度影响，植物有生长的最适温度，但植物始终保持在生长的最适温度下，植物体持续高呼吸速率会过多地消耗物质。在生长季节，白天气温较高，利于作物进行光合作用多合成同化物，但在夜间气温较低时，可适当降低呼吸速率，以减少有机物的消耗。因此，昼夜温差大有利于作物积累干物质。

(2)温室和大棚生产主要是为了提高温度，促进植物生长，应注意适当通风，调节昼夜温度，夜间适当降温，可避免过高温度造成有机物的消耗。

10. 粮油种子贮藏过程中应注意些什么？说明其原理。

粮油种子贮藏过程中，很多因素如温度、水分、氧气等都直接和间接地与种子呼吸代谢有关，从而影响种子的贮藏寿命和发芽力。

在种子贮藏中通常主要是通过降低种子的含水量来抑制呼吸作用，减少种子内贮藏物质的消耗，以延长种子的寿命或贮藏时间。如果种子含水量较高，温度又偏高，由于呼吸增强产生较多的水和热，使贮藏条件恶化，可造成种子霉烂变质。种子贮藏时，首先要把含水量降低到安全含水量以下，不同类型的种子其贮藏时要求的安全含水量有所不同。

在种子贮藏过程中，在降低种子含水量的同时，配合以低温、干燥和通风等条件，可延长种子的贮藏时间。

11. 果实和蔬菜贮藏时应注意什么？

果蔬采后应尽量降低其呼吸作用。果蔬采后随着呼吸作用的进行干物质不断消耗，因此，使果蔬采后尽可能保持低的又能维持正常的呼吸过程，是新鲜果蔬贮藏、运输的基本原则和要求。

(1)降低温度：利用低温抑制呼吸进行，冷藏是果蔬贮藏的基本方法。不同种类的果蔬对贮藏温度的要求不同。

(2)控制湿度：要保持较高的湿度，避免果蔬萎蔫或皱缩。

(3)调节氧气浓度：在适宜的低温和湿度条件下，使贮藏环境保持适当低 O_2 和高 CO_2 浓度的方法进行气调贮藏，可以明显抑制果实呼吸作用和病菌的活动，抑制果实的呼吸跃变。呼吸跃变的出现标志着果实的完熟(图 6-5)，并进入衰老。因此，延缓果蔬呼吸跃变的出现，即可延长果蔬的贮藏时间。

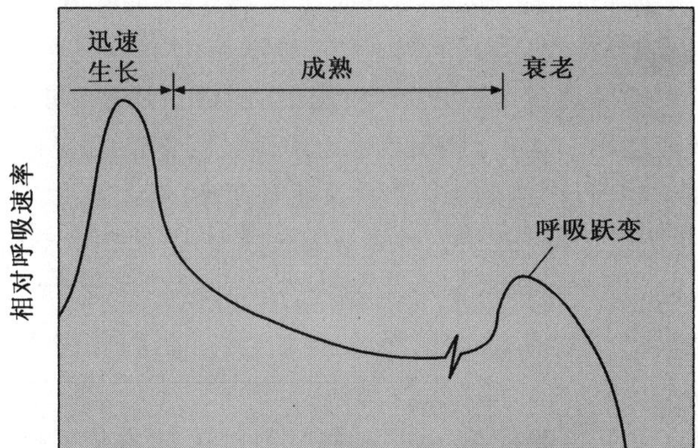

图 6-5　呼吸速率随年龄的增加而变化

(Hopkins and Hüner, 2004)

12. 简述线粒体中电子载体的分布与质子跨膜梯度形成之间的联系。

线粒体中的电子载体分别构成 4 个蛋白复合体：复合体Ⅰ(NADH 脱氢酶)、复合体Ⅱ(琥珀酸脱氢酶)、复合体Ⅲ(细胞色素 bc_1 复合体)和复合体Ⅳ(细胞色素 c 氧化酶)，这些蛋白复合体都位于线粒体内膜上(图 6-1)。电子依次经过这 4 个复合体形成电子传递链上的电子传递。这些电子载体可分为氢传递体和电子传递体，氢传递体和电子传递体在线粒体内膜上有着特定的不对称分布，彼此相间排列。NADH 和琥珀酸的氧化是在膜的基质一侧，氧的还原也是在同一侧。细胞色素 c 松弛地结合在线粒体内膜的外侧，即膜间隙的一侧。在复合体Ⅲ中，铁硫中心、细胞色素 c_1 和细胞色素 b_{565} 靠近线粒体内膜的外侧，而细胞色素 b_{560} 则靠近基质一侧。这样的排列使电子在电子传递体间进行传递的同时进行跨膜运动并传递质子，这对于质子跨膜梯度的形成是非常重要的。

三、实验题

1. 证明植物组织中存在 PPP 途径，并分析 EMP-TCA 和 PPP 在已糖分解过程中所占的比例。

利用同位素 ^{14}C 示踪法。把待测植物组织分成相同的两份，分别供给 C_1 标记的葡萄糖与 C_6 标记的葡萄糖，然后测定两份材料的 $^{14}CO_2$ 释放量。若 C_1/C_6 比值等于 1，表明葡萄糖在待测材料中完全经 EMP-TCA 途径分解；若 C_1/C_6 比值大于 1，则表明部分葡萄糖经 PPP 分解，其比值越大，表明 PPP 在已糖分解代谢中所占比例越大。

2. 如何证明植物体中存在抗氰呼吸途径?

(1)加入细胞色素电子传递途径的抑制剂如 KCN，仍能检测到植物的呼吸速率。

(2)测定交替氧化酶活性。

3. 测定植物呼吸速率的方法主要有哪些? 简要论述其基本原理。

呼吸速率是最常用的代表呼吸强弱的生理指标，测定方法有多种，如测定 O_2 吸收量、CO_2 的释放量或有机物的消耗量。

(1)红外线 CO_2 气体分析仪法：通过测定流经样品前后气流中 CO_2 浓度差可计算样品 CO_2 的释放量，最终得出该样品的呼吸速率。此法可用于测定叶片、块根、块茎、果实等器官释放 CO_2 的速率。

(2)氧电极法：溶液中的氧透过薄膜进入电极在铂阴极上还原，同时在极间产生扩散电流，电流强弱与溶解氧浓度成正比。通过测氧仪测定溶液中氧含量的变化值，可计算出植物材料的呼吸耗氧速率。可用于叶碎片、细胞、线粒体等耗氧速率的测定。

(3)微量呼吸检压法(瓦氏呼吸计法)：在一密闭的定温定体积的系统中进行样品气体变化的测定。当气体被吸收时，反应瓶中气体分子减少，压力降低；反之，产生气体时，压力则上升，通过测压计的测定后计算出产生的 CO_2 或吸收 O_2 的量。此法可用于细胞、线粒体等耗氧速率的测定及其他有关和 O_2 或 CO_2 气体交换反应等的研究。

(4)广口瓶法(小篮子法)：在密闭容器中植物材料呼吸放出的 CO_2 被容器中的碱性溶液[如 $Ba(OH)_2$]所吸收，而后用标准的草酸溶液滴定剩余碱液，可计算出呼吸过程中 CO_2 的释放量。此法可用于种子等植物材料的呼吸速率的测定。

4. 在测定抗坏血酸氧化酶、多酚氧化酶活性时，为什么要用预冷的磷酸缓冲液提取酶液？计算多酚氧化酶活性时为什么要减去抗坏血酸氧化酶的活性？

预冷的磷酸缓冲液可形成良好的缓冲环境，并防止研磨时释放的热量引起酶活性的降低。多酚氧化酶在氧存在下，可将多酚类物质氧化为相应的醌，醌又能进一步氧化抗坏血酸。这种氧化还原关系是由于酚类物质与抗坏血酸之间的氧化还原电位差而决定的。酚类物质比抗坏血酸的氧化还原电位高，而醌能夺取抗坏血酸上的氢使自身得以还原，多酚氧化酶的活性可以间接由抗坏血酸的消耗量求得，而抗坏血酸的消耗量是多酚氧化酶和抗坏血酸氧化酶共同作用的结果，所以要减去抗坏血酸氧化酶的活性。

5. 光下如何测定植物叶片的呼吸速率？

白天在实验室测植物叶片的呼吸速率，由于有光，绿色植物仍可进行光合作用，同化 CO_2 并释放 O_2，因而会干扰测定结果。因此，应用黑布等遮光，在消除光合作用影响的条件下来测定叶片的呼吸作用。

四、分析讨论题

1. 说明 EMP-TCA 途径和 PPP 途径的特点及生理意义。

EMP-TCA 途径和 PPP 途径都是植物呼吸作用中底物氧化分解的途径，二者的底物都是淀粉或葡萄糖。二者的不同点主要表现在以下几个方面：

(1)EMP-TCA 途径是将六碳糖（葡萄糖或果糖）先分解成 2 个三碳糖，然后再经一系列脱氢、脱羧氧化，最终将糖分解成 CO_2。而 PPP 途径则是将葡萄糖直接脱氢、脱羧氧化，不经过三碳糖阶段，因此也将该途径称为葡萄糖的直接氧化途径。

(2)EMP-TCA 途径中脱氢酶的辅酶主要是辅酶Ⅰ(NAD^+)，而 PPP 途径中脱氢酶的辅酶是辅酶Ⅱ($NADP^+$)。

(3)EMP-TCA 途径的 EMP 阶段是在细胞质中进行，TCA 则是在线粒体中进行的。PPP 途径的全过程都是在细胞质中进行的。

EMP-TCA 途径是植物呼吸作用中底物氧化分解的主要途径，在正常条件下，大部分植物组织或细胞中糖的氧化分解主要是通过该途径进行的。

EMP-TCA 途径的主要生理意义是：

(1)该途径是植物生命活动获得能量的最有效方式，是植物生命活动的主要能量来源。

(2)葡萄糖在经 EMP-TCA 途径氧化分解成 CO_2 的过程是经许多步骤逐步完成的，因而产生了多种中间产物，这些中间产物是进一步合成蛋白质、脂肪、维生素、激素等重要物质的原料（或碳架）。此外蛋白质、脂类、核酸等物质的氧化分解最终也要经过 TCA 途径，因此 TCA 途径是糖、蛋白质、脂类、核酸及其他物质的共同代谢途径，起着将植物体内物质代谢联系起来的枢纽作用。

PPP 途径的主要生理意义是：

(1)该途径产生的大量 $NADPH+H^+$ 是细胞质中合成其他重要物质（如脂肪等）的供氢体（或还原力）。

(2)该途径产生的中间产物在代谢上十分活跃，参与多种代谢反应。

(3)该途径在植物的抗病免疫方面具有特别重要的意义。

2.植物受涝害的原因是什么？为什么夏季淹水比冬季危害更大？

植物受涝害的原因主要是淹水导致缺氧，抑制有氧呼吸，因而植物只能通过无氧呼吸来维持生命活动。无氧呼吸由于产能少，为了提供维持生命活动所需的基本能量，无氧呼吸的速率明显加快，其结果导致有机物质的大量消耗和乙醇积累，使植物根系受害甚至死亡。由于根系受害，其吸水能力明显减弱，地上部分会表现出生理干旱，光合作用速率降低甚至停止，有机物的分解大于合成，生长受阻，产量下降。严重时会导致作物死亡。

夏天由于温度高，遭水淹时呼吸速率增加更快，有机物的消耗更多，乙醇积累量更大，因而夏天淹水比冬天淹水受害更严重。

3.分析比较光合作用与呼吸作用的异同点及其相互关系。

光合作用和呼吸作用是植物体内相互对立而又相互依存的两个过程。光合作用是合成有机物、贮藏能量的过程，是自然界最重要的同化作用；而呼吸作用则是分解有机物、释放能量的过程，是生物体内重要的异化作用。二者的主要区别如下：

光合作用	呼吸作用
以 CO_2 和 H_2O 为原料	以 O_2 和有机物(糖类)为原料
产生有机物(糖类)和 O_2	产生 CO_2 和 H_2O
叶绿素等捕获光能	氧化分解释放有机物中贮存的化学能
通过光合磷酸化合成 ATP，将光能转变为活跃的化学能，经碳同化转变为稳定的化学能	通过氧化磷酸化合成 ATP，将有机物中贮存的稳定的化学能转变为活跃的化学能
H_2O 中的氢主要转移至 $NADP^+$，形成 $NADPH+H^+$	有机物的氢主要转移至 NAD^+，形成 $NADH+H^+$
ATP 和 $NADPH+H^+$ 主要用于糖合成(碳同化)过程	ATP 和 $NADH+H^+$ 用于细胞各种需能代谢过程
光合作用仅发生在绿色细胞中	呼吸作用发生在所有的活细胞中
光合作用仅发生在光下	呼吸作用在光暗中无间断地进行
发生于真核细胞植物的叶绿体中	EMP 和 PPP 发生在细胞质中，TCA 和电子传递及氧化磷酸化发生在线粒体中

光合作用与呼吸作用相互依存，共处于一个统一体中，没有光合作用形成有机物，就不可能有呼吸作用；如果没有呼吸作用植物体就不会存活，也无法进行光合作用。同时光合作用释放的 O_2 可供呼吸作用利用，而呼吸作用释放的 CO_2 亦能为光合作用所同化。

4.讨论植物呼吸代谢的主要调控机制。

植物呼吸作用多条途径都具有自动调节和控制能力。主要调控机制有以下几个方面：

(1)巴斯德效应与糖酵解的调节。当植物组织周围的氧浓度增加时，酒精发酵产物的积累逐渐减少，这种氧抑制酒精发酵的现象叫作“巴斯德效应”。其实质是有氧条件下，丙酮酸经 TCA 及氧化磷酸化产生了较多的 ATP 和柠檬酸，这两种物质是 EMP 中两个限速酶——磷酸果糖激酶和丙酮酸激酶的反馈抑制剂，因此 EMP 反应速度降低。同时，由于 $NADH+H^+$ 的缺乏导致丙酮酸不能进一步转变为乙醇。

(2)丙酮酸有氧分解的调节。在有氧条件下，丙酮酸氧化过程中的多种酶促反应受到反馈调节，乙酰 CoA 和 NADH 抑制丙酮酸氧化脱羧酶的活性，高浓度的 NADH 抑制异柠檬酸脱氢酶、苹果酸脱氢酶等活性，NAD^+ 为上述酶的变构激活剂。琥珀酰 CoA 抑制柠檬酸合酶和

α-酮戊二酸脱氢酶活性，CoA 促进苹果酸酶活性。柠檬酸多时丙酮酸激酶活性受反馈抑制，从而柠檬酸合成减少。另外，磷酸核糖腺苷酸（AMP、ADP 和 ATP）也对三羧酸循环中的酶具有调节作用。

（3）戊糖磷酸途径的调节。戊糖磷酸途径主要受 $NADPH/NADP^+$ 比值的调节，NADPH 竞争性抑制葡萄糖-6-磷酸脱氢酶的活性，使葡萄糖-6-磷酸转化为 6-磷酸葡萄糖酸内酯的速率降低。光照和供氧都可提高 $NADP^+$ 的生成，促进戊糖磷酸途径。植物受旱、受伤、衰老、种子成熟过程中戊糖磷酸途径都明显加强。

（4）能荷的调节。细胞中腺苷酸（AMP、ADP 和 ATP）对呼吸作用和其他一些代谢有明显的调节作用。细胞中 ATP＋ADP＋AMP 的总量（称为腺苷酸库）是恒定的，若全部腺苷酸都呈 ATP 状态，则该细胞充满能量，如果全部 ATP 和 ADP 水解为 AMP，则细胞的能量完全被放出。“能荷”可以说明腺苷酸系统的能量状态。能荷就是 ATP-ADP-AMP 系统中可利用的高能磷酸键的度量。能荷是细胞中 ATP 合成反应和利用反应的调节因素，细胞的能荷水平也可调节呼吸代谢的全过程。

（5）电子传递途径的调控。内外因素影响线粒体中电子传递途径。植物在感病、受旱、衰老时交替途径明显加强，电子传递链由细胞色素氧化系统为主的途径改变为抗氰途径。植物缺磷时，体内 ADP 和 Pi 含量降低，磷酸化作用受到抑制，电子传递链进入交替途径，以适应缺磷环境。乙烯和水杨酸可诱导交替途径的运行，同时可以诱导交替氧化酶基因的提前表达。

5. 说明植物呼吸代谢的多样性及其意义。

植物为了适应环境和生理活动的需要，其呼吸作用具有多样性，主要表现为底物降解的多途径、呼吸电子传递的多途径和末端氧酶的多样性 3 个方面。

（1）呼吸底物降解的多途径。在植物体内存在着 EMP-TCA、PPP、无氧呼吸、光呼吸、乙醛酸循环等呼吸途径，但植物并不是在任何时候任何条件下等同地利用这些途径。一般情况下，植物是以 EMP-TCA 途径为主，只有当环境条件变化使 EMP-TCA 途径受阻（或在特定生长发育阶段）时，其他途径的比例才有所增大，如植物受伤和染病时，PPP 的比例明显增大，增强对伤病的抵抗能力；当环境缺氧时，无氧呼吸的比例增高，以暂时适应无氧环境。因此，这种呼吸途径的多样性增强了植物对环境的适应能力。

（2）呼吸电子传递的多途径。植物体内有多条呼吸电子传递途径，如细胞色素途径、交替途径等，通常是以细胞色素途径为主，其他途径在不同生长阶段、不同环境条件所占比例不同，常与特定的物质代谢和生理活动相联系。

（3）末端氧化酶的多样性。植物体内有细胞色素氧化酶、抗氰氧化酶、多酚氧化酶、抗坏血酸氧化酶、乙醇酸氧化酶、黄素氧化酶等多种呼吸电子传递的末端氧化酶。其中细胞色素氧化酶位于呼吸主链的末端，起主导作用，其他氧化酶只起辅助作用。这些酶对温度的要求、氧气的反应以及伤、病的适应能力不同，如抗氰氧化酶能使花器官维持较高的温度，多酚氧化酶能增强对伤、病的抵抗能力，黄素氧化酶能使植物适应低温环境等。

植物呼吸作用多样性的形成增强了植物对环境的适应能力，使植物不会因为某种环境条件的变化而死亡。

6. 举例说明如何用植物呼吸作用的相关知识来解决农业生产上的问题。

在农业生产中常常利用呼吸作用的相关知识来调控植物的生长发育、果品蔬菜的保鲜、种子的贮藏等。

(1)用温室栽培蔬菜时,应注意控制适当温差,减少高温造成的高呼吸速率消耗大量的有机物。

(2)油料种子播种时应注意适当浅播。因油料种子中含脂肪多,萌发时,耗氧多,呼吸商小,种子如果播种过深会影响正常的有氧呼吸,对物质转化和器官的形成都不利,特别是根的生长和分化会受到明显的抑制。油料种子播种时需要注意适当浅播,以保证 O_2 的供应。

(3)果实蔬菜贮藏过程中通过降低温度,降低呼吸速率,推迟呼吸跃变的发生。调节气体成分,降低周围环境中 O_2 的浓度,增加 CO_2 的含量,或充氮气,以抑制果实中乙烯的产生,推迟呼吸跃变的发生,并降低其发生的强度。果蔬是含水量很高的食品,为了保持新鲜,贮藏环境必须保湿,多数果蔬适宜贮藏的相对湿度为 80%～90%。在贮藏果蔬时要协调好温度、湿度及气体的关系。

(4)在种子贮藏时,应严格控制进仓时种子的含水量,不得超过安全含水量;注意库房的干燥和通风降温;控制库房内空气成分,适当增高二氧化碳含量或充入氮气、降低氧的含量;用磷化氢等药剂灭菌,抑制微生物的活动。种子的呼吸速率受其含水量的影响很大,种子含水量低,种子中原生质处于凝胶状态,呼吸酶活性低,呼吸较弱,可以安全贮藏,此时的含水量为安全含水量。超过安全含水量时,呼吸作用就显著增强。呼吸旺盛,不仅会引起大量贮藏物质的消耗,而且由于呼吸作用的散热提高了种堆温度,呼吸作用放出的水分会使种堆湿度增大,有利于微生物活动,易导致种子变质,使种子丧失发芽力。

第七章 韧皮部运输与同化物分配

内容提要

一、概述

本章主要介绍植物体内同化物的运输与分配，重点介绍植物韧皮部同化物的运输机制。

二、学习目标

(1)了解同化物运输的途径、方向、速度及研究方法。
(2)掌握植物韧皮部运输机制。
(3)掌握同化物的装载和卸出途径。
(4)掌握同化物的配置和分配。

三、基本内容

1. 同化物运输

韧皮部运输是指光合作用产物从成熟叶向生长或者贮藏组织的运输过程，韧皮部是同化物运输的主要途径。韧皮部中运输的物质包括糖、氨基酸、激素和一些无机离子。糖等物质在韧皮部主要是经由筛管分子组成的筛管运输到植物的各部分。筛管分子-伴胞复合体是韧皮部适应其运输功能而高度特化的结构。同化物运输在筛管中以集流方式进行。韧皮部中同化物运输的方向是从源向库进行的，具有同侧运输、就近运输和优先供给生长中心的规律。同化物可以被植物再分配和再利用。源是指生产同化物以及向其他器官提供营养的器官，库是指消耗或积累同化物的接纳器官。源库间的关系是相互依存的。源器官中同化物的输出依赖于库器官的形成和代谢，库器官不仅从源器官获得同化物，同时也对源器官的同化物输出进行调节。同化物运输的速度以运输速率和质量运输速率表示。

2. 韧皮部运输机制

压力流动学说是目前被普遍接受的有关韧皮部运输机制的假说。该学说认为筛管中的液流是靠源端和库端渗透势所引起的膨压差所建立的压力梯度推动的(图 7-1)。

在源端，源细胞(叶肉细胞)将蔗糖装载入筛管分子-伴胞复合体，源端筛管内的水势降低，于是木质部中的水分沿水势梯度进入筛管分子，筛管分子内产生高的膨压。在库端，筛管内的蔗糖不断被卸出，库端筛管分子内的溶质减少，细胞水势升高，这时韧皮部的水势高于木质部，水分沿水势梯度从筛管分子回到木质部，引起筛管分子内膨压降低。这样，在源端和库端形成了膨压差，它推动筛管内的汁液沿压力梯度从源端向库端运输。

压力流动学说的实验证据。

直接的实验证据证明：筛管间的筛孔是开放的；在同一筛管中没有双向运输；筛管运输本身不需要能量；在源端和库端存在膨压差。

压力流动学说可解释被子植物同化物的长距离运输，但对裸子植物并不适用。

除压力流动学说外，还有另外两个学说可以解释有机物的运输，即胞质泵动学说和收缩蛋白学说。胞质泵动学说认为，筛管分子的细胞质呈长丝状，形成胞纵连束，纵跨筛管分子。在其中蛋白质丝有节奏地收缩，产生蠕动，这样，糖分随之流动。收缩蛋白学说认为，筛管中存在大量的P蛋白，P蛋白在筛管中形成可以收缩的管状纤丝，管状纤丝可成束穿过筛孔，可以发生蠕动现象从而推动溶液的运输。

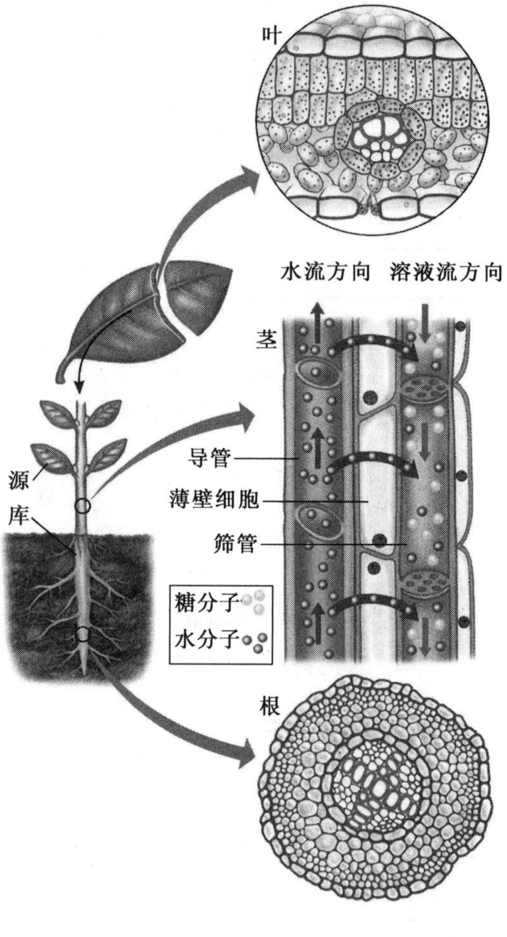

图 7-1 韧皮部内同化物运输的压力流动学说

(Stern et al,2008)

3. 同化物的装载与卸出

同化物在源端的装载和库端的卸出是韧皮部运输的动力。韧皮部的装载包括同化物从叶肉细胞的叶绿体运送到筛管的整个过程。同化物在源端的装载可以通过质外体途径和共质体途径。

质外体途径是一个开放的连续空间，同化物运输的速度较快。在质外体途径中，蔗糖是通过蔗糖-质子同向运输载体进入筛管分子-伴胞复合体的，蔗糖的跨膜运输是需能的主动运输过程。主动运输需利用ATP。初级主动运输通过质子泵(ATPase)，利用水解ATP产生的能量将质子泵出细胞，在质外体中形成较高的质子浓度，建立起细胞内外的质子梯度。质子梯度作为推动力，蔗糖与质子沿着这个质子梯度经过蔗糖-质子同向运输载体进入筛管分子-伴胞复合体(图 7-2)。

通过质外体途径只是运输蔗糖，而共质体途径的运输除蔗糖外，还有棉子糖和水苏糖。聚合物陷阱模型可以解释通过胞间连丝的共质体韧皮部装载的选择性和逆浓度梯度运输的问题(图 7-3)。叶肉细胞合成的蔗糖运输到维管束鞘细胞，通过胞间连丝进入中间细胞，在中间细胞内蔗糖与一个或两个半乳糖分子合成棉子糖和水苏糖，这两个糖分子具有较大分子质量，不能扩散经胞间连丝回到维管束鞘细胞，而中间细胞与筛管分子间的胞间连丝通透性较大，允许中间细胞中合成的棉子糖和水苏糖运送进入筛管分子。

韧皮部的卸出是指装载在韧皮部中的同化物输出到库的接受细胞的过程。库端的卸出也可以通过质外体途径和共质体途径。不同植物及不同组织、器官具有不同韧皮部的卸出途径，细胞间有大量胞间连丝存在的植物可能采用共质体途径，缺少胞间连丝的植物可能采用质外体途径，正在发育的幼叶和根尖可能是采用共质体途径。

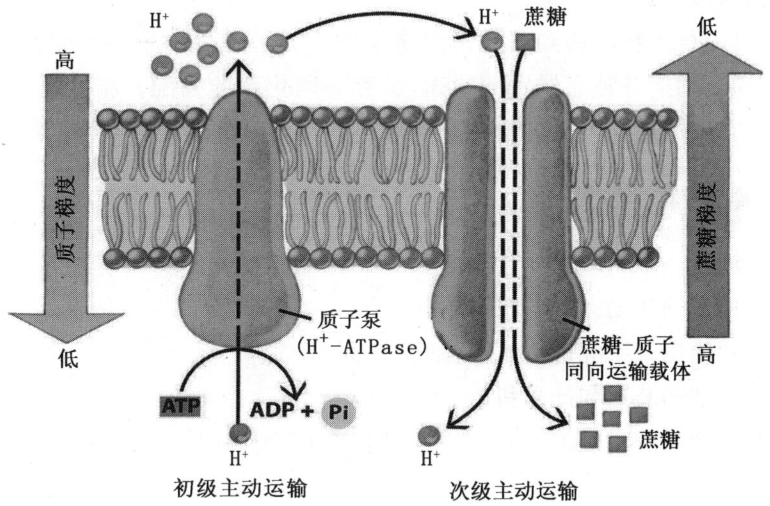

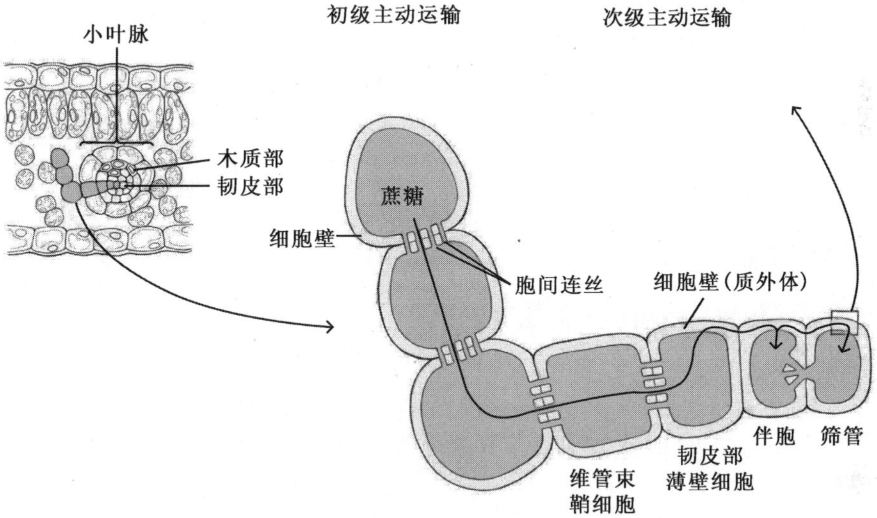

图 7-2　韧皮部装载的质外体途径

(Reven et al,2005)

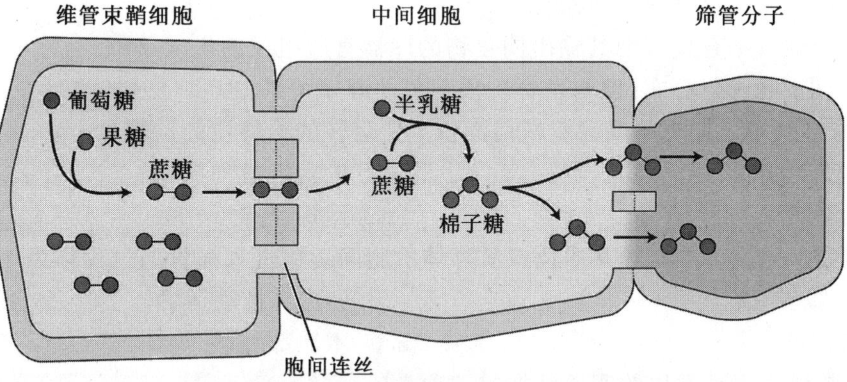

图 7-3　韧皮部装载的聚合物陷阱模型(未表示出水苏糖的装载)

(Taiz and Zeiger,2006)

4.同化物的配置与分配

植物将光合产物转移到不同代谢途径的调节作用，被称为同化物的配置。植物体内有规律的光合同化物向各种库器官的输送，被称为同化物的分配。植物通过配置协调各代谢过程对同化物的需求，而通过分配协调同化物向各库器官的输送。

四、重点和难点

1.重点

(1)韧皮部同化物运输的机理；

(2)同化物运输研究的方法、物质运输的形式；

(3)韧皮部的装载和卸出机理；

(4)同化物的分配规律和特点，影响同化物分配的因素；

(5)源库理论及其对农业生产的指导意义。

2.难点

韧皮部运输的机理。

自 测 题

一、单项选择题

1.在植物体内同化物长距离运输的主要途径是(　　)。

A.韧皮部　　B.木质部

C.导管　　D.通道蛋白

2.收集筛管汁液困难，目前较为理想的收集筛管汁液的方法是(　　)。

A.蚜虫吻针技术　　B.压力技术

C.空种皮技术　　D.环割技术

3.源库单位是指(　　)。

A.生产同化物以及向其他器官提供营养的器官

B.消耗或积累同化物的接纳器官

C.一个源器官和直接接纳其输出同化物的库器官所组成的供求单位

D.在空间上有一定分布，但与发育阶段无关的源库关系

4.单位时间、单位韧皮部或筛管横切面积上所运转的干物质的量被称为(　　)。

A.比集转运速率　　B.转运速率

C.运输速度　　D.运输速率

5.同化物从合成部位通过共质体或质外体的胞间运输进入筛管的过程称为(　　)。

A.韧皮部装载　　B.韧皮部被动运输

C.韧皮部卸出　　D.木质部装载

6.不支持压力流动学说的实验证据的选项是(　　)。

A.筛管间具有开放的筛板孔　　B.筛管运输本身不需要能量

C.在源端和库端存在膨压差　　D.在同一筛管中能同时发生双向运输

7. 不能为韧皮部装载经过质外体途径提供实验证据的选项是(　　)。

A. 质外体中存在被运输的糖　　B. 质外体的糖可以进入筛管分子

C. 受 PCMBS 抑制　　D. 导管中糖的含量低

8. 下列有关同化物的配置描述不正确的是(　　)。

A. 配置是指植物将光合固定的碳调配到不同代谢途径的过程

B. 改善作物的同化物配置可提高作物的产量

C. 光合叶片中同化物的配置包括合成储存化合物和自身利用

D. 库细胞的配置能力决定库的强度

9. 下列有关同化物的分配描述不正确的是(　　)。

A. 分配是指植物体内光合同化物有规律地向各库器官的输送过程

B. 库器官对同化物的竞争能力决定同化物的分配

C. 不同生育期同化物分配的方向不同

D. 同化物在不同组织之间的分配取决于同化物的生产量

10. 以下不属于同化物配置范畴的是(　　)。

A. 同化物的贮存　　B. 同化物的利用

C. 同化物的输出　　D. 同化物的转化

11. 有机物质配置在源叶的调节中主要依靠(　　)。

A. 蔗糖合成关键酶　　B. 能荷大小

C. 糖的种类　　D. 糖的浓度

12. 库器官可分为使用库和贮藏库,使用库是指大部分输入的同化物被用于生长的组织,如(　　)。

A. 果实　　B. 块茎

C. 块根　　D. 分生组织

13. 下列概念中用来表示库竞争能力的是(　　)。

A. 库强度　　B. 库容量

C. 库活力　　D. 比集运量

14. 单位重量的库组织吸收同化物的速率被称为(　　)。

A. 库强度　　B. 库容量

C. 库活力　　D. 比集运量

15. 分解蔗糖的两个主要酶是(　　)。

A. 酸性转化酶和蔗糖合酶　　B. Rubisco 和 Gly 转氨酶

C. 蔗糖合酶和丙酮酸脱氢酶　　D. 丙酮酸脱氢酶和羧化酶

16. 大多数被子植物筛管分子中存在一类韧皮部特有的蛋白质,称为(　　)。

A. G 蛋白　　B. P 蛋白

C. 胼胝质　　D. 蛋白激酶

17. 植物筛管分子中存在的 P 蛋白的功能是(　　)。

A. 阻止同化物运输　　B. 推动同化物的运输

C. 防止筛管汁液流失　　D. 加快同化物运输的速度

18. 主要分布在导管和筛管的两端，具有质膜内陷或折叠以增加其表面积的结构特点的细胞是(　　)。

A. 厚壁细胞　　B. 转移细胞

C. 保卫细胞　　D. 通道细胞

19. 下列器官中可称为临时库的是(　　)。

A. 种子　　B. 稻、麦的茎秆和叶鞘

C. 果实　　D. 块根和块茎

20. 植物细胞间有机物运输的主要途径是(　　)。

A. 质外体和共质体　　B. 自由空间和质外体

C. 共质体和自由空间　　D. 自由扩散

21. 压力流动学说是说明(　　)生理过程机理的重要学说。

A. 根系对水的吸收　　B. 同化物运输

C. 气孔的运动　　D. 根系对矿质元素的吸收

22. 温度会影响同化物质的运输，当气温高于土温时(　　)。

A. 不影响运输速率和运输方向　　B. 有利于同化物质向顶部运输

C. 既影响运输速率，又影响运输方向　　D. 有利于同化物质向根部输送

23. 蔗糖向筛管的质外体装载是(　　)进行的。

A. 顺浓度梯度　　B. 逆浓度梯度

C. 等浓度　　D. 无规律

24. 农业生产中的整枝、摘心、疏果等栽培技术所蕴含的源库关系的生理学特点是(　　)。

A. 区域性　　B. 对应性

C. 可变性　　D. 固定性

25. 关于环割的作用，不正确的描述是(　　)。

A. 环割主要阻断了叶片形成的光合同化物在韧皮部的向下运输

B. 若环割太宽，环割上端的组织因得不到光合同化物而死亡

C. 如果环割不宽于 0.3～0.5 cm，切口能重新愈合

D. 环割会导致环割上端韧皮部组织中光合同化物积累引起膨大

26. 下列生理现象或实验中可以证明韧皮部内部具有正压力的是(　　)。

A. 吐水　　B. 蚜虫吻针实验

C. 伤流　　D. 蒸腾

27. 在筛管中含量最高的离子是(　　)。

A. Fe^{3+}　　B. S^{2-}

C. Ca^{2+}　　D. K^{+}

28. 植物筛管内运输的光合产物的主要形式是(　　)。

A. 山梨糖醇　　B. 葡萄糖

C. 果糖　　D. 蔗糖

29. 秋季落叶前，叶片撤退的含氮化合物在运往根部的过程中主要通过(　　)。

A. 木质部导管　　B. 薄壁细胞

C. 韧皮部筛管　　D. 木质部和韧皮部

30. 对同化物运输有明显调节作用的激素是(　　)。

A. CTK 和 GA　　B. IAA 和 CTK

C. SA 和 JA　　D. ETH 和 ABA

二、简答题

1. 简述同化物在韧皮部的装载途径。
2. 简述同化物从韧皮部卸出的途径。
3. 简述同化物分配的特点和规律。
4. 举例说明植物体内同化物的再分配、再利用。
5. 试述在果树生产上常利用环剥提高产量所蕴含的生理学原理及注意事项。
6. 简述植物体内同化物运输的途径、方向和形式及其研究方法。
7. 简述在植物体内进行的有机物质运输的意义。
8. 简述“树怕剥皮，不怕烂心”所蕴含的生理学原理。
9. 何谓筛管分子-伴胞复合体？该复合体有几种类型？各有何特点？
10. 简述决定同化物韧皮部装载途径的主要因素。
11. 简要说明源和库之间的关系及其对同化物分配的影响。
12. 同化物的配置主要包括哪些内容？
13. 试举例说明韧皮部中蛋白质可以作为信号分子参与对植物生长发育的调控。

三、实验题

1. 用实验证明经质外体途径的蔗糖吸收是需能的过程。
2. 如何证明植物体内同化物质的运输是主动过程？
3. 如何判别同化物韧皮部装载是通过质外体途径还是通过共质体途径？
4. 如何证明高等植物体中的同化物是通过韧皮部运输的？
5. 试用实验证明有机物运输的方向。
6. 试用实验证明有机物运输的形式。
7. 设计 2 个实验证明韧皮部的装载中存在质外体途径。
8. 哪些实验为质子-蔗糖共运输学说提供了证据？

四、分析讨论题

1. 阐述韧皮部同化物运输的压力流动学说及其实验依据。

2. 同位素示踪技术在物质运输分配的研究中有何应用？试利用同位素示踪技术论证同化物的分配规律。

3. 韧皮部运输的信号分子有哪些？这些信号分子对源库活性和生长发育有哪些调控作用？

4. 论述源、流、库之间的关系及其对农业生产的指导意义。

参考答案

一、单项选择题

1. A	2. A	3. C	4. A	5. A	6. D	7. D	8. C	9. D	10. D
11. A	12. D	13. A	14. C	15. A	16. B	17. C	18. B	19. B	20. A
21. B	22. B	23. B	24. C	25. B	26. B	27. D	28. D	29. C	30. B

二、简答题

1. 简述同化物在韧皮部的装载途径。

韧皮部的装载是指光合产物从成熟叶片中叶肉细胞的叶绿体运送到筛管分子-伴胞复合体的过程。同化物在源端的装载可以通过质外体途径和共质体途径。不同的植物可以采用不同途径。

通过质外体途径，蔗糖需从质外体跨膜进入到筛管分子-伴胞复合体中，蔗糖的跨膜运输是需能的主动运输过程，需消耗 ATP。蔗糖的跨膜运输是通过蔗糖-质子同向运输载体进行的。初级主动运输通过质子泵(ATPase)，利用水解 ATP 产生的能量将质子泵出细胞，在质外体中形成较高的质子浓度，建立起细胞内外的质子梯度。蔗糖与质子沿着这个质子梯度经过蔗糖-质子同向运输载体进入筛管分子-伴胞复合体。通过质外体途径的同化物运输的速度较快。

通过共质体途径的韧皮部装载是指叶肉细胞合成的蔗糖运输到维管束鞘细胞，通过胞间连丝进入中间细胞，在中间细胞内蔗糖与一个或两个半乳糖分子合成棉子糖和水苏糖，这两个糖分子具有较大分子质量，不能扩散经胞间连丝回到维管束鞘细胞，而中间细胞与筛管分子间的胞间连丝通透性较大，允许中间细胞中合成的棉子糖和水苏糖运送进入筛管分子。

2. 简述同化物从韧皮部卸出的途径。

韧皮部的卸出是指装载在韧皮部中的同化物输出到库的接受细胞的过程。库端的卸出也可以通过质外体途径和共质体途径。不同植物及不同组织、器官具有不同韧皮部的卸出途径(图 7-4)。细胞间有大量胞间连丝存在的植物可能采用共质体途径，例如一些双子叶植物及正在发育的幼叶和根尖等，蔗糖从筛管分子通过胞间连丝直接卸出到库细胞中，在那里蔗糖被代谢产生能量或形成贮存物质。缺少胞间连丝的植物，例如单子叶植物可能采用质外体途径进行韧皮部的卸出。在质外体韧皮部的卸出途径中，同化物可以在筛管分子-伴胞复合体(CC/SE)处卸出(类型 1)，也可以再通过共质体卸出到其他细胞，然后再卸出到质外体中(类型 2A 和类型 2B)。在质外体中被运输的蔗糖可以发生部分转化，被水解为葡萄糖和果糖，然后进入库细胞。

3. 简述同化物分配的特点和规律。

同化物的分配是指植物体内有规律的光合同化物向各种库器官的输送。同化物分配的总规律是由源到库。由于不同生育期植物体库有所不同，因此同化物的分配方向在不同生育期也明显不同。在营养生长期，根端和茎端的生长中心是主要的库，成熟的叶片是主要的源，同化物分配的方向是从成熟叶到根端和茎端的生长中心；在生殖生长期，花、穗、果实逐渐成为主要的库，同化物分配的方向也从向根端和茎端运输转变为向穗、果实运输(图 7-5)。

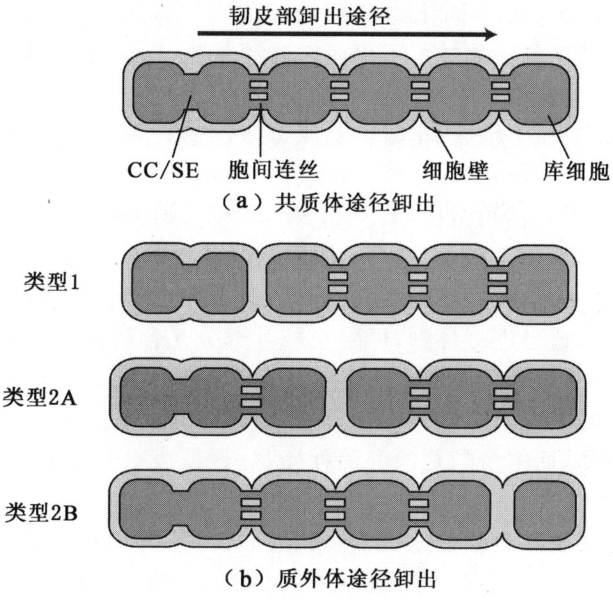

图 7-4　韧皮部的卸出途径

(Taiz and Zeiger, 2006)

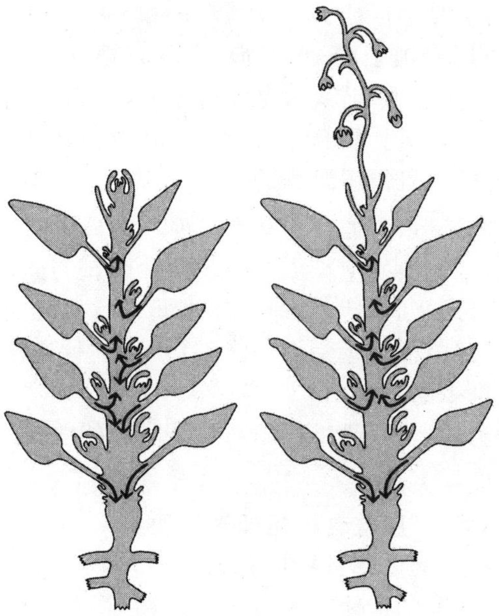

箭头示同化物的分配方向。

图 7-5　在不同生育期同化物的分配方向

(Reven et al, 2005)

不同叶位的叶片的光合产物分配有就近供应、同侧运输的特点。源叶形成的光合产物一般优先供应给予其邻近的、相同方位的代谢库。

4.举例说明植物体内同化物的再分配、再利用。

(1)同化物的再分配、再利用与果蔬的贮藏保鲜有密切关系。果蔬采收后生理代谢活动依然活跃,在贮藏过程中经常发生同化物的再分配、再利用,如收获的洋葱、大蒜、大白菜、青菜等,在贮藏过程中,其鳞茎或外叶枯萎干瘪而新叶照常生长;橘子贮藏久了会产生浮果皮和汁囊团粒化,汁囊中的养分有相当一部分运到果皮中。

(2)许多植物的花瓣在受精后,花瓣细胞原生质迅速解体,细胞内含物就大量转移,花瓣迅速凋谢。

(3)叶片衰老时,叶片中的可溶性糖、N、P、K 等大部分撤离到邻近的生长部位或贮藏部位。

(4)稻麦等收获后不要马上脱粒,茎秆中贮藏的营养物质可以继续向籽粒中运送,提高产量。

5.试述在果树生产上常利用环剥提高产量所蕴含的生理学原理及注意事项。

果树开花期对树干适当进行环剥,可阻止枝叶部分光合产物的下运,使更多的光合产物运往花果,从而利于增加有效花数,提高坐果率,提高产量和品质。

但如果环剥的切环太宽,切环下又未长出新枝叶,时间久了,根系得不到地上部分提供的同化物和生理活性物质,而本身贮藏的又消耗殆尽,根部就会"饿死",从而使根无法吸收水肥等,致使整株植物死亡。

6.简述植物体内同化物运输的途径、方向和形式及其研究方法。

(1)同化物运输的途径:韧皮部的筛管是同化物运输的主要途径。研究方法:环剥和同位素示踪法。

(2)同化物运输的方向:同时双向运输,也可横向。研究方法:同位素示踪法。

(3)同化物运输的形式:主要包括糖、氨基酸、激素和一些无机离子。蔗糖是最主要的运输物质,除蔗糖外,有些植物中还有棉子糖、水苏糖、毛蕊花糖及糖醇等。氨基酸中主要是谷氨酸、天冬氨酸及它们的酰胺。生长素、赤霉素、细胞分裂素和脱落酸等也能在韧皮部中运输。筛管中的无机离子有钾、镁、磷和氯。研究方法:蚜虫吻针法和同位素示踪法。

7.简述在植物体内进行的有机物质运输的意义。

高等植物是多器官的有机体,各器官之间有着明显的分工与协作关系,因此各器官之间必然有物质和能量的交流,例如根的生长需要吸收叶片制造的同化物质,而叶的生长也要根部吸收的水分和矿质的供给。同时,地上、地下部之间也有微量活性物质的交流,如根供给地上部细胞分裂素,而地上部向根部运输生长素类物质,这种交流是维持地上、地下部之间的比例生长和发育所必不可少的。

物质运输特别是有机物的运输,是维持植物整体生长的前提条件,各器官的分化生长必须有物质的运输供给来保证。

8.简述"树怕剥皮,不怕烂心"所蕴含的生理学原理。

韧皮部主要分布在树皮中,韧皮部是植物有机物质运输的主要部位,若树皮被剥掉后将切断地上部分制造的有机物向根部的运输。时间久了,根系得不到地上部分提供的同化物和微量活性物质,而本身贮藏的又消耗殆尽,根部就会"饿死",从而使根无法吸收水肥等,致使整株植物死亡。

所谓"烂心"主要是指树木的木髓部的坏死,木髓中不包括木质部和韧皮部,即不含有导管和筛管,不影响水分和有机物质的运输,也就不影响植物的正常生命活动。

9.何谓筛管分子-伴胞复合体?该复合体有几种类型?各有何特点?

韧皮部同化物运输的主要通道是筛管分子,筛管分子是活细胞,筛管分子的生活力在很大程度上依赖于与它相邻的伴胞。每个筛管分子周围都有一个或数个伴胞,伴胞具有浓厚的细胞质和大量的线粒体,在筛管分子与伴胞之间有大量的胞间连丝,这些胞间连丝在维持筛管分子与伴胞之间的功能方面起重要的作用。由于筛管分子与伴胞之间在结构和功能上的密切联系，通常把两者作为一个功能单位，称为筛管分子-伴胞复合体(CC/SE)。

在成熟叶片的小叶脉伴胞有 3 种类型，即普通伴胞、转移细胞和中间细胞(图 7-6)，因此，由筛管分子和伴胞形成的复合体也可以分为 3 种类型。普通伴胞与筛管分子间有大量胞间连丝，与周围其他细胞间很少有胞间连丝，因此进入伴胞的物质是通过质外体途径进行的，随后再进入筛管。普通伴胞具有叶绿体，叶绿体中有发育完好的类囊体。转移细胞也与筛管分子间有大量胞间连丝。转移细胞的另一个特征是细胞壁向内形成许多指状突起，特别是在不与筛管分子相邻的细胞壁一侧。细胞壁的这种突起使转移细胞与质外体空间的接触面增大，与普通伴胞类似，转移细胞是从质外体吸收物质，物质通过质外体途径进入转移细胞，然后再进入筛管。中间细胞与周围细胞特别是维管束鞘细胞间有大量胞间连丝，中间细胞的功能是通过共质体途径吸收物质。中间细胞叶绿体的类囊体发育不完全。

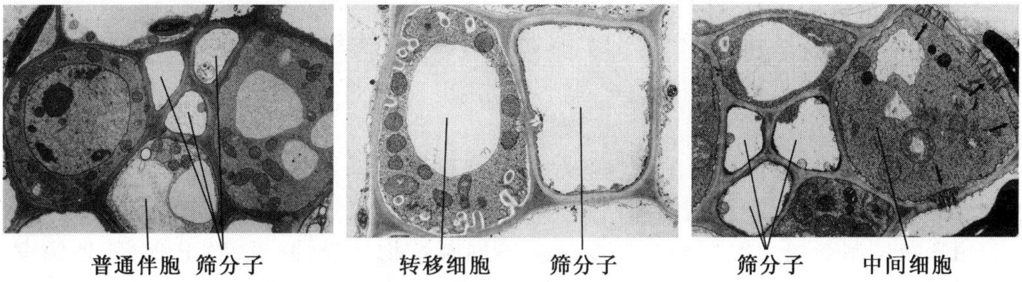

图 7-6　3 种类型的伴胞

(Taiz and Zeiger，2006)

10. 简述决定同化物韧皮部装载途径的主要因素。

筛管分子-伴胞复合体与周围细胞胞间连丝的密度是决定同化物韧皮部装载途径的主要因素。普通伴胞和转移细胞与筛管分子间有大量胞间连丝，与周围其他细胞间很少有胞间连丝，因此同化物进入筛管必须经过质外体途径。中间细胞与周围细胞间有大量胞间连丝，因此同化物进入筛管可通过共质体途径。此外，同化物韧皮部装载途径还与运输糖的形式有关，以蔗糖为运输形式，主要以质外体途径装载；除蔗糖外，还运输棉子糖、水苏糖等多聚糖，主要以共质体途径装载。

外界因素例如低温和水分亏缺会引起共质体运输受阻，质外体途径装载是植物对这种不良环境条件的适应性反应。

11. 简要说明源和库之间的关系及其对同化物分配的影响。

(1)源是库的供应者，库对源具有调节作用。人为地减少叶面积或降低叶片的光合速率，如剪叶(减源)、遮光(减源限流)、环割(截流)等，可造成源的亏缺，引起库器官的减少(如花器官退化、不育或脱落等)，或使库器官发育不良(如籽粒增多、粒重下降等)。

(2)库对源的大小具有明显的反馈作用。在高产栽培中，适当增大库源比，对增强源的活性和促进干物质的积累均有重要的作用。库对源可发挥“动员”和“征调”作用，迫使其内含物向库转移。植物正在发育着的器官如幼叶，特别是生殖器官，不仅能吸引叶部有机物向其运输，而且还能征调下部其他贮藏或衰老器官贮存的有机物。

12. 同化物的配置主要包括哪些内容？

植物将光合固定的碳转移到不同代谢途径的调节作用称为配置。配置包括光合同化碳的贮存、利用和输出。

在光合细胞中，光合所固定的碳可以配置进入以下 3 条途径：①光合固定的碳可以合成贮存化合物；②光合固定的碳可以被光合细胞所利用；③光合固定的碳可以合成用于运输的化合物。

配置在库中也是非常关键的，库细胞配置能力的强弱常决定库的强度。

13. 试举例说明韧皮部中蛋白质可以作为信号分子参与对植物生长发育的调控。

韧皮部集流中，蛋白质作为信号分子最好的例子是成花刺激物信号。光周期诱导叶片产生可移动的成花信号通过韧皮部移动到顶端促进开花。*FLOWERING LOCUS T*（*FT*）基因的产物 FT 蛋白具有可移动、可刺激成花的性质，植物叶片感受光周期信号诱导后，FT 蛋白在叶脉韧皮部合成，并通过韧皮部运输到顶端，促进顶端花分生组织的产生。

三、实验题

1. 用实验证明经质外体途径的蔗糖吸收是需能过程。

（1）外加 ATP 可以促进蔗糖的输出量，提高蔗糖在质外体的转换率。

（2）用呼吸抑制剂如 2，4-二硝基苯酚（DNP）抑制植物呼吸，降低 ATP 水平，外源蔗糖的装载就会受阻。

2. 如何证明植物体内同化物质的运输是主动过程？

主动运输是一个消耗能量的过程，凡是影响呼吸作用的因素，如降低温度、减少氧的供给、施用呼吸抑制剂，都会由于呼吸作用的减弱，主动运输所需要的能量减少，使运输速率明显减弱；相反，如果用 ATP 处理，则可促进运输，使运输速率明显升高。这说明同化物质的运输是一个耗能的主动过程。

通过观察以下现象，也可以证明同化物质的运输是主动过程。

（1）韧皮部的呼吸速率明显比其他组织快；

（2）筛细胞内有类似于动物肌动蛋白的 P-蛋白，它利用水解 ATP 释放的能量进行有节奏的收缩蠕动来推动有机物质的运输；

（3）不同物质的运输速率不同，即具有选择性。

3. 如何判别同化物韧皮部装载是通过质外体途径还是通过共质体途径？

（1）从结构上判断，如果叶片 CC/SE 与周围薄壁细胞间无胞间连丝连接，表明同化物韧皮部装载是通过质外体途径；如果 CC/SE 与周围薄壁细胞间存在紧密的胞间连丝，表明同化物韧皮部装载可能通过共质体途径。

（2）从浓度梯度上判断，如果 CC/SE 内的蔗糖浓度明显高出周围叶肉细胞中的蔗糖浓度，表明同化物韧皮部装载可能是通过质外体途径；反之，装载是通过共质体途径。

（3）从蔗糖分布上判断，如果标记的高浓度 $^{14}CO_2$-蔗糖大量存于质外体中，表明同化物韧皮部装载是通过质外体途径；反之，装载是通过共质体途径。

（4）用代谢抑制剂或缺氧处理，如果能抑制 CC/SE 对蔗糖的吸收，表明同化物韧皮部装载是通过质外体途径；反之，是通过共质体途径。

(5)用质外体运输抑制剂 PCMBS(对氯汞苯磺酸)处理，如果 CC/SE 对蔗糖的吸收被抑制，表明同化物韧皮部装载是通过质外体途径；如果同化物的韧皮部装载对 PCMBS 不敏感，表明是通过共质体途径。

(6)叶肉细胞注射不能透过膜的染料，若一段时间后在筛管分子中可检测到这些染料，说明同化物在韧皮部的装载是通过共质体途径。

4. 如何证明高等植物体中的同化物是通过韧皮部运输的？

(1)环割试验：剥去树干(枝)上的一圈树皮(内有韧皮部)，这样阻断了叶片的光合同化物通过韧皮部向下运输，导致环割上端韧皮部组织因光合同化物积累而膨大，环割下端的韧皮部组织因得不到光合同化物而死亡。

(2)放射性同位素示踪：让叶片同化$^{14}CO_2$，数分钟后将叶柄切下并固定，对叶柄横切面进行放射性自显影，可看出^{14}C标记的光合同化物位于韧皮部。

5. 试用实验证明有机物运输的方向。

将放射性$^{14}CO_2$ 分别施于成年植株两端的叶片上，并将中间茎的一段韧皮部与木质部分开，隔以蜡纸，叶片经过一段时间的光合作用后，测定各段的^{14}C 放射性，根据韧皮部中各部位含有的^{14}C，可以证明韧皮部中有机物的运输方向。

6. 试用实验证明有机物运输的形式。

(1)收集韧皮部汁液：

①利用蚜虫吻针法收集汁液。当蚜虫进食，将口器刺入叶或茎的筛管时，用 CO_2 将蚜虫麻醉，用激光将蚜虫的口器与其身体分离，从留存的吻针处收集溢泌液。这种溢泌可持续数小时到数天。

②也可将一个纤细的注射针头刺入单个的筛管分子中来收集韧皮部汁液。

(2)韧皮部汁液成分分析：对收集到的韧皮部汁液进行分析，可得知被运输的有机物质。经分析证明，主要有机物是碳水化合物，其中以蔗糖为主。

7. 设计 2 个实验证明韧皮部的装载中存在质外体途径。

(1)利用同位素实验。对甜菜、大豆等以蔗糖为主要运输形式的植物用$^{14}CO_2$ 饲喂叶片后，放射性很快出现在质外体中，因此，质外体中的蔗糖来自光合细胞。

(2)利用转基因技术。通过转基因技术使番茄质外体中产生蔗糖的裂解酶——蔗糖酶，结果植株的生长减慢，夜间淀粉的转化受阻，表明蔗糖在质外体的水解会抑制蔗糖的运输，因此，这些植物的蔗糖运输有质外体途径参与。

8. 哪些实验为质子-蔗糖共运输学说提供了证据？

(1)拟南芥中发现 9 种编码蔗糖-质子共运载体(SUC 或 SUT)的基因。如 *AtSUC2* 是韧皮部装载所必需的，是和质子泵在韧皮部伴胞中共同定位的。这种位置上的相关性可能表明质子泵形成质子梯度，而蔗糖-质子共运载体则利用质子梯度运输蔗糖。

(2)在车前草叶片逐步成熟的过程中，叶片由尖端向基部逐步发生从库到源的转变，而蔗糖-质子共运载体 SUC2 也同步进行表达，说明叶细胞光合产物的输出需要 SUC2 参与。*SUC2* 已在多种植物中克隆并定位于韧皮部的伴胞。除了 SUC2 之外，在烟草、马铃薯和番茄中还发现另一种蔗糖-质子共运载体，不是定位于伴胞而是定位在筛管分子的质膜上，称为 *SUT1*。

(3)转化反义 *SUT*1 基因的马铃薯,抑制了载体的活性,降低了根和块茎的生长,导致淀粉和脂类在源叶积累。

四、分析讨论题

1.阐述韧皮部同化物运输的压力流动学说及其实验依据。

德国明希(E. Munch,1930)提出了韧皮部同化物运输的压力流动学说,该学说认为筛管的液流是输导系统两端的渗透势差引起的膨压差所造成的压力梯度推动的。在源端,源细胞(叶肉细胞)将蔗糖装载入筛管分子-伴胞复合体,源端筛管内的水势降低,于是木质部中的水分沿水势梯度进入筛管分子,筛管分子内产生高的膨压。在库端,筛管内的蔗糖不断被卸出,库端筛管分子内的溶质减少,细胞水势升高,这时韧皮部的水势高于木质部,水分沿水势梯度从筛管分子回到木质部,引起筛管分子内膨压降低。这样,在源端和库端形成了膨压差,它推动筛管内的汁液沿压力梯度从源端向库端运输。

已有直接的实验证据证明压力流动学说:

(1)筛管间的筛孔是开放的。共聚焦显微镜观察,证明筛管间的筛孔是开放的。

(2)在同一筛管中没有双向运输。以$^{14}CO_2$作脉冲标记的试验表明,在单一筛管分子中,同化物运输是单向的。

(3)筛管运输本身不需要能量。长距离运输受呼吸抑制剂的影响不大。

(4)在源端和库端存在膨压差。当把植物韧皮部刺伤以后,有相当数量的汁液从筛管中持续地溢泌出来,这说明筛管内存在着很大的正压力。用蚜虫吻针法可测定到筛管具有正压力,源、库间具有压力差。筛管接近源、库的两端存在着浓度梯度。只有当糖被运输时,微量生理活性物质如生长素,才能被运输;如果没有糖的浓度梯度存在,生长素也不能外运。这说明筛管内物质运输是集体流动,只有在被运输物质的总浓度存在梯度时,物质的运输才能发生。

2.同位素示踪技术在物质运输分配的研究中有何应用?试利用同位素示踪技术论证同化物的分配规律。

利用同位素示踪技术能更好地了解植物体内同化物运输分配的情况。如将标记物质引入植物体,根部标记^{32}P、^{35}S等盐类以便追踪无机盐类的运输途径;让叶片同化$^{14}CO_2$可追踪光合同化物的运输方向,研究源库关系;将标记的离子或有机物用注射器等器具直接引入特定部位,追踪标记物的去向。

利用同位素示踪技术可测定韧皮部的运输速度。

将放射性$^{14}CO_2$或^{14}C标记的蔗糖等引入某一具有库源关系植物体的源(如成熟叶片)。经过一段时间后进行同位素自显影,检测被^{14}C标记的同化物在植物体中的分布,可分析判断同化物的分配规律。

①由源向库运输:^{14}C标记的同化物主要分布在库中。

②优先生长中心:^{14}C标记的同化物主要分布在生长旺盛、生长速率快的器官和组织中。

③就近运输:^{14}C标记的同化物主要分布在靠近源叶的库中。

④同侧运输:^{14}C标记的同化物主要分布在库源单位中的维管束韧皮部和库器官(如果实)里。

3.韧皮部运输的信号分子有哪些？这些信号分子对源库活性和生长发育有哪些调控作用？

除了长距离运输光合产物外，韧皮部也起着将一些信号分子从植物体一部分运输到另一部分的作用。这些长距离运输的信号分子协调着源和库的活性，调控植物的生长和发育。源和库之间的信号包括物理信号和化学信号。

物理信号如膨压变化，可以作为信号非常迅速地通过相互连通的筛管分子从库传递到源。

化学信号如植物激素、蔗糖和蛋白质等。植物激素起着调节源-库关系作用，它们通过控制库的生长、叶的衰老和其他发育过程，调节同化物的分配。激素也可能通过调节质外体装载和卸出途径中跨膜的主动运输载体调节源、库活性。糖的水平会影响光合作用基因和糖水解酶基因的表达，因此蔗糖不仅在韧皮部中运输，而且也作为改变源库活性的信号起作用。在韧皮部汁液中还发现有内源 RNA 和蛋白质，这些分子中可能有一些作为信号分子或导致韧皮部产生可移动的信号分子起作用。

4.论述源、流、库之间的关系及其对农业生产的指导意义。

代谢源是指制造、输出有机物的部位或器官，代谢库是指消耗或贮藏有机物的部位或器官。同化物的物质流(简称流)是指光合产物从源至库的运输过程。研究证明，源、库、流的形成及其功能的发挥不是孤立的，而是相互联系、相互促进的。通常把在同化物供求上有对应关系的源、库及其连接二者的输导系统合称为源-库单位。

(1)源对库的影响：源是库的有机养料供应者，源是产量形成的重要物质基础。剪叶(减源)、遮光(减源限流)、环割(截流)等试验证明，人为地减少叶面积或降低叶片的光合速率，造成源的亏缺，均会引起产品器官的减少(如花器官退化、不育或脱落等)，或使产品器官发育不良(如秄粒增多、粒重下降等)。

(2)库对源的影响：

①库依赖于源而生存，库内接纳同化物质的多少，直接由源的同化效率及输出数量决定，两者是供求关系。

②库对源的大小，特别是对源的光合活性具有明显的反馈作用。

③库对源还可发挥“动员”和“征调”作用，迫使其内含物向库转移。

(3)源、库对流的影响：库、源的大小及其活性对流的方向、速率、数量有明显影响。

要提高作物产量，必须在栽培和育种上从源库方面着手。在源方面，要合理地增加叶数和叶面积，提高叶面积指数，同时还要提高成熟期叶片净同化率，防止叶片早衰，延长源对库的供应时间；应抑制营养体生长速度，使同化物优先向籽粒分配。在库方面，主要是保持单位面积有足够的穗数及粒数(如颖花数量)，提高库容能力，提高籽粒充实程度。还应使茎秆粗壮，运输流畅，采取各种措施促进有机物运输分配。

源、库、流在植物代谢活动和产量形成中是不可分割的统一整体，三者的发展水平及其平衡状况决定着作物产量的高低。在实际生产中，作物同一品种植株的输导系统一般不会成为限制产量的主要因素，而源、库往往是决定产量的关键。实践证明，只有使作物群体和个体的发展达到源足、库大、流畅的要求时，才可能获得高产。源小于库，超过了源的负担能力，引起库的空秕和叶片早衰；反之，源大于库，则限制光合产物的输送分配，降低源的光合效率；若源库皆小，也同样难以获得高产。

第八章　植物生长物质

内容提要

一、概述

本章主要介绍植物激素的合成、运输和代谢，重点介绍植物激素的生理作用及作用机制；对植物生长调节剂进行了简要概述。

二、学习目标

(1)掌握植物生长物质的基本特征。

(2)掌握生长素、赤霉素、细胞分裂素、脱落酸、乙烯、油菜素甾醇类的结构特点及生物合成。

(3)重点掌握植物激素的生理作用及相互作用。

(4)掌握植物激素的作用机制。

(5)了解植物激素的测定方法。

三、基本内容

1.植物生长物质的基本概念

将具有调节植物生长发育功效的一些生理活性物质统称为植物生长物质。其中，在植物体内天然合成的、可以在植物体内移动的、对生长发育产生显著作用的微量有机化合物被定义为植物激素(plant hormone 或 phytohormone)，包括生长素类(AUXs)、赤霉素类(GAs)、细胞分裂素类(CTKs)、脱落酸(ABA)和乙烯(ETH)五大类经典植物激素。近年陆续发现油菜素甾醇类(BRs)、多胺(PAs)、茉莉酸类(JAs)和水杨酸类(SAs)等新的天然生长物质，它们对植物的生长发育具有多方面调节功能。由人工合成的、具有类似于植物激素生理效用的化合物被称为植物生长调节剂，根据其在低浓度下对植物生长发育产生促进或抑制作用效果又分为植物生长促进剂、植物生长抑制剂和植物生长延缓剂。

2.生长素类

生长素类(AUXs)是最先被发现的、以吲哚环或苯环为基本结构的植物激素。天然的AUXs有IAA，IBA，4-Cl-IAA和PAA，合成的有NAA和2，4-D等。高等植物中IAA的合成主要发生在细胞分裂和生长旺盛的部位，最主要的合成途径是以色氨酸为前体的吲哚丙酮酸途径。IAA易被IAA氧化酶酶解或光氧化降解失活。根据IAA是可以自由移动还是与糖苷、氨基酸等结合，分为游离态IAA和结合态IAA两种形式。游离态IAA是唯一的具有极性运输特点的植物激素，结合态IAA可进行非极性的远距离运输。AUXs的主要生理作用是促进细胞和茎的伸长生长，参与维管系统的分化，促进插枝生根，维持顶端优势，调控果实的发育等。“酸生长”理论和“基因激活”理论是目前用于解释IAA诱导细胞伸长作用机理的两个主要假说。

3. 赤霉素类

赤霉素类(GAs)迄今已发现120多种，所有GAs的基本结构是赤霉烷环，根据其具有的碳原子数分为20个碳原子和19个碳原子的GAs，大多数GAs没有生物活性，具有活性的GAs在第2碳位上发生2-*β*-羟化反应，会发生不可逆失活。GA3是目前生产上应用最为广泛的一种GAs。GAs的主要生理作用是促进植株节间伸长，诱导种子萌发，诱导多种长日植物或需低温春化的植物在不适宜的光周期和春化环境下开花。高等植物中GAs的主要合成部位是未成熟的种子和果实，无极性运输形式。所有GAs合成的前体是GA12-7-醛，GAs合成过程中的环化抑制剂(AMO-1618、矮壮素、缩节胺等)及氧化抑制剂(多效唑、烯效唑等)能阻断GAs的生物合成，具有延缓植物生长和抑制生长作用，广泛用于作物生产。

4. 细胞分裂素类

细胞分裂素类(CTKs)是一类在N_6位置上取代的腺嘌呤衍生物。植物体内天然存在的有玉米素、玉米素核苷、异戊烯基腺嘌呤及异戊烯基腺苷等。CTKs的主要合成部位是细胞分裂旺盛的根尖、茎端及生长中的种子和果实细胞内的微粒体。异戊烯基转移酶(ipt)是合成CTKs过程中的重要酶。CTKs可与葡萄糖、氨基酸及核苷形成结合物或通过CTKs氧化酶降解失活。CTKs的主要生理作用是参与调节细胞分裂和形态建成，解除顶端优势，并可延缓植物的衰老等。

5. 脱落酸

脱落酸(ABA)是一种倍半萜结构。植物体内天然存在的是2-*cis*(+)-ABA，化学合成的是一种外消旋混合物。高等植物各器官和组织中都有脱落酸，其中以缓慢脱水、将要脱落或进入休眠的器官和组织中较多。高等植物中ABA主要由紫黄质间接合成途径、经C_{40}类胡萝卜素的裂解而来。ABA的失活代谢包括氧化降解和形成结合物两个途径。ABA主要以游离的形式运输。ABA的主要生理作用发生在种子的发育和成熟过程中，具有抑制未成熟种子萌发即胎萌(vivipary)(图8-1)、诱导成熟期种子的程序化脱水与营养物质的积累、参与气孔运动的调节(图8-2)、作为信号物质增强植物抵御逆境胁迫的重要作用。

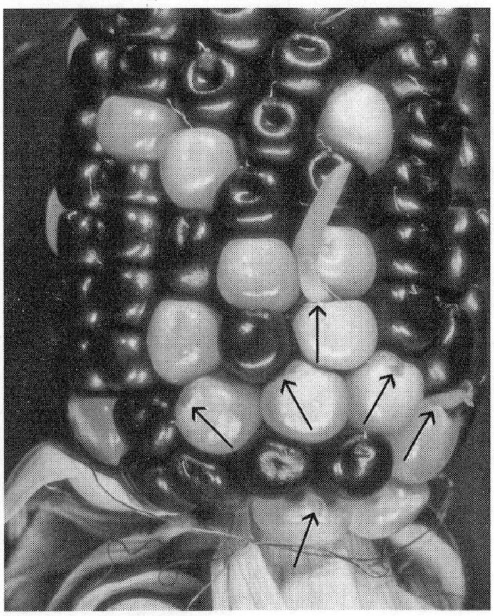

*vp*1基因突变使胚胎对ABA敏感性降低，未成熟种子出现胎萌现象。

图8-1 玉米*vp*1突变体的胎萌现象

(Raven et al,2005)

6. 乙烯

乙烯(ETH)是唯一的气体激素，是最简单的烯烃，结构简式为$CH_2{=}CH_2$。衰老组织和成熟果实中释放乙烯的速率最高。乙烯的生物合成前体为甲硫氨酸(Met)，Met经由*S*-腺苷蛋氨酸(SAM)形成ETH合成的直接前体1-氨基环丙烷-1-羧酸(ACC)，ACC合酶是生物合成乙烯途径的关键酶和限速酶。多种物质通过调节ACC合酶和ACC氧化酶(又称乙烯形成酶，EFE)的活性对ETH合成产生影响，许多逆境因素如淹水、干旱等，都会促进乙烯的生物合成。ETH释放剂

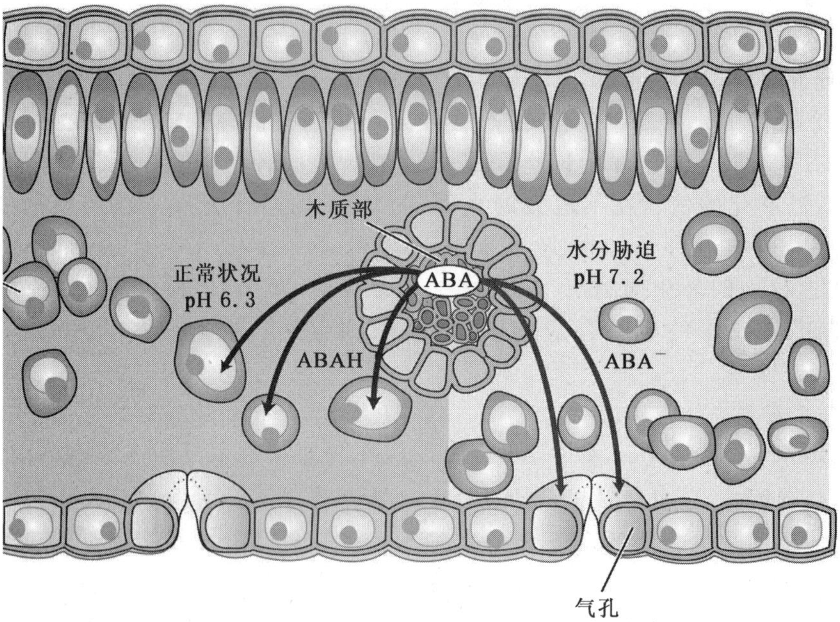

正常水分状态下木质部汁液 pH 为 6.3，ABA 以非解离形式（ABAH）存在，ABAH 易于被叶肉细胞吸收和代谢。在水分胁迫下，木质部汁液 pH 上升为 7.2，ABA 以解离形式（ABA^-）存在，ABA^- 不易被叶肉细胞吸收，随蒸腾流被运输到保卫细胞附近，进入保卫细胞，促进气孔关闭。

图 8-2 ABA 调控气孔运动

（Taiz and Zeiger，2006）

（乙烯利、乙烯硅等）及乙烯作用的拮抗剂（$AgNO_3$，$[Ag(S_2O_3)_2]^{3-}$ 等）广泛用于农业生产中。

ETH 典型的生理作用是三重反应（图 8-3），可用于筛选乙烯的突变体（图 8-4）。ETH 还能诱导菠萝等凤梨科植物开花，促进叶、花和果实的衰老与脱落。

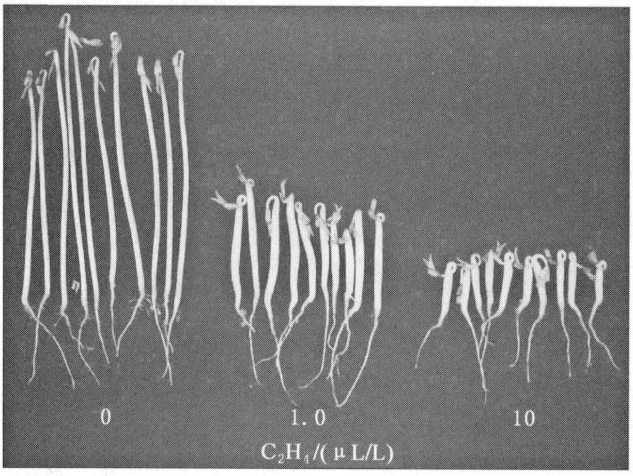

图 8-3 乙烯引起绿豆幼苗的三重反应

（Buchanan et al，2000）

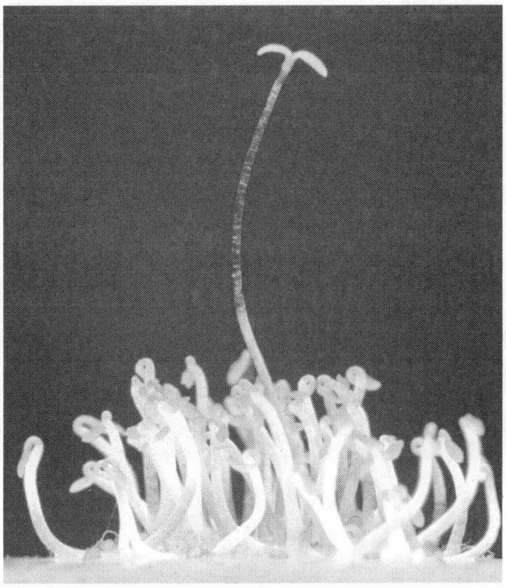

幼苗生长在黑暗、含乙烯的环境中，*etr1* 突变体对乙烯不敏感，没有表现出三重反应。

图 8-4　拟南芥野生型和 *etr1* 突变体对乙烯的反应

（Taiz and Zeiger，2006）

7. 油菜素甾醇类

油菜素甾醇类（BRs）被认为是第六类植物激素。BRs 是一种甾体物质，在植物界分布很广，新鲜花粉及种子中含量较高。BRs 对水稻叶片倾斜角度的变化具有专一性（图 8-5）。BRs 可促进细胞伸长和分裂，提高植物的光合作用，并增强抗逆性。BRs 缺失突变体（如拟南芥 *det2* 和 *dim* 突变体）植株矮小，叶片小且浓绿（图 8-6），叶片和叶绿体的衰老延迟。拟南芥 BR 生物合成基因 *DWF4* 的过表达株系植株高度明显增加（图 8-7）。

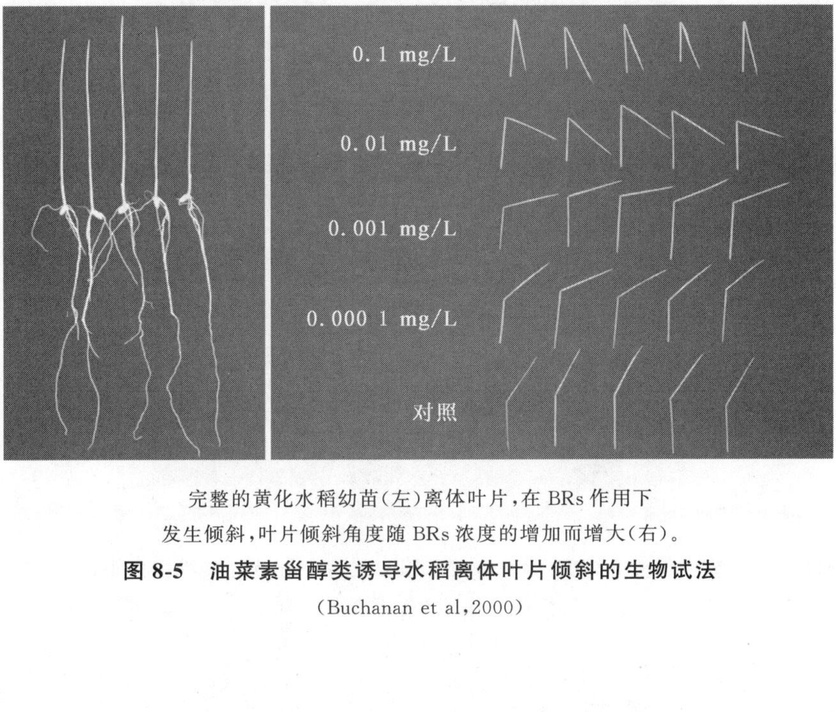

完整的黄化水稻幼苗（左）离体叶片，在 BRs 作用下
发生倾斜，叶片倾斜角度随 BRs 浓度的增加而增大（右）。

图 8-5　油菜素甾醇类诱导水稻离体叶片倾斜的生物试法

（Buchanan et al，2000）

拟南芥野生型(左)、*det2* 突变体(中)和 *dim* 突变体(右)。

图 8-6　拟南芥野生型和 BRs 缺失突变体幼苗的表型(16 日龄)

(Buchanan et al,2000)

图 8-7　拟南芥野生型和 BR 生物合成基因 *DWF4* 的过表达植株的表型(25 日龄)

(Taiz and Zeiger, 2010)

8. **新型天然的植物生长物质**

多胺(PAs)为两个以上氨基的脂肪族含氮碱,在高等植物中普遍存在,主要分布在分裂旺盛的部位。对高等植物中研究较多的PA种类有精胺(Spm)、亚精胺(Spd)和腐胺(Put),PA由精氨酸和赖氨酸生物合成而来,Spd和Spm也能从S-腺苷蛋氨酸(SAM)生物合成得到。PA具有促进细胞分裂、提高抗逆性、延缓组织衰老、影响种子萌发等生理调节作用。

茉莉酸类(JAs)在植物界普遍存在,JA和茉莉酸甲酯(MeJA)是植物组织中最主要的JAs化合物。JAs以α-亚麻酸为生物合成前体,脂氧合酶是合成JAs的关键酶之一。JAs通过诱导蛋白酶抑制物质的产生保护植物免受生物胁迫伤害,JAs具有诱导块茎形成、促进禾本科植物开花、抑制部分植物种子萌发、诱导果实成熟和色素形成、抑制光合作用等生理效应。

独脚金内酯(SL)是由寄主植物根分泌的一类物质,参与调控植物的生长发育。SL具有诱导寄生植物种子萌发、抑制植物的分枝和侧芽生长、促进寄主植物与根际丛枝菌根真菌的相互作用等生理功能。

水杨酸类(SAs)具有诱导病程相关蛋白(PRP)的产生,增强植株获得性抗性;促进佛焰花序植物抗氰呼吸;延缓切花衰老;具有抗旱、抗盐胁迫等多种生理作用。

9. **植物生长抑制物质**

植物生长抑制物质分为两类,即植物生长抑制剂和植物生长延缓剂。植物生长抑制剂具有抑制顶端分生组织细胞的伸长分化、促进侧枝的生长和分化的作用。这类调节剂的生理效应与生长素相拮抗。在生产中应用较多的植物生长抑制剂包括三碘苯甲酸(TIBA)、整形素、青鲜素等。

植物生长延缓剂抑制赤霉素的生物合成,从而对茎的亚顶端分生组织细胞分裂与扩展有特殊抑制作用,使节间缩短,并延缓、抑制植物的营养生长。这类调节剂的生理效应与赤霉素相拮抗。在生产中应用较多的植物生长延缓剂包括多效唑(PP_{333})、缩节胺(Pix)、烯效唑(S-3307)、B_9、矮壮素等。

植物生长调节剂已广泛应用于农业生产中。应根据生产问题的实质和调节剂的性质合理使用植物生长调节剂,但不能代替肥料、农药及其他栽培措施。

最早检测植物激素的方法是生物试法,现在发展起来的有气相色谱法、高压液相色谱法、气质联用(GC-MS)等仪器分析法,还可以采用酶联免疫法(ELISA)或基因表达法(即利用植物激素专一诱导表达的启动子与报告基因如*GUS*等构成嵌合基因并导入植株体内,依据报告基因转录、翻译的酶蛋白对底物的分解速率可定位检测不同细胞或细胞内不同部位的植物激素浓度)。研究植物激素的生理作用通常采用内源激素检测、外源植物激素或植物生长调节剂处理、激素缺失突变体等方法。

四、重点和难点

1. **重点**

(1)植物激素的合成及代谢;

(2)植物激素的生理作用及作用机制。

2. **难点**

植物激素的作用机制。

自 测 题

一、单项选择题

1. 植物激素的主要特征不包括（　　）。

A. 在植物中广泛分布，在植物体内合成　　B. 生理功能是植物生长发育所必需

C. 在合成部位起作用　　D. 与受体蛋白结合才能发挥作用

2. 下列有关生长素研究历史的描述，不正确的是（　　）。

A. Darwin 发现生长刺激物在鞘尖产生并被传递到胚芽鞘生长区发挥作用

B. Paal 建立了生长素燕麦胚芽鞘弯曲生物测定法

C. Kögl 证明生长刺激物是某种化学物质

D. Went 首次分离生长素

3. 下列有关生长素的描述，不正确的是（　　）。

A. IAA 是植物体内主要的生长素　　B. PAA 是植物内源生长素

C. IBA 具有与 IAA 相似的结构和生物活性　　D. NAA 是植物内源生长素

4. IAA 生物合成的主要前体是（　　）。

A. 色氨酸　　B. 丝氨酸

C. 甘氨酸　　D. 甲硫氨酸

5. IAA 生物合成的主要途径是（　　）。

A. 色胺途径　　B. 吲哚乙酰胺途径

C. 吲哚丙酮酸途径　　D. 吲哚乙腈途径

6. IAA 在细胞内的主要存在部位是（　　）。

A. 细胞质　　B. 叶绿体

C. 细胞质和叶绿体　　D. 液泡、细胞质和叶绿体

7. 下列有关生长素极性运输的描述，不正确的是（　　）。

A. 生长素极性运输是一个需能过程

B. 质膜上生长素转运体参与生长素极性运输

C. 缺氧抑制生长素极性运输

D. 游离态生长素和结合态生长素均可发生极性运输

8. 能抑制 IAA 极性运输的物质是（　　）。

A. TIBA 和 NPA　　B. AVG 和 AOA

C. NOA 和 AOA　　D. NPA 和 NAA

9. 参与 IAA 极性运输的生长素转运体包括（　　）。

A. PIN 和 DELLA 蛋白　　B. PIN 和 ABCB 蛋白

C. PIN、ABCB 和 AUX1 蛋白　　D. PIN、ABCB 和 DELLA 蛋白

10. 具有生物活性的赤霉素分子结构主要特征是（　　）。

A. 具有 2β-羟基和 7C-羧基　　B. 具有 3β-羟基和 7C-羧基

C. 具有 2β-羟基和 7C-羟基　　D. 具有 3C-羧基和 7C-羟基

11. 下列有关赤霉素生物活性的描述,不正确的是(　　)。
A. 赤霉素生物合成和活性具有器官特异性
B. 不同种类赤霉素生物活性不同
C. GA12 活性高于 GA1
D. 不同种类赤霉素对诱导开花和促进营养生长的作用不同
12. 赤霉素具有(　　)生理作用,在啤酒生产上得到广泛应用。
A. 促进营养生长　　B. 促进某些植物开花
C. 促进单性结实　　D. 促进种子萌发,诱导水解酶形成
13. 赤霉素能够代替(　　)促进某些植物开花。
A. 长日照和适宜温度　　B. 短日照和适宜温度
C. 长日照和低温　　D. 短日照和低温
14. 赤霉素具有(　　)细胞的伸长生长,(　　)细胞分裂的功能。
A. 促进,促进　　B. 促进,抑制
C. 抑制,抑制　　D. 抑制,促进
15. 下列有关赤霉素信号转导的描述,不正确的是(　　)。
A. GID1 是 GA 受体
B. GA 与 GID1 结合后激活 DELLA 蛋白的降解
C. DELLA 蛋白位于细胞核,具有促进生长的作用
D. DELLA 降解后解除了对生长的抑制作用,促进生长
16. 细胞分裂素是(　　)的衍生物。
A. 鸟嘌呤　　B. 腺嘌呤
C. 胞嘧啶　　D. 胸腺嘧啶
17. 植物体内分布广泛的天然的细胞分裂素是(　　)。
A. 激动素　　B. 腺嘌呤
C. 6-苄基腺嘌呤　　D. 玉米素
18. 细胞分裂素的主要生理作用包括(　　)。
A. 促进细胞分裂、促进侧芽生长、促进叶片衰老
B. 抑制细胞分裂、抑制侧芽生长、抑制根系发育
C. 促进细胞分裂、促进侧芽生长、延缓叶片衰老
D. 抑制细胞分裂、抑制侧芽生长、促进叶片衰老
19. 乙烯生物合成的前体是(　　)。
A. 甲硫氨酸　　B. 半胱氨酸
C. 丝氨酸　　D. 色氨酸
20. 乙烯生物合成的直接前体是(　　)。
A. 甲硫氨酸　　B. 色氨酸
C. ACC　　D. 玉米黄素
21. 下列有关乙烯的描述,不正确的是(　　)。
A. 乙烯合成是一个色氨酸的代谢循环,被命名为“杨氏循环”
B. 在植物体的不同组织和不同发育阶段,乙烯合成的速率不同

C. 乙烯促进果实成熟
D. 逆境诱导植物体内乙烯合成增强
22. 植物体内天然存在的脱落酸是(　　)。
A. 左旋的对映体(*S*-ABA)　　B. 右旋的对映体(*R*-ABA)
C. 左右旋各一半　　D. 外消旋体
23. 下列有关ABA的描述,不正确的是(　　)。
A. 植物体各器官都可以合成ABA
B. 细胞中ABA的主要合成场所是叶绿体(质体)和细胞质基质
C. 逆境条件下植物体ABA含量迅速增加
D. ABA在植物体内主要通过木质部运输
24. 油菜素甾醇的主要生理作用包括(　　)。
A. 促进细胞分裂和细胞伸长生长,促进花粉萌发和花粉管伸长生长
B. 促进细胞分裂,促进木质部分化,抑制花粉管伸长生长
C. 促进细胞伸长生长,促进花粉萌发,抑制抗逆性
D. 抑制花粉萌发和花粉管伸长生长,抑制叶片脱落
25. 茉莉素的主要生理作用包括(　　)。
A. 抑制叶片衰老,抑制叶绿体的降解,降低抗逆性
B. 促进叶片衰老,促进叶绿体的降解,提高抗逆性
C. 促进叶片生长,促进花芽形成,促进叶绿素形成
D. 促进叶片生长,促进花芽形成,提高抗逆性
26. 在啤酒生产中常用的植物激素是(　　)。
A. IAA　　B. ABA
C. SA　　D. GA
27. 烟草的离体叶片在其叶柄基部形成不定根后,可延缓叶片的衰老。原因是新形成的不定根合成了(　　)。
A. CTK　　B. ABA
C. IAA　　D. GA
28. 植物进入休眠后,体内含量明显增加的激素是(　　)。
A. BR　　B. ETH
C. GA　　D. ABA
29. 香蕉果实成熟前,果实内(　　)含量明显增加。
A. IAA　　B. CTK
C. GA　　D. ETH
30. 矮壮素(CCC)具有(　　)的生理作用。
A. 抑制乙烯合成　　B. 抑制赤霉素合成
C. 抑制脱落素合成　　D. 抑制生长素合成
31. 生产中常用于促进插枝生根的植物生长调节剂中含有的主要生长物质是(　　)。
A. 生长素　　B. 脱落酸
C. 乙烯　　D. 水杨酸

32. 生产上常用的乙烯拮抗剂是(　　)。

A. MCP　　B. AOA

C. AVG　　D. 乙烯利

33. 生产上用于催熟香蕉的化合物是(　　)。

A. MCP　　B. AOA

C. AVG　　D. 乙烯利

34. 能提高植物抗虫性的植物激素是(　　)。

A. 细胞分裂素　　B. 茉莉素

C. 油菜素甾醇　　D. 多胺

35. 能引起菜豆幼苗发生节间伸长、弯曲及裂开的植物激素是(　　)。

A. 水杨酸　　B. 赤霉素

C. 生长素　　D. 油菜素甾醇

36. 水稻叶片倾斜角度的变化对(　　)有专一性,可作为一种生物试法检测其活性。

A. 水杨酸　　B. 赤霉素

C. 生长素　　D. 油菜素甾醇

37. 植物激素和植物生长调节剂最根本的区别是(　　)。

A. 分子结构不同　　B. 生物活性不同

C. 合成的方式不同　　D. 在体内运输方式不同

二、简答题

1. 什么是植物激素和植物生长调节剂?两者的区别是什么?

2. 植物激素和动物激素在概念上有何不同?

3. 植物体细胞中激素的水平是如何调控的?

4. 活性 GA 与 IAA 在合成代谢方面有何联系?

5. 简述 IAA 在植物体内极性运输的机理。

6. 简述生长素的主要生理作用。

7. 简述赤霉素的主要生理作用。

8. 简述细胞分裂素的主要生理作用。

9. 简述生长素和细胞分裂素对顶端优势的调控作用。

10. 拟南芥幼苗在乙烯存在的条件下避光培养,3 d 后观察幼苗的生长表型,如图 8-8 所示,筛选得到一株突变体,其表型与生长在空气中的幼苗表型一致,该突变体为 *etr1* 突变体。请简述 *etr1* 突变体具有的表型,并解释其主要原因。

11. 简述在干旱条件下 ABA 功能缺失突变体比野生型植株更易死亡的主要原因。

图 8-8　在乙烯存在的条件下避光培养 3 d 后拟南芥幼苗的生长表型

12. 简述油菜素甾醇类的主要生理作用。

13. 植物激素结合蛋白和激素受体具有哪些特征?

14. 简述生长素诱导细胞伸长的作用机理。

15. 生长素如何调控早期基因的表达?

16. 简述 GA 促进大麦种子 α-淀粉酶产生的作用机制。

17. 细胞分裂素为何可以延迟叶片衰老?

18. 简述拟南芥中乙烯的信号转导途径。

19. IAA 是植物体内广泛存在的生长素,但为什么生根粉的主要成分是 IBA 和 NAA,而不是 IAA?

20. 简述 ABA 诱导气孔关闭的作用机制。

21. 胚发生早期,种子内的 ABA 含量非常低,中期时 ABA 含量达到最高,这有什么生理意义?

22. 乙烯生物合成过程中受哪些因素调控?

23. 利用乙烯的三重反应作为模式系统,可筛选到乙烯的哪几类突变体?

24. 简述 ABA 和 GAs 在生物合成、代谢过程中的相互联系。

25. 如何合理使用植物生长调节剂?

26. 植物激素可用生物试法进行鉴定,对 5 种激素每种试举一例。

27. 举 5 例说明植物生长物质在农林生产上的应用。

28. 为了解决下列生产问题,应选用哪几种生长物质?

①促进胡萝卜开花;②延长叶片衰老;③获得番茄和葡萄无籽果实;④防止小麦倒伏。

29. 如何利用学到的植物激素知识来调控香蕉的贮运和上市?

30. 生长抑制剂与生长延缓剂在概念及作用方式上有何异同?

31. 试分析图 8-9 的结果。

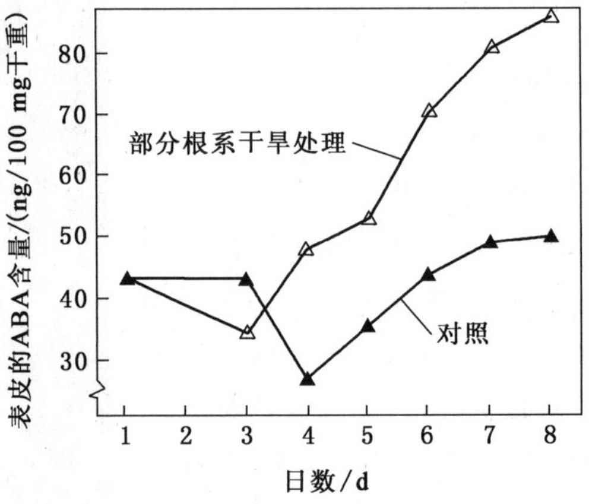

图 8-9 ABA 在叶片表皮中的含量变化

32. 试判断下列 4 种 GAs 哪些具有活性，哪些不具有活性，并说出其缘由。

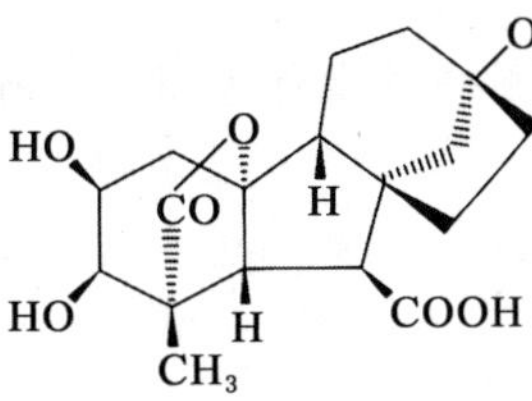

(a)

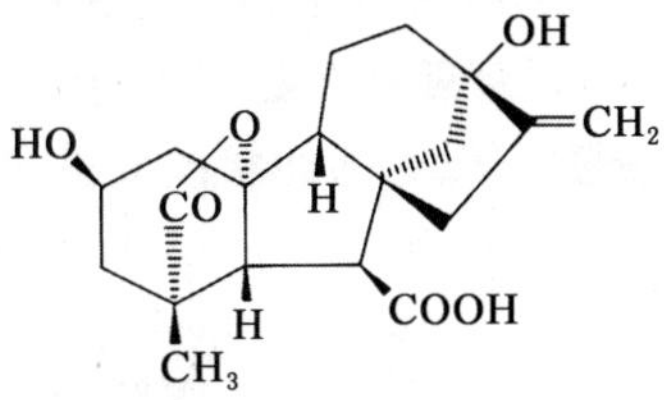

(b)

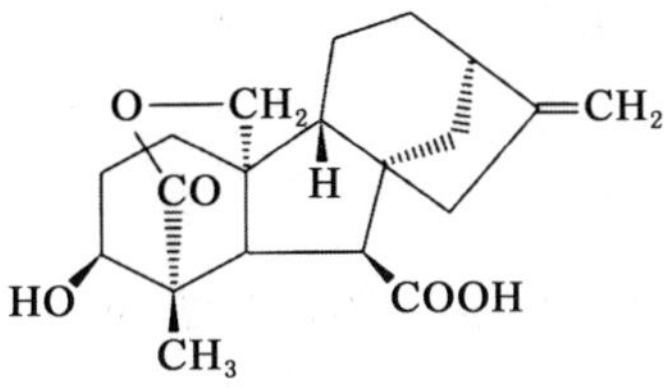

(c)

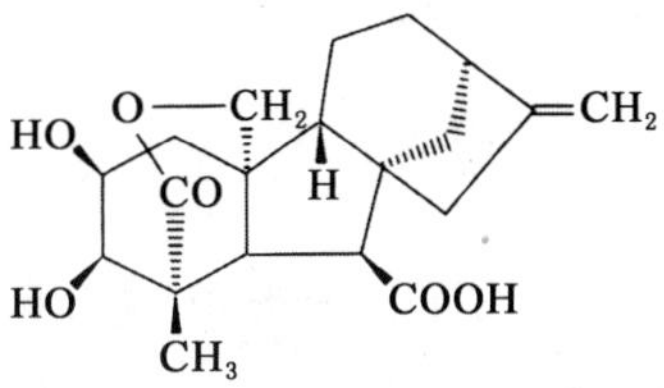

(d)

三、实验题

1. 请设计实验证明不同器官对 NAA 的敏感性差异。

2. 在草莓果实发育早期将瘦果去掉，花托就不能膨大，其可能的原因是什么？如何证明你的观点？

3. 用实验证明生长素的极性运输。

4. 利用水稻野生型和 *osckx4/9* 突变体（细胞分裂素氧化酶（CKX）缺失突变体）为材料，研究体内细胞分裂素的合成和代谢。结果证明，生长在相同条件下，野生型和突变体植株的分蘖数和水稻根部内源玉米素含量均有明显不同，如图 8-10 所示。请问该实验结果说明了什么？并试述细胞分裂素氧化酶的生理功能。

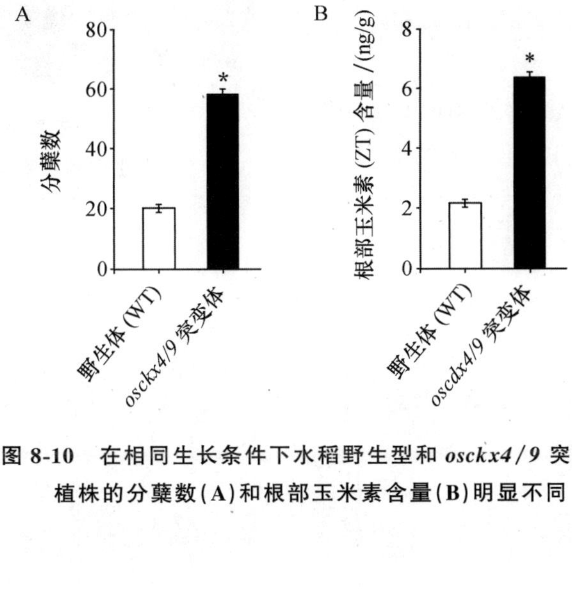

图 8-10　在相同生长条件下水稻野生型和 *osckx4/9* 突变体植株的分蘖数(A)和根部玉米素含量(B)明显不同

5. 设计实验证明赤霉素诱导 α-淀粉酶产生。

6. 可用哪些方法来测定植物内源 IAA 含量？

7. 图 8-11 为两种小麦麦穗，在相同温度和湿度环境下，左侧的发生穗发芽，右侧正常，试设计实验分析出现穗部性状差异的可能原因。

图 8-11 生长在相同温度和湿度环境下的两种小麦麦穗

四、分析讨论题

1. 水稻生产上为提高秧苗健壮度，常常需要壮苗。利用哪种植物生长调节剂可以达到该目的？

2. 干旱处理拟南芥野生型植株和一些突变体，红外热成像表明(图 8-12)，一些植株叶片温度为 24 ℃，另一些叶片的温度为 21 ℃，请问哪一类最有可能是 ABA 的突变体？为什么？

3. 植物生理学和分子生物学技术相结合已成功用于番茄果实成熟的控制，请分析其原理。

4. 试讨论植物生长发育过程中激素间的相互作用。

5. 试根据 GAs 和 GAs 拮抗物的生理作用，举 2 例或 3 例阐述它们在生产上的应用。

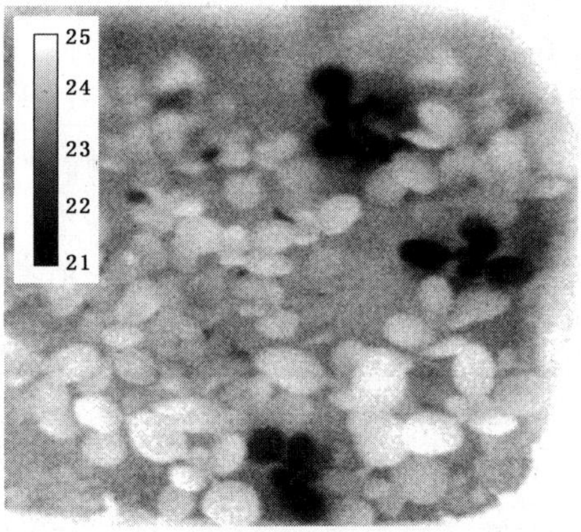

图 8-12 干旱处理拟南芥野生型和突变体的表型

参考答案

一、单项选择题

1. C	2. B	3. D	4. A	5. C	6. C	7. D	8. A	9. C	10. B
11. C	12. D	13. C	14. A	15. C	16. B	17. D	18. C	19. A	20. C
21. A	22. B	23. A	24. A	25. B	26. D	27. A	28. D	29. D	30. B
31. A	32. A	33. D	34. B	35. D	36. D	37. C			

二、简答题

1. 什么是植物激素和植物生长调节剂？两者的区别是什么？

植物激素是指在植物体内合成的、可以移动的、对生长发育产生显著作用的微量有机物质。

植物生长调节剂是指人们通过化学合成或从微生物中提取的与植物激素有相似生理作用的化合物。这类物质能在低浓度下对植物生长发育表现出明显的促进或抑制作用，包括生长促进剂、生长抑制剂、生长延缓剂等，其中有一些分子结构和生理效应与植物激素类似，如吲哚丙酸等；还有一些结构与植物激素完全不同，但具有类似生理效应的有机化合物，如萘乙酸、矮壮素等。

两者最本质的区别是植物激素是植物体内天然存在的，而植物生长调节剂是人工化学合成或从微生物中提取的。

2. 植物激素和动物激素在概念上有什么不同？

动物激素在独立的器官或组织中合成，在血液中被运输至某个特定的靶细胞并且以浓度变化的方式控制生理反应。植物激素与动物激素有着显著的差异。首先，植物激素的合成常常不是由某个单独的器官完成，更多地表现出分散性。其次，植物激素不仅能够运输到靶部位发挥作用，还可以直接作用于其合成的组织或细胞。最后，植物激素的作用不仅依赖于其浓度变化的方式，也依赖于靶细胞对激素的敏感性。

3. 植物体细胞中激素的水平是如何调控的？

植物体细胞中激素的含量受控于以下几个方面：

(1)激素的生物合成，通过调控合成过程的关键酶。

(2)游离态激素可与葡萄糖、氨基酸等结合转化为结合态激素。

(3)激素的运输(输出或输入)及其在细胞中的区域化分布。

(4)激素的氧化降解或酶降解。

(5)激素在发挥作用过程中被消耗掉。

4. 活性 GA 与 IAA 在合成代谢方面有何联系？

活性 GA 可提高内源 IAA 的水平。一方面 GA 促进蛋白质水解，使 IAA 的合成前体色氨酸增加；另一方面 GA 还促进结合态 IAA 释放出游离态 IAA；此外，GA 还可降低 IAA 氧化酶的活性。

IAA 也能调控活性 GA 的水平。切去烟草、豌豆、拟南芥或水稻的顶端分生组织，能够降低茎中的活性 GA 水平，此效应能被外源 IAA 所逆转。IAA 能诱导拟南芥和烟草中 GA1 合成基因 GA20 氧化酶的表达。在豌豆和水稻中，IAA 能诱导 GA3 氧化酶的表达而抑制 GA2 氧化酶的表达，从而促进活性 GA 的合成并抑制其降解。

5. 简述 IAA 在植物体内极性运输的机理。

IAA 在植物胚芽鞘、幼茎及幼根中的运输方向是由顶端向基端，形态学上端的 IAA 只能运向形态学下端，这就是 IAA 的极性运输。极性运输的机理可以用 Goldsmith 提出的化学渗透极性扩散假说解释。该假说认为：生长素的极性运输与细胞质膜上生长素内向转运载体(auxin influx carriers)和生长素外向转运载体(auxin efflus carriers) 的不对称分布有关。生长素内向转运载体 AUX1 蛋白定位于细胞的上端质膜上，生长素外向转运载体包括 PIN 蛋白和 ABCB 转运体，PIN 蛋白定位于细胞的基端质膜上。ABCB 转运体(曾被称为 PGP 蛋白)是非极性的，均匀分布在细胞质膜上。PIN 蛋白介导生长素外向运输时，必须与 ABCB 转运体协同作用(图 8-13)。

生长素的极性运输过程为：细胞内的生长素以 IAA^- 形式在化学势的推动下，经过位于细胞基部质膜上的 PIN 蛋白从细胞内单向输出，IAA^- 进入细胞壁空间后即被质子化为 IAAH，IAAH 可以经过位于细胞上部质膜上的 AUX1 蛋白或经过扩散过程通过细胞壁，顺着其浓度梯度进入其下部相邻的细胞内。在下部细胞内部，由 IAAH 脱质子化产生的 IAA^- 通过扩散或由细胞质流输送至该细胞的基部，再一次被该细胞基部的 PIN 输送至细胞壁空间。这一过程反复进行，IAA 即顺序通过纵向排列的细胞柱向形态学下端运输。在此过程中，位于质膜上的 H^+-ATPase 不断地将 H^+ 从胞内泵出，以防止 H^+ 在胞内积累，并维持细胞壁酸性环境和适宜的跨膜电势。

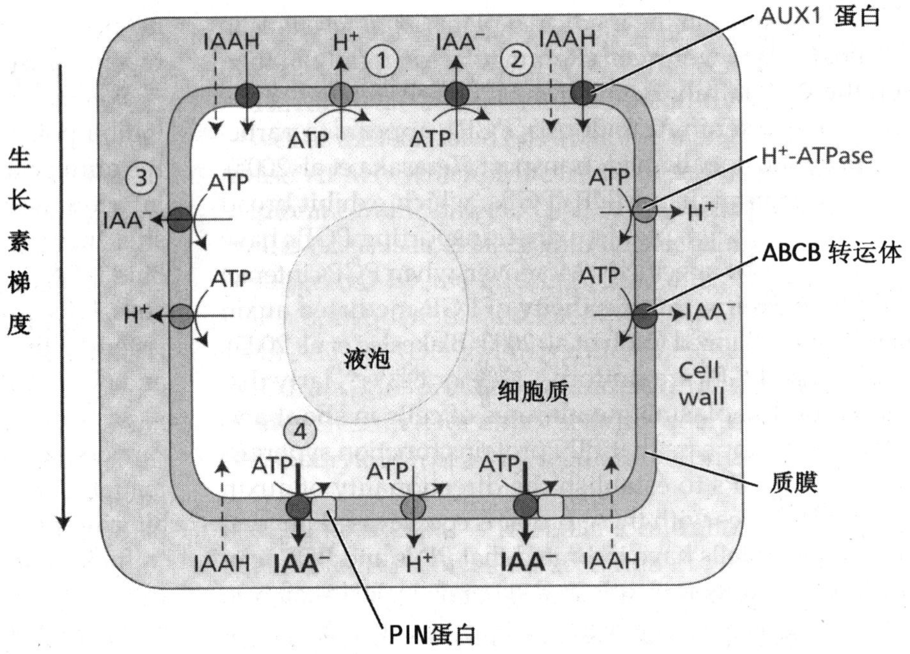

图 8-13 生长素极性运输模式

(Taiz and Zeiger，2006)

6. 简述生长素的主要生理作用。

(1)促进离体胚芽鞘或幼茎切段细胞的伸长生长。

(2)促进维管束分化，低浓度 IAA 促进韧皮部的分化，高浓度 IAA 促进木质部的分化。

(3)根的伸长对 IAA 非常敏感，IAA 在极低的浓度下能促进离体根及完整根的伸长，生长素还能促进侧根和不定根的形成。

(4)维持顶端优势。

(5)增加库的竞争能力，促进果实或种子的发育。子房受精后以及正在发育的种子中生长素合成量大大增加，增强了贮藏库竞争养分的能力；外施生长素也可诱导少数植物单性结实。

7.简述赤霉素的主要生理作用。

(1)赤霉素诱导 α-淀粉酶的合成。

(2)赤霉素促进种子萌发。

(3)赤霉素促进植物营养生长,体现在促进细胞的伸长和促进细胞分裂两个方面。

(4)赤霉素调节植物生殖生长,赤霉素在植物生殖生长过程中有多方面作用,如影响植物幼年期和成年期之间的转换、诱导植物开花、影响花芽分化和性别控制等。

8.简述细胞分裂素的主要生理作用。

(1)细胞分裂素促进细胞分裂,促进侧芽分化,细胞分裂素能解除由生长素所引起的顶端优势。

(2)细胞分裂素促进细胞扩大。

(3)细胞分裂素延迟叶片衰老。

(4)细胞分裂素抑制根系的发育,抑制不定根和侧根的形成。

9.简述生长素和细胞分裂素对顶端优势的调控作用。

在调控顶端优势的作用中,生长素和细胞分裂素具有拮抗作用。生长素维持顶端优势,细胞分裂素解除由生长素所引起的顶端优势,促进侧芽生长发育。

生长素从顶端分生组织向下极性运输,在侧芽处抑制侧芽的生长。相反,细胞分裂素刺激细胞分裂的活性,促进侧芽生长。在豌豆茎中发现,生长素抑制 *IPT* 基因的表达,*IPT* 基因编码细胞分裂素生物合成的限速酶,而生长素活化 *CKX* 基因的表达,*CKX* 基因编码细胞分裂素氧化酶,该酶催化细胞分裂素的降解。因此,生长素的存在不仅使细胞分裂素的生物合成受抑制,同时加速细胞分裂素的降解,从而维持顶端优势。去顶后,茎顶端分生组织被切除,去除了生长素的供应,*IPT* 基因被活化,*CKX* 基因被关闭,细胞分裂素向邻近的侧芽运输,从而刺激侧芽的发育(图 8-14)。

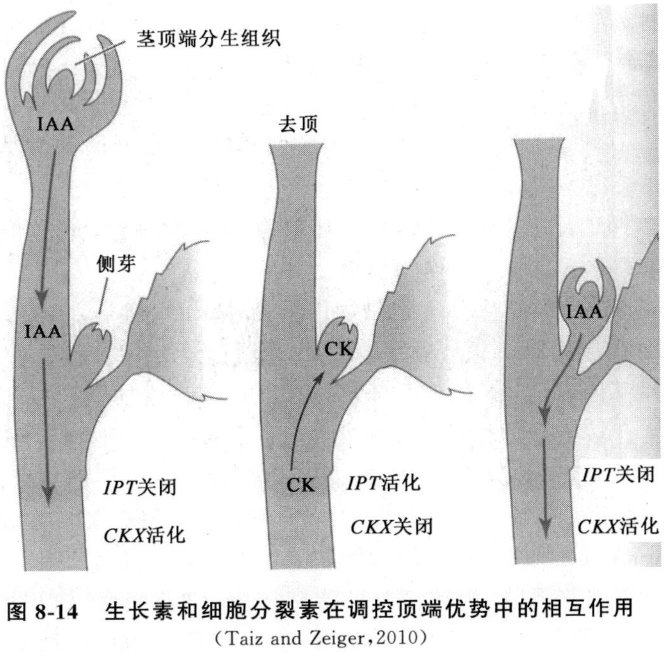

图 8-14　生长素和细胞分裂素在调控顶端优势中的相互作用

(Taiz and Zeiger,2010)

10. 拟南芥幼苗在乙烯存在的条件下避光培养，3 d 后观察幼苗的生长表型，如图 8-8 所示，筛选得到一株突变体，其表型与生长在空气中的幼苗表型一致，该突变体为 *etr1* 突变体。请简述 *etr1* 突变体具有的表型，并解释其主要原因。

乙烯具有诱导幼苗生长出现"三重反应"的生理作用，即抑制伸长生长（矮化），促进横向生长（增粗生长），引起茎的横向生长。

幼苗生长在黑暗、含乙烯的环境中，拟南芥野生型和 *etr1* 突变体对乙烯的反应不同，*etr1* 突变体对乙烯不敏感，没有表现出三重反应。

11. 简述在干旱条件下 ABA 功能缺失突变体比野生型植株更易死亡的主要原因。

ABA 具有促进气孔关闭的生理功能。在干旱胁迫初期，当保卫细胞感受到 ABA 信号刺激后，其细胞内大量离子外流，渗透压减小，促使气孔关闭，从而降低植物的失水率，提高植物的抗旱性。

ABA 功能缺失突变体对 ABA 的敏感性降低，突变体丧失了关闭气孔的功能，表现出植株持续萎蔫。因此，在干旱条件下，ABA 功能缺失突变体比野生型植株更易死亡。

例如，拟南芥 *abcg40* 突变体，*ABCG40* 基因编码一个定位在保卫细胞中的 ABA 输入转运体，功能缺失突变体 *abcg40* 缺失了保卫细胞中 ABA 的输入转运体，导致 *abcg40* 突变体植株的保卫细胞降低了对 ABA 的敏感性，在干旱胁迫下，突变体气孔不关闭。因此，在干旱条件下，*abcg40* 突变体比野生型植株更易死亡。

12. 简述油菜素甾醇类的主要生理作用。

(1)促进细胞伸长和促进分裂。

(2)促进花粉管的伸长。

(3)油菜素甾醇类在维管发育中具有重要作用，既促进木质部分化又能抑制韧皮部的分化。

(4)增强植物的抗逆性。

13. 植物激素结合蛋白和激素受体具有哪些特征？

植物激素结合蛋白通常具有 4 方面的结合特征：①与激素的结合具有专一性，即某一种植物激素结合蛋白只与一种类型的激素或其结构类似物结合；②与激素的结合表现出高亲和性；③与激素分子的结合有饱和性；④与激素的结合有可逆性。

植物激素受体除具有结合蛋白的特征外，还具有能诱导特定生理效应的特征。

14. 简述生长素诱导细胞伸长的作用机理。

生长素诱导细胞伸长，首先与质膜上的生长素受体结合，然后产生两方面的效应：①生长素与受体结合后诱导细胞内第二信使系统，激活了质膜上已经存在的 H^+-ATPase，或启动了编码 H^+-ATPase 的基因表达，合成了新的 H^+-ATPase，或增加了质膜 H^+-ATPase 的丰度。膜上 H^+-ATPase 活化或数量增加引起细胞内的 H^+ 外泌，导致细胞壁环境的酸化。H^+ 一方面使细胞壁中对酸不稳定的键（如氢键）断裂；另一方面（也是主要的方面）激活了细胞壁中的扩张蛋白，扩张蛋白通过可逆结合在细胞壁中纤维素微纤丝和交联多糖结合的交叉点，催化纤维素微纤丝与交联多糖间的氢键断裂，解除细胞壁中多糖对纤维素的制约，使细胞壁松弛。细胞壁松弛后，细胞的压力势下降，导致细胞的水势下降，细胞吸水，体积增大而发生不可逆增长。②生长素与受体结合后，便会启动信号转导过程，激活细胞内的第二信使，并将信息转导致细胞核内，使处于抑制状态的基因解阻遏，基因开始转录和翻译，合成新的 mRNA 和蛋白质，为细胞质和细胞壁的合成提供原料，从而促进细胞的生长。

15. 生长素如何调控早期基因的表达？

生长素响应因子(auxin response factor，ARF)通过与存在于早期生长素响应基因启动子中的生长素响应元件(auxin response element，AuxRE)TGTCTC结合而起到转录激活剂的作用。在没有IAA的条件下，ARF与AUX/IAA蛋白质结合形成不活化的异源二聚体，阻止AUX/IAA和其他早期基因的转录，所以无生长素响应。当加入IAA后，活化的泛素连接酶把AUX/IAA蛋白质标记泛素，并使其在蛋白酶体中被降解，从而解除了ARF的抑制状态，活化的ARF作为转录因子与早期基因启动子上的生长素响应元件结合，早期基因的转录被激活。早期基因的转录引起生长素的响应，表现出生理反应。

16. 简述GA促进大麦种子α-淀粉酶产生的作用机制。

大麦种子萌发时胚中合成的赤霉素通过盾片分泌到糊粉层细胞，在糊粉层细胞赤霉素激活与α-淀粉酶分泌密切相关的Ca^{2+}和钙调素依赖信号转导途径；进入细胞核中，赤霉素与受体GID1结合，GA结合GID1后导致其构象发生变化，从而有利于GID1与DELLA结合形成GA-GID1-DELLA复合体，随后DELLA被多聚泛素化，使DELLA降解。DELLA被降解后，*GA-MYB*基因和其他基因被激活。新合成的GA-MYB转录因子进入核内，与编码α-淀粉酶和其他水解酶的启动子相结合，激活这些酶的转录，合成α-淀粉酶mRNA和其他水解酶mRNA，在糙面内质网合成α-淀粉酶和其他水解酶，通过高尔基体把α-淀粉酶等分泌到胚乳中去。GA通过依赖Ca^{2+}的信号转导途径，刺激蛋白质的分泌。

17. 细胞分裂素为何可以延迟叶片衰老？

原因有两方面：①细胞分裂素可以抑制核糖核酸酶及蛋白酶，特别是可以抑制与衰老有关的一些水解酶mRNA的合成，延缓核酸、蛋白质、叶绿素的分解，在转录水平上抑制衰老；②可以促使营养物质向其浓度高的部位运输。

18. 简述拟南芥中乙烯的信号转导途径。

利用拟南芥突变体对乙烯受体的研究取得了较大进展，现已证明，乙烯受体家族成员包括ETR1、ETR2、ERS1、ERS2和EIN4等，它们具有两个共同的功能结构域：氨基端具有一个亲脂性的乙烯结合区，羧基端具有一个组氨酸激酶结构域。

拟南芥中从乙烯受体到细胞核的信号转导途径已初步确定。乙烯与内质网膜上的乙烯受体ETR1结合后，组氨酸激酶被激活并进行自我磷酸化，通过磷酸化级联反应将信号传递给CTR1 。CTR1由氨基端和类似于哺乳动物Raf的丝/苏蛋白激酶的羧基端组成，氨基端可与内质网上的乙烯受体羧基端相互作用，从而间接结合到内质网上形成ETR1/CTR1复合体进而负调控乙烯反应。跨膜蛋白EIN2是位于受体/CTR1复合物下游的乙烯信号转导途径中的第一个正调控组分，被激活的EIN2继续将信号传递到细胞核中的转录因子EIN3，EIN3能结合*ERF1*(*ethylene response factor1*)基因的启动子元件，即初级乙烯应答元件，从而诱导*ERF1*及其他乙烯反应基因的表达。图8-15概述了拟南芥乙烯信号转导模式。

乙烯与ETR1等受体的结合需辅助因子铜的作用。银离子可以取代铜离子与乙烯受体结合，使得乙烯与受体结合时的结构发生异常变化，从而抑制乙烯受体的信号转导。这也就是银离子虽然并不抑制乙烯的生物合成，却是乙烯生理作用最有效的抑制剂的原因所在。

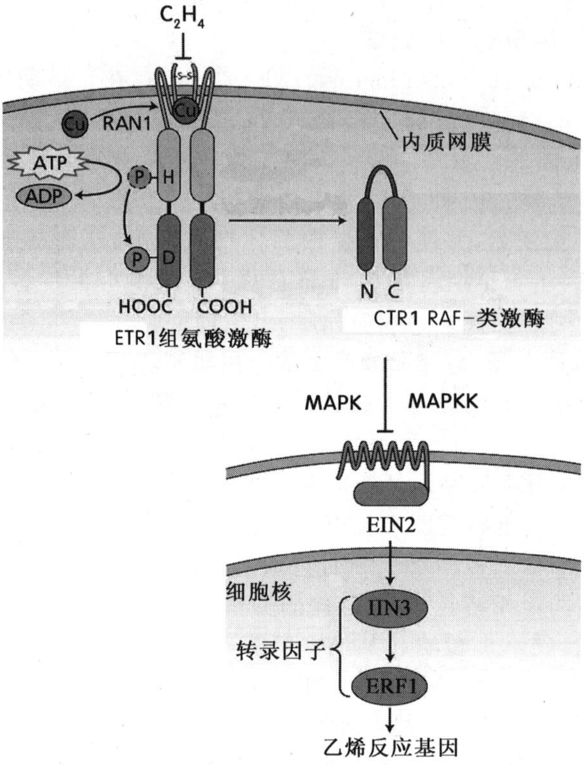

图 8-15　拟南芥乙烯信号转导模式

(Taiz and Zeiger, 2006)

19. IAA 是植物体内广泛存在的生长素，但为什么生根粉的主要成分是 IBA 和 NAA，而不是 IAA?

植物体内存在着吲哚乙酸氧化酶。当施用 IAA 后，吲哚乙酸氧化酶会氧化分解进入植物体内的 IAA，IAA 在体外还会被光解，所以农业生产上一般不用 IAA。吲哚乙酸氧化酶具有较强的专一性，只能催化 IAA 的氧化分解，不能催化其他生长素类调节剂的氧化分解，IBA 和 NAA 不易被氧化分解，所以生根粉的主要成分是 IBA 和 NAA。

20. 简述 ABA 诱导气孔关闭的作用机制。

ABA 与受体 PYR/RCAR 结合，使 PP2C 钝化失活，从而激活下游蛋白激酶如 SnRK2 和 CDPK，SnRK2 和 CDPK 磷酸化下游响应因子，如阴离子通道、钾离子通道和钙离子通道等，引起阴离子和钾离子外流。保卫细胞内 K^+、Cl^- 减少，水势升高，水分流出，渗透压减小，促进气孔关闭。

21. 胚发生早期，种子内的 ABA 含量非常低，中期时 ABA 含量达到最高，这有什么生理意义?

ABA 可诱导成熟期种子的程序化脱水与营养物质的积累，ABA 影响贮藏蛋白、脂类和胚发生晚期丰富(late-embryogenesis-abundant，LEA)蛋白的合成，LEA 蛋白与种子发育晚期的脱水有关，保护细胞膜不受脱水伤害。ABA 能抑制胚在成熟前的早萌(胎萌)。

22.乙烯生物合成过程中受哪些因素调控?

许多逆境因素如淹水、干旱、冷害、臭氧照射、机械伤害等,都会促进乙烯的生物合成,主要原因是它们提高了 ACC 合酶 mRNA 的转录水平。植物激素中生长素也可以诱导乙烯的合成。另外,病原菌侵染、细胞分裂素也能促进乙烯的生物合成。外源乙烯能促进或抑制内源乙烯合成,这与植物组织及生理状况有关。同样,许多因素可以抑制乙烯的生物合成。ACC 合酶以磷酸吡哆醛为辅基,磷酸吡哆醛的抑制剂氨基乙烯基甘氨酸(aminoethoxy vinyl glycine,AVG)和氨基氧乙酸(amino oxyacetic acid,AOA)对 ACC 合酶有显著的抑制作用。钴离子(Co^{2+})也是乙烯生物合成的抑制剂,抑制乙烯生物合成的最后一步,即 ACC 氧化生成乙烯。另外,丙二酰基转移酶催化 ACC 与丙二酰 COA 结合形成丙二酰基 ACC(MACC)为无活性的末端产物,是乙烯自我抑制的原因之一。

23.利用乙烯的三重反应作为模式系统,可筛选到乙烯的哪几类突变体?

可筛选到两类:第一类突变体对外源乙烯及其合成前体 ACC 表现为部分或完全不敏感,这类突变体包括 *etr1*(*ethylene resistant1*),*etr2*,*ein2*(*ethylene insensitive2*)等,乙烯处理黄化苗,野生型表现出典型的三重反应,而乙烯不敏感突变体则"鹤立鸡群",如图 8-4 所示;第二类突变体为组成型三重反应突变体,包括乙烯过量产生突变体如 *eto1*(*ethylene overexproduction1*)和组成型活化乙烯信号突变体如 *ctr1*(*constitutive triple response1*),在无诱导条件下拟南芥幼苗持续表现出三重反应(图 8-16)。

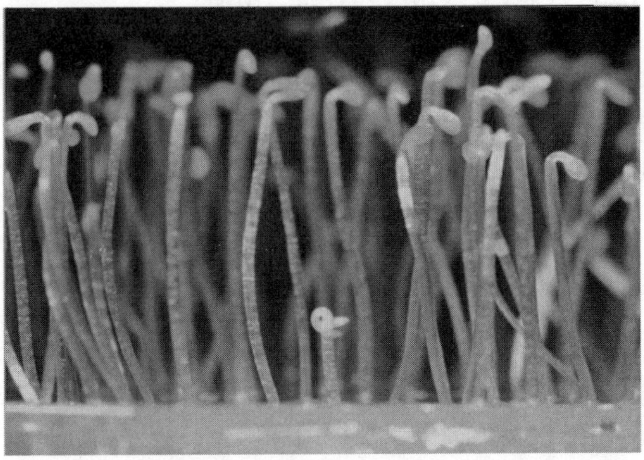

图 8-16　拟南芥 *ctr1* 突变体在无诱导条件下幼苗表现出三重反应

(Taiz and Zeiger,2006)

24.简述 ABA 和 GAs 在生物合成、代谢过程中的相互联系。

GAs 和 ABA 同属于萜类化合物,它们拥有共同的生物合成前体。GAs 合成过程中,在 GA12-7-醛合成之前,催化贝壳杉烯转化为贝壳杉烯酸的连续三步氧化反应,均由依赖于细胞色素 P450 的单加氧酶催化,而 ABA 可在细胞色素 P450 单加氧酶催化下生成 8′-羟基 ABA,为 ABA 的失活途径。细胞色素 P450 单加氧酶的抑制剂嘧啶醇或 PP_{333} 不仅能够阻止 GAs 合成,使异戊二烯原料更多地用于 ABA 的合成,而且还能抑制 ABA 的失活。

25. 如何合理使用植物生长调节剂？

根据所要解决问题的实质，根据调节剂的性质和功能选择合适的生长调节剂。决定施用时期，确定处理部位，选择合适的施用方式，拟定施用浓度和次数。要注意进行预备试验。还要注意植物生长调节剂是对植物生长发育的某个环节进行调节的微量化合物，它不能代替肥料、农药及其他栽培措施而起作用。要使调节剂获得理想的结果，一定要有其他措施配合。

26. 植物激素可用生物试法进行鉴定，对5种激素每种试举一例。

生长素类：燕麦胚芽鞘切段伸长法等。赤霉素类：诱导α-淀粉酶形成、水稻幼苗点滴法等。细胞分裂素类：尾穗苋黄化幼苗子叶苋红合成法，萝卜子叶、黄瓜子叶增重法和叶绿素合成法等。ABA：促进气孔关闭法、小麦胚芽鞘切段抑制法等。乙烯：三重反应。

27. 举5例说明植物生长物质在农林生产上的应用。

(1)生长素可促进插枝生根。

(2)GA促进种子萌发和打破芽休眠。

(3)NAA可防止落花落果或疏花疏果。

(4)IAA和GA可诱导无籽果实形成。

(5)乙烯利可用于果实催熟。

(6)2,4-D等可杀除田间杂草。

以上举5例即可。

28. 为了解决下列生产问题，应选用哪几种生长物质？

①促进胡萝卜开花；②延长叶片衰老；③获得番茄和葡萄无籽果实；④防止小麦倒伏。

应选用：①赤霉素；②细胞分裂素或BR；③IAA，2，4-D，赤霉素；④矮壮素或多效唑。

29. 如何利用学到的植物激素知识来调控香蕉的贮运和上市？

香蕉是呼吸跃变型果实，其成熟受乙烯的调控。香蕉没有完全成熟时采摘，贮运过程中用一些乙烯合成抑制剂或作用拮抗剂抑制果实成熟，上市前可以喷施乙烯释放剂如乙烯利促进果实成熟。

30. 生长抑制剂与生长延缓剂在概念及作用方式上有何异同？

生长抑制剂和生长延缓剂都可抑制植物茎的伸长生长，生长抑制剂是抑制植物茎顶端分生组织生长，而生长延缓剂是抑制植物茎芽顶端分生组织生长。

生长抑制剂主要作用是使茎顶端分生组织细胞的核酸和蛋白合成受阻，细胞分裂变慢，植株生长矮小。由于生长抑制剂对顶端分生组织细胞的伸长和分化有影响，从而破坏顶端优势，使生殖器官发育受抑。外施生长素等可以逆转这种抑制效应。常见的生长抑制剂有三碘苯甲酸、青鲜素、水杨酸、整形素等。

植物生长延缓剂抑制赤霉素的生物合成，从而对茎亚顶端分生组织的细胞分裂与扩展有特殊抑制作用，使节间缩短，并延缓、抑制植物的营养生长。这类调节剂的生理效应与赤霉素相拮抗。在生产中应用较多的植物生长延缓剂包括多效唑(PP_{333})、缩节胺(Pix)、烯效唑(S-3307)、B_9、矮壮素等。

31. 试分析图8-9的结果。

(1)随着根系干旱处理时间的加长，植物叶片表皮中ABA含量增加；

(2)ABA是根部向叶片传递干旱信号的物质。

32. 试判断下列 4 种 GAs 哪些具有活性，哪些不具有活性，并说出其缘由。

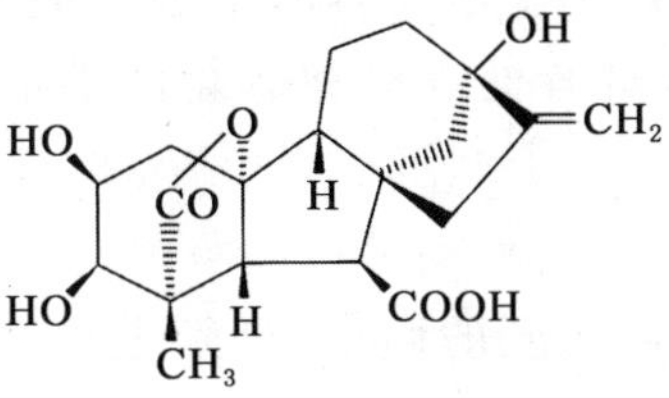

(a)

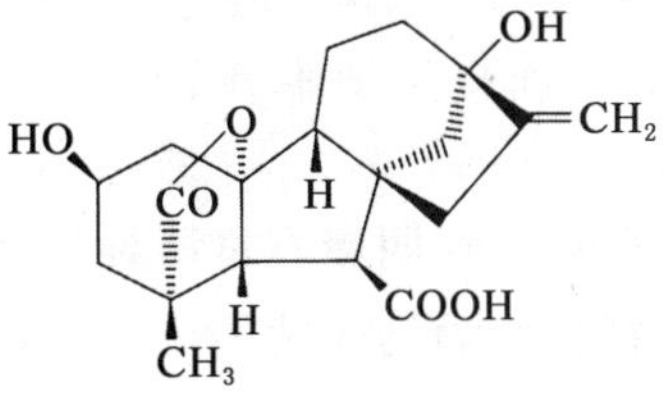

(b)

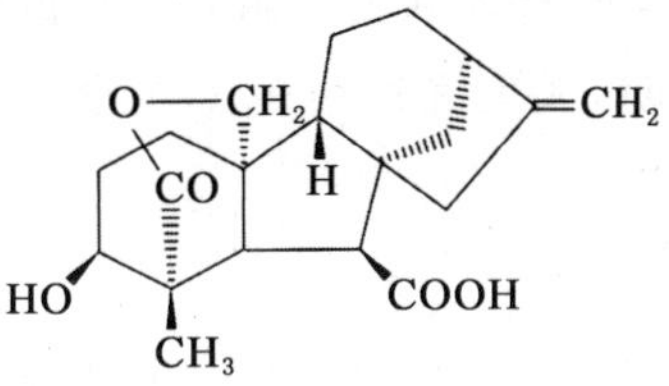

(c)

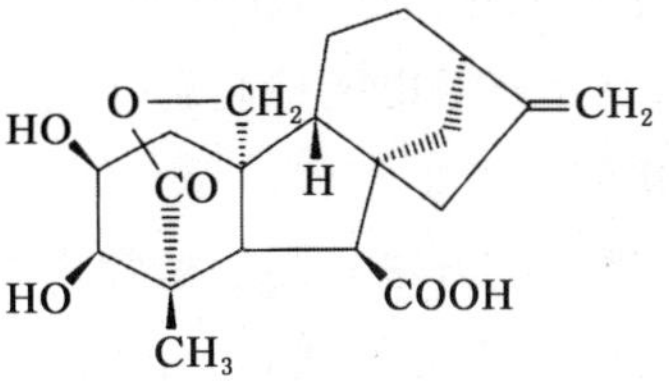

(d)

(a)，(b)，(d) 在 2 位上连有—OH 基，不具有活性，(c)具有活性。

三、实验题

1. 请设计实验证明不同器官对 NAA 的敏感性不同。

生长素类物质在不同的浓度下对植物生长的效应不同。一般来说，低浓度促进生长，高浓度抑制生长。利用发芽的小麦种子，配置一系列浓度的 NAA，培养皿内放置不同浓度的 NAA 溶液和种子，培养一定时间后，测量根长和芽长。应注意设置重复。结果应是低浓度下促进根的生长，高浓度下抑制根的生长。但促进芽生长的浓度，却抑制根的生长。

2. 在草莓果实发育早期将瘦果去掉，花托就不能膨大，其可能的原因是什么？如何证明你的观点？

发育中的瘦果可合成生长素，促进果实生长。

设置 3 种处理，第一种对照，第二种去掉瘦果，第三种去掉瘦果，且外源施用生长素。

3. 用实验证明生长素的极性运输。

胚芽鞘切断的任意一端放置内有同位素标记的 IAA 琼脂，另一端放置琼脂，一定时间后检测另一端琼脂内的放射性。通过调整胚芽鞘切断的方向，最后证明 IAA 只能从形态学上端运往形态学下端，和重力方向无关。

4. 利用水稻野生型和 *osckx4/9* 突变体[细胞分裂素氧化酶(CKX)缺失突变体]为材料，研究体内细胞分裂素的合成和代谢。结果证明，生长在相同条件下，野生型和突变体植株的分蘖数和水稻根部内源玉米素含量均有明显不同，如图 8-10 所示。请问该实验结果说明了什么？并试述细胞分裂素氧化酶的生理功能。

分析实验结果可以得出如下结论：

(1)细胞分裂素氧化酶影响水稻的分蘖数和玉米素含量。

(2)细胞分裂素氧化酶基因的缺失会促进水稻的分蘖，提高水稻体内的玉米素含量。

细胞分裂素氧化酶的生理功能：细胞分裂素氧化酶催化细胞分裂素的氧化分解，使细胞分裂素失去生物活性。由细胞分裂素氧化酶催化的氧化分解途径是调控植物体内细胞分裂素含量的重要途径。编码细胞分裂素氧化酶基因的缺失突变会导致体内细胞分裂素氧化酶活性下降，从而提高细胞分裂素含量水平。细胞分裂素具有促进侧芽分化的功能，促进水稻的分蘖。

5. 设计实验证明赤霉素诱导 α-淀粉酶产生。

选用籽粒饱满的大麦种子，用刀片将种子切成有胚和无胚的两半，分别进行以下处理：①有胚半粒种子和无胚半粒种子分别放入两个不含 GA 溶液的三角瓶中培养；②有胚半粒种子和无胚半粒种子分别放入两个含 GA 溶液的三角瓶中培养。一段时间后在胚乳中检测α-淀粉酶的活性。结果表明，在有胚半粒种子中能检测到 α-淀粉酶的活性。同时，无胚半粒种子经 GA 溶液处理后也能检测到 α-淀粉酶的活性。可以证明，大麦胚产生的 GA 诱导α-淀粉酶形成，催化淀粉发生水解。

6. 可用哪些方法来测定植物内源 IAA 含量？

可用胚芽鞘切段法，但精确度低，还可以用气相色谱法、高压液相色谱法、气质联用(GC-MS)等仪器分析法，还可以采用酶联免疫法(ELISA)。

7. 图 8-11 为两种小麦麦穗，在相同温度和湿度环境下，左侧的发生穗发芽，右侧正常，试设计实验分析出现穗部性状差异的可能原因。

(1) ABA 具有抑制未成熟种子萌发、诱导成熟期种子的程序化脱水作用。

(2) 分别检测不同穗部籽粒中内源 ABA 含量。

(3) 于小麦灌浆后期进行外源喷施 ABA 处理，与对照比较。

四、分析讨论题

1. 水稻生产上为提高秧苗素质，常常需要壮秧。用哪种植物生长调节剂可达到此目的？

水稻生产上，通常需要抑制秧苗的生长达到壮秧的目的，赤霉素能促进植株的伸长生长，在农业生产上，可以通过抑制赤霉素的生物合成来抑制秧苗的生长。目前常用的有两类抑制剂分别抑制 GA 合成过程中的氧化和环化步骤，如氧化抑制剂多效唑和烯效唑，环化抑制剂矮壮素和缩节胺。可以外源施用这些抑制剂抑制秧苗的生长达到壮秧的目的。

2. 干旱处理拟南芥野生型植株和一些突变体，红外热成像表明(图 8-12)，一些植株叶片温度为 24 ℃，另一些叶片的温度为 21 ℃，请问哪一类最有可能是 ABA 的突变体？为什么？

温度低的为 ABA 突变体，有可能是缺失型的，也有可能是不敏感型的，因为干旱情况下野生型植株会合成 ABA，ABA 会诱导叶片的气孔关闭，这样能减少水分蒸发，所以叶片温度较高，而 ABA 突变体不能合成 ABA 或对 ABA 不敏感，导致气孔不能正常关闭，水分散失，则降低了叶片温度。

3. 植物生理学和分子生物学技术相结合已成功用于番茄果实成熟的控制，请分析其原理。

乙烯能够促进果实的成熟，我们可以通过调控乙烯来调控果实的成熟。乙烯生物合成过程中两个关键酶 ACC 合酶和 ACC 氧化酶的基因已克隆。可以通过调控这两个基因的表达来调控乙烯的产生，进而调控果实的成熟。可通过转入这两个酶的反义基因，使植物不能正常合成乙烯，来阻断或延缓果实完熟。

4. 试讨论植物生长发育过程中激素间的相互作用。

在植物的生长发育过程中，激素间的相互作用和协调平衡调控所有过程。

(1)种子萌发和休眠：生长素、细胞分裂素促进种子萌发，ABA 促进休眠，抑制种子萌发，赤霉素可打破休眠，促进萌发。生长素、细胞分裂素、赤霉素与脱落酸比例高促进萌发，比例低促进休眠。

(2)营养生长：生长素、细胞分裂素、赤霉素与脱落酸的相互作用调控营养生长，生长素、细胞分裂素、赤霉素与脱落酸比例高促进生长，比例低抑制生长。

(3)顶端优势：乙烯、细胞分裂素和生长素调控顶端优势，生长素、乙烯诱导顶端优势，促进顶芽生长。细胞分裂素抑制顶端优势，促进侧芽发育。

(4)器官分化：生长素和细胞分裂素调控器官的分化，生长素和细胞分裂素比例高时，诱导生根，比例低时，诱导长芽。

(5)成花诱导：赤霉素可促进多种 LDP 在短日照条件下成花，生长素可促进一些 LDP 成花，但抑制 SDP 成花。细胞分裂素能促进一些 SDP 和 LDP 成花。ABA 可代替短日照促使一些 SDP 在长日条件下开花。

(6)性别分化：生长素、乙烯和赤霉素调控性别分化，生长素和乙烯促进雌花分化，GA 促进雄花分化。

(7)成熟、衰老：生长素、细胞分裂素延缓衰老，乙烯促进成熟、衰老。

(8)叶片脱落：乙烯促进叶片脱落，生长素浓度梯度影响叶片脱落。

5. 试根据 GAs 和 GAs 拮抗物的生理作用，举 2 例或 3 例阐述它们在生产上的应用。

(1)利用 GAs 促进伸长：杂交水稻、茎叶类蔬菜、木材、麻等生产。

(2)利用 GAs 拮抗物抑制伸长：稻、麦、油菜等的壮苗，作物的矮化，花卉与观赏植物的造型，地下经济器官的膨大。

第九章　植物的生长生理

内容提要

一、概述

本章主要介绍植物生长、分化的基础及调控因素；重点介绍植物的光形态建成；对植物的运动作了简要介绍。

二、学习目标

(1)掌握植物细胞分裂、生长和分化的细胞基本特征和调控因素。

(2)掌握细胞全能性和组织培养的技术要点。

(3)掌握植物生长发育的基本特征及调控。

(4)掌握光形态建成、光敏色素的基本性质及作用机制。

(5)了解植物运动种类及机制。

三、基本内容

(一)植物生长和形态发生

植物生长是指植物在体积、重量、数目等形态指标方面的不可逆增加，是一种量的变化。植物分化是指植物细胞、组织和器官在形态结构、内部代谢和生理功能方面发生的变化，是一种反映不同细胞、组织和器官间区别的质的变化。发育是植物生长和分化的总和，是植物生长分化的动态过程。

种子植物的发育过程可分为 3 个时期：胚胎发育、营养生长和生殖生长(图 9-1)。本章主要讨论植物的胚胎发育和营养生长。

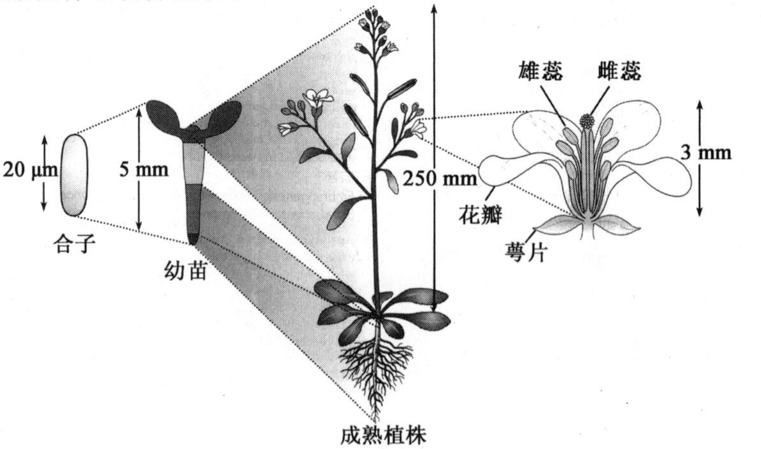

图 9-1　种子植物发育过程示意图

(Taiz and Zeiger,2010)

(二)植物发育的细胞基础

细胞分裂、生长和分化的过程是植物发育的基础。

1. 细胞分裂

具有分裂能力的细胞，当细胞质增加到一定程度时，细胞就分裂为两个子细胞。细胞分裂为两个子细胞所需的时间为细胞周期。在分生组织中，细胞分裂可以持续进行，也可以停止分裂，进行细胞的扩大生长和细胞分化。植物激素在细胞分裂过程中起重要作用，生长素、细胞分裂素促进细胞周期的进行，脱落酸抑制细胞周期的进行。在适宜条件下，植物细胞的分裂能力几乎是无限的。

2. 细胞生长

细胞生长是细胞体积不可逆的增加过程。细胞生长可表现为三维空间的细胞扩大或一维空间的细胞伸长。

细胞生长的动力源于生活细胞所具有的膨压。由于细胞壁的存在，细胞的生长受一定的限制。细胞生长包括细胞大小和细胞壁组分的变化，细胞扩大的速率决定于细胞壁松弛的调节。在细胞伸长或扩大过程中，伴随细胞表面积增加，细胞壁有新物质合成。

木葡聚糖内糖基转移酶(xyloglucan endotransglycosylase，XET)和扩张蛋白(expansins)参与调节细胞壁的松弛。XET 可将一条木葡聚糖链切断并重新连接到另一条木葡聚糖链的非还原端(图 9-2)，调节细胞生长过程中多糖链的重新排列和新合成的多糖链在细胞壁中的沉积。扩张蛋白通过可逆结合在细胞壁中纤维素微纤丝和多糖链结合的交叉点，催化纤维素微纤丝与多糖间的氢键断裂，解除细胞壁中多糖对纤维素的制约，使细胞壁松弛(图 9-3)。

在细胞生长过程中，细胞壁物质连续合成和分泌，新的物质不断在细胞壁中组装。

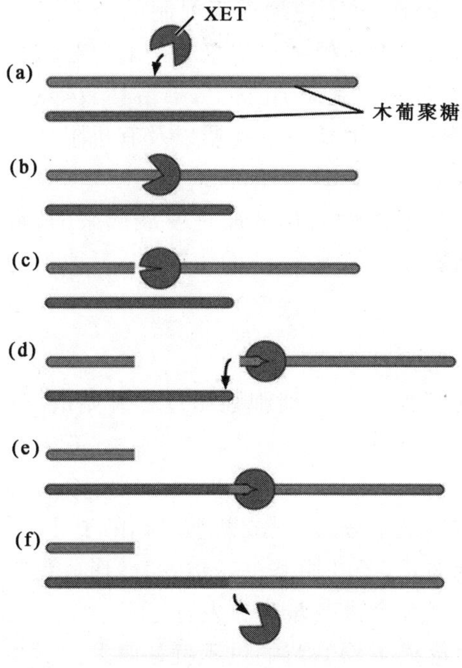

图 9-2　XET 剪切和连接木葡聚糖链的作用过程

(Taiz and Zeiger，2006)

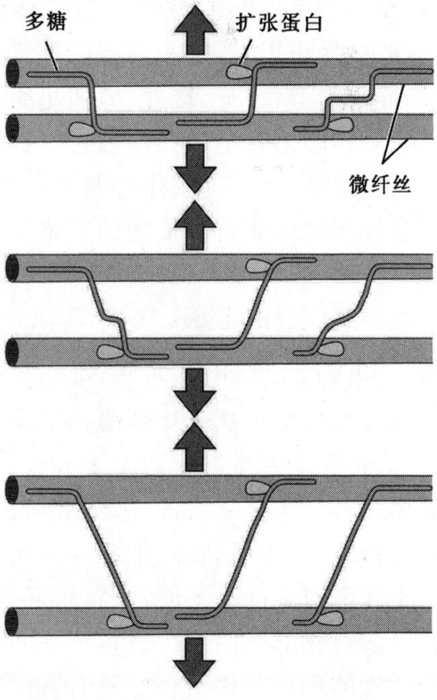

图 9-3　扩张蛋白催化细胞壁的松弛

(Buchanan et al，2000)

3.细胞分化

分化是细胞在形态结构、内部代谢和生理功能上区别于原分生细胞的过程。

4.细胞分化的调控

细胞分化与极性、细胞间通信和细胞所处的位置有关。

极性是指植物器官、组织或细胞在形态结构、生化组成以及生理功能上的不对称性。细胞极性是由于细胞内细胞器(包括细胞核)的不均衡分布、质膜表面功能蛋白的不均衡分布、胞内 Ca^{2+} 浓度梯度、pH 梯度的存在等原因造成的。细胞的极性受基因调控,同时也受环境条件如光照梯度、温度梯度、电势梯度的影响。

细胞极性是细胞不均等分裂的基础,不均等分裂又称为分化分裂。分化分裂是指细胞分裂产生的两个子细胞在形态或生理生化上具有不同的性质,从而具有不同的发育方向。如果细胞分裂产生的两个子细胞具有相同的性质,这种分裂称为增殖分裂。分化分裂是植物极性结构形成的基础,是细胞分化的前提。

胞间通信是指细胞间的协调作用。植物细胞分化过程中,分化调节物质主要通过胞间连丝进行胞间运输。

每个细胞在器官和组织中的位置,决定细胞分化的方向和生理功能。细胞的分化方向决定于细胞所处的位置,细胞由于所处位置的改变也影响决定态细胞的分化方向。

5.细胞全能性和植物组织培养

细胞全能性是指生活的植物细胞中含有植物发育所需的所有遗传信息,具有发育成完整植株的能力。

植物组织培养是指在无菌条件下,将外植体(用于离体培养进行无性繁殖的各种植物材料,包括植物器官、组织、花粉、花药、体细胞以及原生质体等)接种到人工配制的培养基中培育,离体的植物组织、器官和细胞能够培育形成小植株的技术。植物组织培养一般要经过材料准备、培养基制备、消毒、接种、愈伤组织诱导、器官发生或体细胞胚胎发生、小苗移栽等过程。植物组织培养的培养基,一般是由无机营养物、碳源、维生素、生长调节物质以及有机附加物等组成。在组织培养中,外植体经脱分化形成愈伤组织,再分化成幼芽、幼根成苗,也可以直接由外植体形成胚状体成苗。植物组织培养技术是根据细胞全能性表达的原理发展起来的,目前已在良种快繁、脱毒、新品种选育、种质资源的贮存、细胞次生代谢物质的生产、人工种子的制备等方面得到广泛的运用。

(三)胚胎发育和种子萌发

植物生长发育是从子房胚囊内的单细胞受精卵发育为一个多细胞胚胎过程开始的,这个过程也称为“胚胎发生”。

胚胎发育经历 3 个阶段:球形胚阶段,受精卵进行精确的同步分裂多次后形成一个对称的多细胞球;心形胚阶段,在球形胚一端的两侧发生快速的细胞分裂,形成两个对称的子叶原基,构成一个两侧对称的心形胚;鱼雷形胚阶段,胚轴开始伸长,子叶原基进一步发育,形成鱼雷形胚。在许多植物的胚胎发生过程中,鱼雷形胚阶段后,子叶会进一步生长发育。

在适宜的环境条件下,种子内的胚胎恢复生长,并形成植物幼苗的过程就是萌发。

种子萌发的第一阶段是吸胀,种子吸胀后引起种子代谢的活化。种子吸胀的主要动力是种子内的细胞壁物质、蛋白质及其他亲水性物质对水的吸附作用。种子吸收水分导致内含物体积膨胀，形成吸胀压，撑破种皮，解除胚的生长压力，使胚恢复生长。

种子的生活力和活力是决定种子能够正常萌发和形成健壮、整齐幼苗的内部因素，而充足的水分、适宜的温度和足够的氧气是所有种子正常萌发所需的外界条件，有些种子的萌发对光照还有一定的要求。种子的寿命因植物种类及所处条件不同而有差异，一般在低温、干燥状态下种子的活力下降慢、寿命较长。

（四）植物的营养生长

1. 根的生长分化

根系的生长是典型的顶端生长。根尖包括根冠区、分生区、伸长区和成熟区。

根尖分生组织由静止中心（quiescent center，QC）细胞和围绕 QC 细胞的根冠柱原细胞、皮层-内皮层原细胞和中柱原细胞组成。QC 细胞细胞质致密，在生理和形态上明显区别于周围其他分生细胞。QC 细胞分裂频率较低，细胞周期相对较长。QC 细胞是根的干细胞群，是根的所有组织的基本来源。根尖分生组织中 QC 细胞与其周围的各类组织原细胞之间信息、物质的交流，在根的形态建成过程中具有重要的作用。

根尖分生组织细胞的分裂是精确控制的。将根尖的细胞分裂分为两个类型：分化分裂和增殖分裂。分化分裂形成的两个子细胞具有不同的发育方向，一个保留分生细胞的特征，另一个进行分化，形成某种特定组织的细胞。增殖分裂所形成的两个子细胞具有相同的发育方向。

2. 茎的生长分化

茎顶端分生组织是一个表面平坦或稍有隆起的区域，茎顶端分生组织包括中心区（central zone，CZ）和周缘区（peripheral zone，PZ）。中心区由体积大、分裂缓慢的细胞组成；周缘区由体积相对较小、分裂迅速的细胞组成，叶、腋芽以及茎的外层都是从周缘区起始的。在中央区下，有肋状分生区（rib zone，RZ），这部分细胞的分裂分化形成茎的内部组织。

目前已知 *SHOOT MERISTEMLESS*（*STM*），*WUSCHEL*（*WUS*），*CLAVATA1* 和 *CLAVATA3*（*CLV1* 和 *CLV3*）等基因调控茎顶端分生组织（图 9-4）。

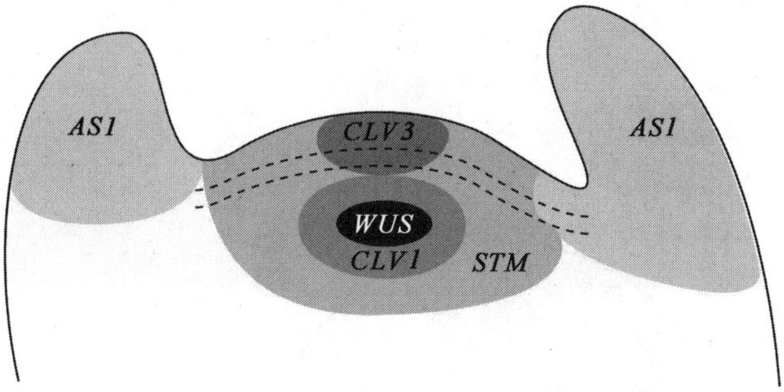

图 9-4　拟南芥茎顶端分生组织区基因表达调控模式

（Taiz and Zeiger，2002）

STM 是胚胎形成茎顶端分生组织所必需的，*WUS* 是形成和维持茎顶端分生组织所必需的，*STM* 在维持茎顶端分生组织的发育与 *AS1* 基因表达有关。*WUS* 最初在球形胚早期的顶细胞中表达，*STM* 在球形胚晚期的顶端区域中表达，*CLV1* 和 *CLV3* 在心形胚早期的顶端分生组织中表达。*WUS*、*CLV1* 和 *CLV3* 主要维持茎顶端分生组织中心区的大小，*STM* 不仅维

持茎顶端分生组织，也与叶特化的调控密切相关。

3. 叶的生长分化

叶原基是在茎尖周缘分生组织部位，由顶端分生组织原套 L1 和 L2 层细胞分裂产生的。子细胞经平周分裂，突出表面形成叶原基，同时叶原基表层细胞进行垂周分裂增加表面积。

叶原基的发生并不是随机的，在时间和空间上具有相当的确定性和精确性，叶原基的形成受内部和环境因子的影响。生长素是影响叶原基产生的主要因子。外施生长素运输抑制剂可改变叶原基产生的部位。

4. 植物生长的相关性

高等植物是多细胞有机体，构成植物体的各部分之间存在着相互依赖和相互制约的关系（或称相关性），表现在植物地上部分与地下部分的相关性、主茎与侧枝的相关性、营养生长与生殖生长的相关性。植物个体的生长也受到与它周围一起生长的其他植物的影响，不同植物个体之间也存在相关性，如植物的相生相克现象。

5. 植物生长的调控

植物的生长受到内部因素（包括基因、植物激素、营养物质等）的调控，也受外界环境条件或刺激（温度、水分、光照、机械刺激、重力、大气、矿质和植物生长调节剂等）的影响。

外界环境条件或刺激能够影响植物激素含量及营养物质的变化，例如，在长日照条件下促进植物体内 GA 含量的增加；在短日照条件下促进 ABA 含量的增加。植物激素作为信号物质，经过跨膜信号转换（G 蛋白），引起胞内信号（第二信使）转导（如 Ca^{2+}，IP_3）及蛋白质磷酸化和去磷酸化等过程，最终引起基因的表达（图 9-5）。有关细胞信号转导请详见第二章。

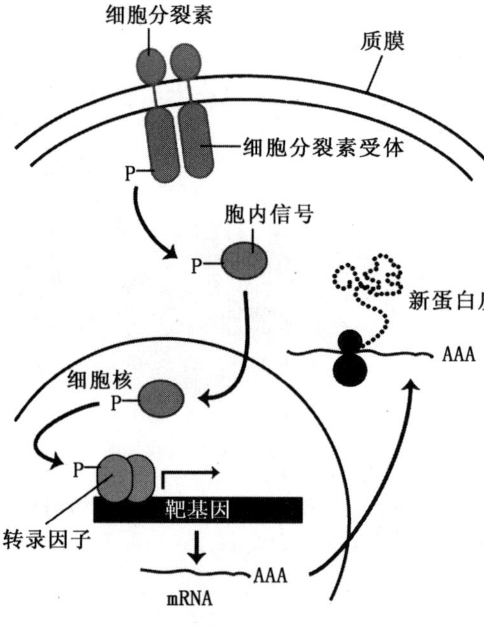

图 9-5 激素信号转导途径

(Raven et al, 2005)

植物对昼夜温度周期性变化的反应，称为生长的温周期现象。一般来说，在春夏季，因为白天温度高，蒸腾量大，光照强，抑制生长，植物的生长速率在白天较慢，而夜间较快，呈现出生长的昼夜周期性变化。如许多块根、块茎作物都是在昼夜温差大的条件下生长较好。除了温度的昼夜周期性变化外，温度也呈季节周期性变化，特别是温带地区四季分明，植物表现出生长的季节周期性。

相对生长速率、净同化率和叶面积比等常用作植物生长分析的参数，可用来分析植物生长对环境条件的反应。

(五)植物的光形态建成

黑暗中生长的双子叶植物幼苗的根发育减缓，下胚轴伸长，茎细长柔弱，顶端弯勾不伸直，叶片小且不扩展，缺乏叶绿素而呈白色或黄色，叶绿体发育不正常，许多酶的活性也低；黑暗中生长的单子叶植物上胚轴或第一节间特别长，叶片卷紧不伸展。这些现象是植物的暗形态建成，或称黄化现象。而在光下生长的植物，下胚轴弯钩伸直，叶片展开，叶绿体发育完善，合成叶绿素，叶片转绿，能正常进行光合作用以获得碳素和能量，使植物生长正常而强壮，与光合作用相比，这是一种低能量反应，只需较弱的、短时间的光照，通过对膜功能的影响，诱导基因表达等一系列细胞反应，就能导致明显的细胞分化，结构和功能的变化，表现于组织和器官建成等形态变化，即所谓植物的光形态建成。

植物接受环境中的光信号，通过胞内信使的传导，引起级联反应，最终表现为发育的光形态建成。目前所知植物感知光信号的受体包括 3 类：①接收红光和远红光信号的光敏色素；②接收蓝光和 330～390 nm 近紫外光的蓝光/紫外光-A 受体；③接收 280～320 nm 紫外光的紫外光-B 受体。

光敏色素广泛地分布在植物中，但在不同组织中分布不均匀。在分生组织和幼嫩器官中含量较高。光敏色素是一种易溶于水的浅蓝色的色素蛋白，由发色团和蛋白质(脱辅基蛋白，apoprotein)两部分组成。其脱辅基蛋白由核基因编码，在胞质中合成，而发色团在质体中合成后，运出到胞质中，二者自动装配成光敏色素蛋白。

光敏色素有两种可互相转化的构象形式：红光吸收型 Pr 和远红光吸收型 Pfr。光敏色素 Pr 型在 660～665 nm 处有最大吸收，Pfr 型在 725～730 nm 处有最大吸收(图 9-6)。Pr 型是光敏色素的钝化形式，呈蓝绿色；Pfr 型是光敏色素生理活跃形式，呈黄绿色。照射白光或红光后，Pr 型转化为 Pfr 型；相反，照射远红光使 Pfr 型转化为 Pr 型，在暗中 Pfr 型也可自发地逆转为 Pr 型。在两种形式发生光转换时，发色团双键位置转移，与发色团结合的蛋白质部位构型也发生相应变化，发色团在蛋白质中也发生了移动(图 9-7)。

植物个体发育的整个过程，包括种子的萌发到幼苗生长、地上部的发育到根的生长、从花芽分化到器官休眠和衰老都离不开光敏色素调节的作用。

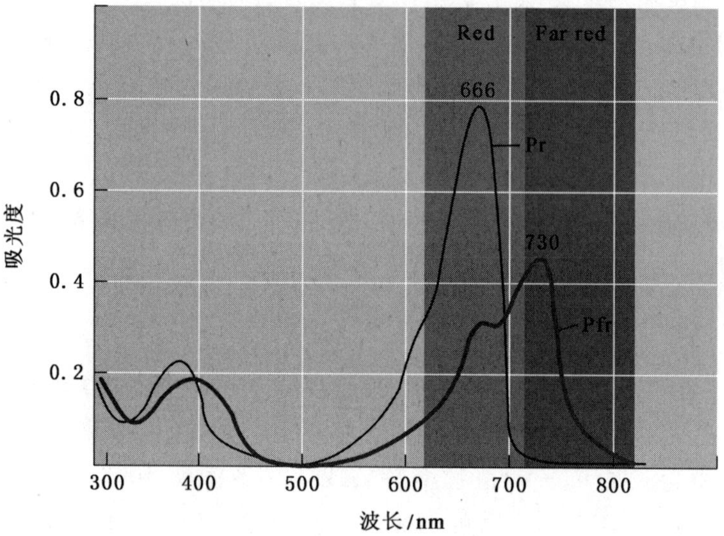

图 9-6　光敏色素 Pr 与 Pfr 吸收光谱

(Taiz and Zeiger, 2006)

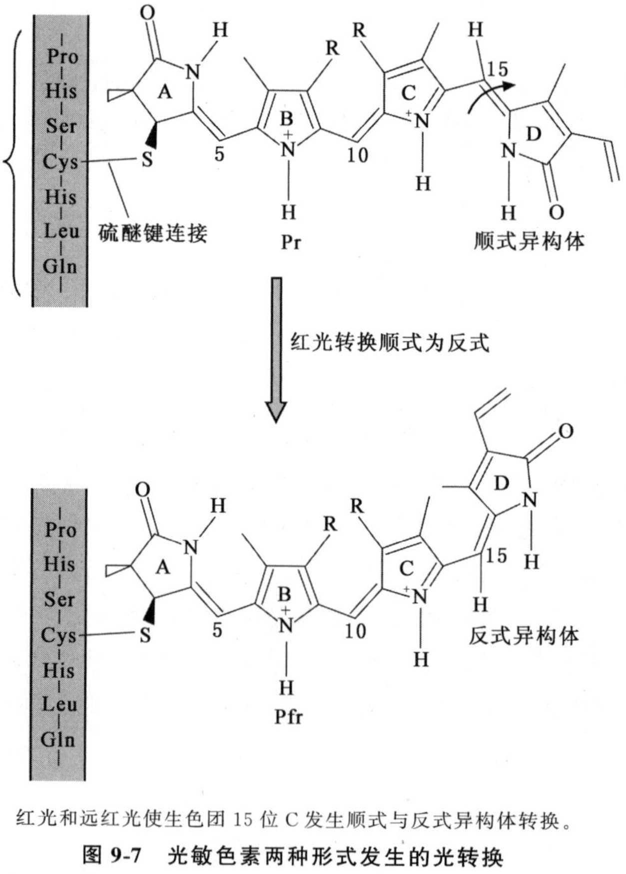

红光和远红光使生色团 15 位 C 发生顺式与反式异构体转换。

图 9-7　光敏色素两种形式发生的光转换

(Taiz and Zeiger, 2006)

(六)植物的运动

植物器官可在空间位置上有限度地移动。植物的运动可分为向性运动、感性运动和近似昼夜节奏的生物钟运动。向性运动是由光(向光性)、重力(向重力性)等外界刺激而发生的，它的运动方向取决于外界刺激的方向。感性运动和生物钟运动是由于光暗交替(感夜性)、温度升降(感热性)、振动(感振性)等外界刺激或内部计时机制(生物钟)引起的，它的运动方向和外界刺激的方向无关。根据引起运动的原因又可以分为生长性运动和膨胀性运动，生长性运动是由于生长的不均匀而造成的，而膨胀性运动是由于细胞膨压的改变造成的。植物的运动大多数属于生长性运动。植物的各种运动都是植物对环境适应性的反应。

四、重点和难点

1.重点

(1)细胞生长和分化的条件及其调控；
(2)种子萌发的特点和影响种子萌发的外界条件；
(3)植物组织培养的理论依据、技术条件及其应用；
(4)植物根、茎、叶的发育；
(5)影响植物生长的因素；
(6)植物生长的相关性和顶端优势在农业生产中的应用；
(7)光形态建成；
(8)植物向性运动和感性运动。

2.难点

(1)植物根、茎、叶发育的基因调控；
(2)光敏色素的作用机理；
(3)植物向光性和向重性的机理。

自　测　题

一、单项选择题

1.控制植物的生长和发育的最基本因素是(　　)。
A.细胞伸长　　B.细胞分裂
C.细胞代谢活跃　　D.细胞扩大
2.已分化的细胞在特定情况下恢复分裂能力，重新进行细胞分裂的过程为(　　)。
A.细胞分化　　B.细胞分裂
C.再分化　　D.脱分化
3.植物细胞在组织受伤时，伤口附近的细胞发生(　　)形成愈伤组织。
A.细胞分化　　B.细胞分裂
C.脱分化　　D.再分化
4.细胞生长的动力源于生活细胞所具有的(　　)。
A.膨压　　B.细胞分裂能力
C.核分裂　　D.呼吸作用

5. 细胞扩大的速率首先决定于(　　)。

A. 细胞壁的松弛　　B. 细胞代谢的强弱

C. 细胞的大小　　D. 细胞的内含物

6. 在细胞伸长或扩大过程中,参与调节细胞壁松弛的酶主要包括(　　)。

A. 细胞壁降解酶　　B. 纤维素酶

C. 果胶酶　　D. 木葡聚糖内糖基转移酶和扩张蛋白

7. 在细胞伸长过程中,新的细胞壁物质果胶质和半纤维素合成的场所是在(　　)中。

A. 细胞质膜　　B. 高尔基体

C. 线粒体　　D. 叶绿体

8. 下列描述不正确的是(　　)。

A. 植物的生长决定于细胞大小的变化

B. 不同细胞、组织和器官间的变化影响分化

C. 基因的表达引起植物体内部代谢和形态结构上发生变化

D. 发育是动态过程

9. 细胞在形态结构、内部代谢和生理功能上区别于原分生细胞的过程是(　　)。

A. 细胞生长　　B. 细胞分化

C. 细胞脱分化　　D. 细胞再分化

10. 植物器官、组织或细胞在形态结构、生化组成以及生理功能上的不对称性是(　　)。

A. 细胞生长　　B. 细胞分化

C. 极性　　D. 细胞全能性

11. 细胞不均等分裂的基础是(　　)。

A. 细胞周期长度　　B. 细胞分裂速度

C. 细胞全能性　　D. 细胞极性

12. 细胞分裂产生的两个子细胞在形态或生理生化上具有不同的性质的分裂是(　　)。

A. 核分裂　　B. 细胞质分裂

C. 增殖分裂　　D. 分化分裂

13. 下列描述不正确的是(　　)。

A. 分化分裂是细胞分化的前提　　B. 植物受精卵的第一次分裂是不均等分裂

C. 细胞极性存在于低等植物中　　D. 种子胚乳细胞的分裂是增殖分裂

14. 细胞主动启动的、由基因编码控制的细胞死亡过程,称为(　　)。

A. 细胞坏死　　B. 细胞衰老

C. 细胞成熟　　D. 细胞程序性死亡

15. 细胞在器官和组织中的位置影响细胞分化的方向和生理功能,这种效应称为(　　)。

A. 细胞极性　　B. 细胞相关性

C. 细胞分化　　D. 位置效应

16. 生活的植物细胞中含有植物发育所需的所有遗传信息,具有发育成完整植株的能力,这种能力被称为(　　)。

A. 细胞脱分化　　B. 细胞全能性

C. 细胞再分化　　D. 细胞生长

17. 细胞全能性是下列哪种技术的理论依据？(　　)

A. 无土栽培　　B. 水培

C. 组织培养　　D. 沙培

18. 在组织培养中，一个成熟细胞或分化细胞转化为分生状态的过程称为(　　)。

A. 细胞生长　　B. 细胞分化

C. 细胞脱分化　　D. 细胞极性

19. 下列描述不正确的是(　　)。

A. 分生组织只具有分裂能力　　B. 营养器官的分生组织具有自我留存的性质

C. 组织原细胞具有干细胞功能　　D. 分生组织是植物体内的胚性细胞

20. 下列有关胚胎发育描述不正确的是(　　)。

A. 生长素调控胚胎发育

B. 在胚胎发育过程中生长素始终保持从顶向基的极性运输

C. 胚胎第一次分裂后开始出现生长素极性运输

D. 生长素极性运输发生改变，合子发育异常

21. 植物种子萌发必须有适宜的外界条件，其中最主要的条件是(　　)。

A. 光照、适宜的温度、充足的水分　　B. 充足的水分和 O_2、适宜的温度

C. 光照、适宜的温度和充足的 O_2　　D. 光照、充足的水分和 O_2

22. 种子萌发的首要条件是(　　)。

A. 吸收足够水分　　B. 适宜的恒温

C. 昼 25 ℃夜 12 ℃　　D. 充足的氧气

23. 干种子的吸水主要依靠(　　)。

A. 衬质势(也称为基质势)　　B. 渗透势

C. 细胞代谢　　D. 蒸腾作用

24. 脂肪种子与淀粉种子相比，吸水后种子体积(　　)。

A. 增加更大　　B. 没有增加

C. 增加较小　　D. 增加相同

25. 种子的萌发过程对水分的吸收速度有所不同，一般表现为(　　)。

A. 快—慢—快　　B. 慢—快—慢

C. 快—慢　　D. 慢—快

26. 在种子的萌发过程中，种子吸水的动力(　　)。

A. 开始为渗透势，随后为衬质势　　B. 开始为衬质势，随后为渗透势

C. 均为渗透势　　D. 均为衬质势

27. 下列描述不正确的是(　　)。

A. CTK 促进种子萌发　　B. ABA 抑制种子萌发

C. 乙烯抑制种子萌发　　D. GA 促进种子萌发

28. 下列描述不正确的是(　　)。

A. 水分是影响种子萌发的主要因素

B. 吸胀作用使干种子迅速吸水

C. 种子吸胀主要依靠种子内细胞的水势

D. 胚根突破种皮后，由于幼苗的快速生长而快速吸水

29. 下列有关 GA 调控种子萌发描述不正确的是(　　)。

A. GA 是调控种子萌发的主要激素

B. GA 与乙烯有协同作用，均促进种子萌发

C. GA 调控种子萌发的功能与 ABA 相拮抗

D. GA 调控种子萌发的功能与 BR 相拮抗

30. 根尖中根的干细胞群是指(　　)。

A. 根冠　　B. 静止中心

C. 分生组织　　D. 根毛

31. 静止中心(QC)细胞的主要特点是(　　)。

A. 细胞不分裂　　B. 细胞体积小

C. 细胞周期相对长　　D. 细胞周期相对短

32. 在根尖分生组织中，由皮层-内皮层原细胞产生皮层和内皮层的过程是经过(　　)。

A. 垂周均等分裂　　B. 平周均等分裂

C. 平周不均等分裂　　D. 垂周不均等分裂

33. 下列描述不正确的是(　　)。

A. IAA 在根尖部位分布不均匀，静止中心 IAA 浓度最高

B. 由静止中心向分生组织区 IAA 呈梯度分布

C. 高浓度 IAA 促进静止中心细胞分裂和分化

D. IAA 的不均匀分布由极性运输所致

34. 对拟南芥突变体的研究证明，对维持正常茎顶端分生组织功能起主要作用的基因是(　　)。

A. *SAM*，*STM*，*WUS*　　B. *CLV1*，*CLV3*

C. *SAM*，*STM*，*CLV1*，*CLV3*　　D. *STM*，*WUS*，*CLV1*，*CLV3*

35. 叶原基在茎尖产生的部位是(　　)。

A. 中央区(中心区)　　B. 周缘区

C. 肋状分生区　　D. 原体细胞

36. 下列描述不正确的是(　　)。

A. 叶原基的产生具有不确定的时空性

B. 生长素是影响叶原基产生的主要因子

C. 叶原基产生于局部生长素浓度最高的区域

D. 生长素促进叶原基的产生

37. 番茄生长在昼夜变温(昼 23～26 ℃，夜 18 ℃)条件下比生长在 26 ℃恒定温度产量(　　)。

A. 高　　B. 低

C. 相同　　D. 产量与生长温度无关

38. 下列现象中不属于植物生长的季节周期性现象的是(　　)。

A. 春季播种　　B. 多年生树木叶片的春发秋落

C. 树木的年轮　D. 根的向性生长

39. 调控植物顶端优势的主要激素是(　　)。

A. IAA 和 GA　B. IAA 和 CTK

C. IAA 和乙烯　D. CTK 和 ABA

40. 在棉花生产中,对棉花的整枝、打顶的主要目的是控制植物的(　　)。

A. 根系生长　B. 向性生长

C. 根冠比　D. 顶端优势

41. 促进莴苣种子萌发的光是(　　)。

A. 绿光　B. 红光

C. 远红光　D. 蓝紫色

42. 光敏色素是一种易溶于水的(　　)。

A. 色素蛋白　B. 多肽激素

C. 甾醇物质　D. 吲哚类物质

43. 光敏色素由两部分组成,它们是(　　)。

A. 脂类和蛋白质　B. 发色团和蛋白质

C. 多肽和蛋白质　D. 发色团与吡咯环

44. 光敏色素发色团是(　　)。

A. 多肽　B. 甾醇化合物

C. 吲哚环化合物　D. 开链四吡咯环化合物

45. 光敏色素存在于细胞的(　　)中。

A. 细胞核　B. 质体

C. 细胞质　D. 液泡

46. 光敏色素的 Pr 型在(　　)处有最大吸收。

A. 480～530 nm　B. 680～720 nm

C. 660～665 nm　D. 725～730 nm

47. 光敏色素 Pfr 型在(　　)处有最大吸收。

A. 480～530 nm　B. 680～720 nm

C. 660～665 nm　D. 725～730 nm

48. 照射白光或红光后,光敏色素(　　)。

A. 由 Pfr 型转化为 Pr 型　B. 由 Pr 型转化为 Pfr 型

C. 活跃形式转变为钝化形式　D. 以钝化形式存在

49. 植物器官对环境因素的单方向刺激所引起的定向运动为(　　)。

A. 向性运动　B. 感性运动

C. 膨压运动　D. 内源节律

50. 向光性反应的光受体是(　　)。

A. 生长素　B. 向光素

C. 光敏素　D. 隐花色素

51. 向光反应需要(　　)信号。

A. 生长素　B. 赤霉素

C. 细胞分裂素　　D. 脱落酸

52. 攀缘植物如丝瓜、豌豆、葡萄等的卷须一边生长，一边回旋运动，这种运动被称为(　　)。

A. 向光性　　B. 向化性

C. 向重性　　D. 向触性

53. 植物器官对环境因素发生反应，但反应与刺激的方向无关，这种运动为(　　)。

A. 向性运动　　B. 感性运动

C. 膨压运动　　D. 内源节律

54. 大豆、花生、合欢等豆科植物的叶片，白天呈水平展开，夜间合拢或下垂，这种运动被称为(　　)。

A. 感震性　　B. 感夜性

C. 感温性　　D. 感热性

55. 高等植物花粉管向着胚珠的生长是(　　)运动。

A. 向光性　　B. 向化性

C. 向重性　　D. 向触性

56. 生物体对昼夜适应而产生的周期性波动的内在节奏，称为(　　)。

A. 适应性　　B. 睡眠运动

C. 生物钟　　D. 向性运动

二、简答题

1. 简述种子的萌发过程及代谢变化。

2. 种子的生活力和活力有何不同？用哪个概念更能准确地描述种子的萌发情况？

3. 列举 3 个细胞不均等分裂的实例。

4. 举例说明顶端优势在生产中的应用。

5. 试解释植物地上部分与地下部分的相互关系。

6. 何谓营养生长和生殖生长？两者有何相关性？在生产上如何协调两者的关系？

7. 何谓植物的相生相克现象？

8. 简述光敏色素的特征。

9. 简述植物向光性生长的机制。

10. 简述植物根向重力性生长的机制。

三、实验题

1. 设计一个试验证明某一生理过程是否与光敏色素有关。

2. 植物种子活力的快速测定方法有哪些？主要原理是什么？试列出主要实验步骤。

3. 一些种子公司销售热带牧草种子时，配有一小瓶植物生长调节物质，试分析该瓶中物质具体为何物。

4. 图 9-8 为蚕豆幼苗生长试验部分结果，试作结果分析。

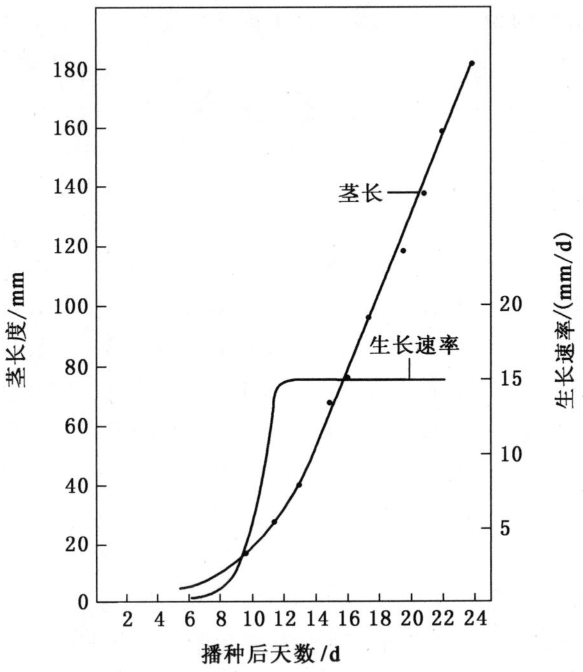

图 9-8　蚕豆幼苗的生长

(Hopkins and Hüner,2004)

5. 利用水稻野生型、*gid1* 突变体和*GID1* 过表达株系为实验材料,用外源 GA3 处理,观测植株第二叶鞘的长度。结果证明,GA3 处理引起水稻野生型、*gid1* 突变体和*GID1* 过表达株系的第二叶鞘的长度明显不同,实验结果如图 9-9 所示。请分析实验结果并得出结论。

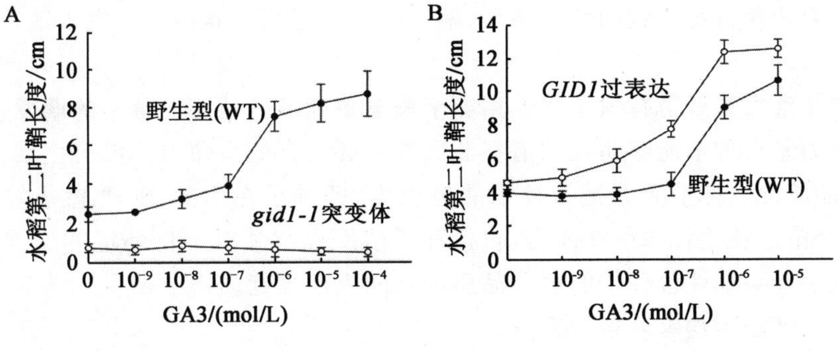

图 9-9　不同浓度 GA3 处理对水稻野生型、*gid1* 突变体(A)和 *GID1* 过表达株系(B)生长的影响

四、分析讨论题

1. 论述细胞生长的特点。
2. 论述细胞分化的调控因素。
3. 论述茎顶端生长分化的特点。

4. 为什么在光下和在暗中生长的植物有不同的形态？

5. 简述植物组织培养的理论依据、技术条件及其应用。

参考答案

一、单项选择题

1. B	2. D	3. C	4. A	5. A	6. D	7. B	8. A	9. B	10. C
11. D	12. D	13. C	14. D	15. D	16. B	17. C	18. C	19. A	20. B
21. B	22. A	23. A	24. A	25. A	26. B	27. C	28. C	29. D	30. B
31. C	32. D	33. C	34. D	35. B	36. A	37. A	38. D	39. B	40. D
41. B	42. A	43. B	44. D	45. C	46. C	47. D	48. B	49. A	50. B
51. A	52. D	53. B	54. B	55. B	56. C				

二、简答题

1. 简述种子的萌发过程及代谢变化。

种子萌发是指在适宜的环境条件下，种子内的胚胎恢复生长，并形成植物幼苗的过程。

种子萌发的第一阶段是吸胀。干燥的种子必须吸收足够的水分才能恢复细胞的各种代谢功能。种子吸胀的主要动力是种子内的细胞壁物质、蛋白质及其他亲水性物质对水的吸附作用。种子吸收水分导致内含物体积膨胀，形成吸胀压，撑破种皮，解除胚的生长压力，使胚恢复生长。

种子吸胀后引起种子代谢活化，呼吸作用增加，种子萌发过程伴随水解酶类的合成和分泌，降解种子内贮存的营养物质，为幼苗生长提供物质和能量。谷类种子胚乳中贮藏淀粉的分解反应主要受糊粉层内合成和分泌的α-淀粉酶和β-淀粉酶的催化。豆类种子早期胚细胞的分裂和生长主要依赖自身贮藏的营养物质，随后子叶贮藏的营养物质发生水解，运输到胚根或胚芽处。

2. 种子的生活力和活力有何不同？用哪个概念更能准确地描述种子的萌发情况？

种子生活力是指种子能够萌发的潜在能力或种胚具有的生命力。没有生活力的种子是死亡的种子，不能萌发。种子活力是指种子的健壮度，即种子在田间(非理想条件下)萌发的速度、整齐度及幼苗健壮生长的潜在能力，包括种子萌发成苗和对不良环境的忍受力两个方面。用种子活力更能准确地评价种子的播种品质和田间生产性能。

3. 列举3个细胞不均等分裂的实例。

(1)根尖根毛的分化是典型的不均等分裂，体积较小的细胞将来分化为根毛，体积较大的仍保持表皮细胞的性质。

(2)根内的皮层和内皮层是由根尖分生组织上的皮层-内皮层原细胞经过一次垂周的不均等分裂产生的，较大的子细胞形成皮层，较小的子细胞形成内皮层。

(3)叶表皮上的保卫细胞的分化是不均等分裂。

(4)韧皮部筛管和伴胞的分化也是细胞不均等分裂的结果。

(5)胡萝卜原生质体培养胚状体的分化，原生质体在适当培养条件下分裂为大小不等的两个细胞，小细胞随后发育为胚状体。

列举 3 例即可。

4. 举例说明顶端优势在生产中的应用。

生产上有时需要利用和保持顶端优势，如麻类、向日葵、烟草、玉米、高粱等作物以及用材树木，需抑制其侧枝生长，而使主茎强壮、挺直。有时则需消除顶端优势，以促进分枝生长。如水肥充足，植株生长健壮，则有利于侧芽发枝、分蘖成穗；棉花的打顶和整枝、瓜类摘蔓、果树修剪等可调节营养生长，合理分配养分；花卉打顶去蕾，可控制花的数量和大小；茶树栽培中弯下主枝可长出更多侧枝，从而增加茶叶产量；绿篱修剪可促进侧芽生长，而形成密集灌丛状；苗木移栽时的伤根或断根，则可促进侧根生长。

5. 试解释植物地上部分与地下部分的相互关系。

植物地上部分与地下部分是相互协调的互助关系。一般情况下，植物的根系生长良好，其地上部分的枝叶也较茂盛；同样，地上部分生长良好，也会促进根系的生长。因此，总结出了"根深叶茂"的经验。

植物的地上部分和地下部分处在不同的环境中，两者之间有维管束联络，有营养物质与信息物质的大量交换。地下部分的生长依赖于地上部分所提供的光合产物、生长素、维生素等，而地上部分的生长则需要根系提供水分、矿质、氮素以及根中合成的植物激素（CTK、GA 和 ABA）、氨基酸等。

植物地下部分与地上部分的比值能反映植物的生长状况以及环境条件对地上部分与地下部分生长的不同影响。不同物种有不同的根冠比，同一物种在不同的生育期根冠比也有变化。例如，一般植物在开花结实后，同化物多用于繁殖器官，加上根系逐渐衰老，使根冠比降低；而甘薯、甜菜等作物在生育后期，因大量养分向根部传输，贮藏根迅速膨大，根冠比反而增高；多年生植物的根冠比还有明显的季节变化。

6. 何谓营养生长和生殖生长？两者有何相关性？在生产上如何协调两者的关系？

营养生长和生殖生长是植物生长周期中的两个阶段，以花芽分化为生殖生长开始的标志。

营养生长与生殖生长的关系有相互依赖性，也有相互对立性。生殖生长以营养生长为基础，花芽必须在一定的营养生长的基础上才分化。生殖器官生长所需的养料，大部分是由营养器官供应的，营养器官生长不好，生殖器官的发育自然也不会好。营养生长与生殖生长之间又相互对立，一方面，营养器官生长过旺，会影响生殖器官的形成和发育。例如，稻、麦若前期肥水过多，引起茎叶徒长，延缓幼穗分化，增加空瘪率；若后期肥水过多，则造成恋青迟熟，影响粒重。大豆、果树、棉花等，如枝叶徒长，往往不能正常开花结实，或导致花、荚、果严重脱落。另一方面，生殖生长抑制营养生长。例如，一次开花植物开花后，营养生长基本结束；多次开花植物虽然营养生长和生殖生长并存，但在生殖生长期间，营养生长明显减弱。

在协调营养生长和生殖生长关系方面，生产上积累了很多经验。例如，加强肥水管理，既防止营养器官早衰，又不使营养器官生长过旺；在果树生产中，适当疏花、疏果，使营养收支平衡，并有积余，以便年年丰产，消除大小年。对于以营养器官为收获物的植物，如茶树、桑树、麻类及叶菜类，则可通过供应充足的水分、增施氮肥、摘除花芽等措施来促进营养器官的生长，抑制生殖器官的生长。

7.何谓植物的相生相克现象?

植物通过向环境释放化学物质而产生促进或抑制周围植物生长的效应,称为相生相克现象,也称为化感作用。

相生相克物质可来源于植物体的不同部位,如植物体的茎、叶和根部。一些植物如黑麦的降解物也有相生相克物质的活性。相生相克效应受浓度高低的影响,有些相生相克物质具有广谱活性,有些则具有选择性或专一性。

8.简述光敏色素的特征。

光敏色素有两种可以互相转化的构象形式:红光吸收型 Pr 和远红光吸收型 Pfr。光敏色素的 Pr 型在 660～665 nm 处有最大吸收,Pfr 型在 725～730 nm 处有最大吸收。Pr 型是光敏色素的钝化形式,呈蓝绿色;Pfr 型是光敏色素的生理活跃形式,呈黄绿色。照射白光或红光后,Pr 型转化为 Pfr 型;相反,照射远红光使 Pfr 型转化为 Pr 型。

黑暗中生长的幼苗合成光敏色素 Pr 型,光下迅速转换为 Pfr 型,但 Pfr 型不稳定,在光下大量降解。Pfr 型在暗中自发地逆转为 Pr 型,其逆转速率较光转换速率慢,较高的温度和较低 pH 加快暗逆转。

在两种形式发生光转换时,发色团双键位置转移,与发色团结合的蛋白质部位构型也发生相应的变化,发色团在蛋白质中也发生了移动。Pfr 型的蛋白质分子表面比 Pr 的暴露得更多、疏水性更强,使 Pfr 型分子更易与其他分子发生作用。

9.简述植物向光性生长的机制。

植物感受光信号刺激引起的弯曲生长,称为向光性生长。向光素是向光性反应的光受体。

在高等植物中,有两个向光素 PHOT1 和 PHOT2。向光素是一种与质膜相关的自磷酸化蛋白激酶,PHOT1 和 PHOT2 的 C 端功能区具有典型的苏氨酸、丝氨酸激酶活性。黑暗中,PHOT1 和 PHOT2 主要定位于质膜的内表面。在蓝光刺激下,向光素发生自磷酸化,磷酸化的向光素具有光受体活性,从质膜上分离,进入到胞质中,从而刺激 PIN 蛋白发生重新定位,由细胞质膜的基部重新定位于细胞的侧面,诱导生长素从下胚轴的向光侧被再运输到背光侧,引起生长素在幼苗下胚轴伸长区两侧细胞中发生不同积累。同时,IAA 与其细胞表面的 IAA 受体结合也促进 PIN 蛋白的重新定位。由于 PIN 蛋白的重新定位引起 IAA 从由顶向基的极性运输改为侧向运输,IAA 积累在下胚轴的背光侧,诱发向光性反应,从而导致下胚轴发生向光性弯曲。

10.简述植物根向重力性生长的机制。

植物感受重力的刺激,在重力方向上发生生长反应的现象,称为向重力性。

感受重力的部位是根冠,发生不均匀弯曲生长的部位是根的伸长区。根冠柱状细胞中的淀粉体在重力场下的沉降介导了根部重力信号的感受。

淀粉体的下沉是向重力性反应的第一步。当根直立时,平衡细胞中的淀粉体对周边内质网(ER)的压力是均匀分布的;当根横向时,淀粉体迅速下沉,对细胞两侧内质网产生的压力不均,以此感受重力信号。当植物根感受重力刺激后,PIN3 和 PIN7 蛋白从均衡分布状态迅速发生重新定位,集中定位到细胞新的底部一侧,在 PIN3 和 PIN7 调控下,运输到根尖的生长素被运输到根冠下侧的侧根冠中。在 PIN2 调控下,生长素主要被运输到根伸长区的下侧细胞中。由于根的下侧积累了超最适浓度的生长素而导致该侧细胞的伸长生长受抑制,根的上侧伸长生长较快,从而导致根发生向重力性弯曲生长。

Ca^{2+}、IP_3 和细胞骨架作为信号也参与根的向重力性反应。

三、实验题

1. 设计一个试验证明某一生理过程是否与光敏色素有关。

光敏色素是植物的光受体，光敏色素在植物体内以两种可以互相转化的构象形式存在，红光吸收型 Pr 和远红光吸收型 Pfr，照射白光或红光后，Pr 型转化为 Pfr 型，照射远红光使 Pfr 型转化为 Pr 型。Pr 型是光敏色素的钝化形式，Pfr 型是光敏色素的生理活跃形式。因此，根据照射红光和远红光所引起的生理反应，判断该生理反应是否有光敏色素参与。如果照射红光后所引起的生理反应能够被照射远红光所逆转，即表明该生理反应与光敏色素有关。

以种子萌发为例，对莴苣种子分别照射红光和远红光，观察种子的萌发情况。红光促进种子萌发，远红光可逆转红光的作用，当反复照射红光和远红光时，种子是否萌发取决于最后一次照射的是红光还是远红光。结果证明光敏色素参与了莴苣种子的萌发过程。

2. 植物种子活力的快速测定方法有哪些？主要原理是什么？试列出主要实验步骤。

常用的方法主要有 TTC 法和染料染色法。

TTC 法：TTC(2,3,5-三苯基氯化四氮唑)的氧化态是无色的，可被氢还原成不溶性的红色三苯甲腊(TTF)。应用 TTC 的水溶液浸泡种子，使之渗入种胚的细胞内，如果种胚具有生命力，其中的脱氢酶就可以将 TTC 作为受氢体还原成为三苯甲腊而呈红色，如果种胚死亡便不能染色，种胚生命力衰退或部分丧失生活力则染色较浅或局部被染色，因此，可以根据种胚染色的部位或染色的深浅程度来鉴定种子的生命力。实验步骤：①将种子用温水(约 30 ℃)浸泡 2～6 h，使种子充分吸胀。②随机取种子 100 粒，水稻种子要去壳，豆类种子要去皮，然后沿种胚中央准确切开，取其一半备用。③将准备好的种子浸于 TTC 试剂(0.12%～0.5%，TTC 可直接溶于水，溶于水后呈中性，pH 7±0.5，不宜久藏，应随用随配)中，于恒温箱(30～35 ℃)中保温 30 min。④染色结束后要立即进行鉴定，因放久会褪色。倒出 TTC 溶液，再用清水将种子冲洗 1 次或 2 次，观察种胚被染色的情况。凡种胚全部或大部分被染成红色的即为具有生命力的种子；种胚不被染色的为死种子，如果种胚中非关键性部位(如子叶的一部分)被染色，而胚根或胚芽的尖端不染色都属于不能正常发芽的种子。

染料染色法：有生命力的种子胚细胞原生质膜具有半透性，有选择吸收外界物质的能力，一般染料(如 0.02%～0.2%靛红溶液或 5%红墨水)不能进入细胞内，胚部不染色。而丧失生命力的种子，其胚部细胞原生质膜丧失了选择吸收能力，染料可自由进入细胞内使胚部染色。所以，可根据种子胚部是否被染色来判断种子的生命力。实验步骤同 TTC 法，只是上述步骤③中的时间应缩短至 5～10 min。

3. 一些种子公司销售热带牧草种子时，配有一小瓶植物生长调节物质，试分析该瓶中物质具体为何物。

GA3，打破种子休眠，促进种子萌发。

4. 图 9-8 为蚕豆幼苗生长试验部分结果，试作结果分析。

(1)生长动态趋势：蚕豆幼苗生长速率表现为慢—快—慢的趋势，茎的生长曲线为持续线性期。

(2)蚕豆幼苗生长开始的迟滞期较短,很快进入对数生长期和直线生长期,生长速率达到最大值后并维持最大生长速率较长时间,因此,茎的生长表现为持续的线性增长。

5. 利用水稻野生型、*gid1* 突变体和 *GID1* 过表达株系为实验材料,用外源 GA3 处理,观测植株第二叶鞘的长度。结果证明,GA3 处理引起水稻野生型、*gid1* 突变体和 *GID1* 过表达株系的第二叶鞘的长度明显不同,实验结果如图 9-9 所示,请分析实验结果并得出结论。

由图 9-9 可以得出的结论:

(1)GA3 促进植物的营养生长。

(2)*gid1* 突变体对赤霉素不敏感,外源 GA3 不能促进 *gid1* 突变体节间伸长。

(3)外源 GA3 明显促进 *GID1* 过表达株系节间伸长。

(4)*GID1* 过表达增强了对赤霉素的敏感性。

(5)*GID1* 编码的蛋白与赤霉素有很强的亲和性,GID1 是赤霉素受体。

四、分析讨论题

1. 论述细胞生长的特点。

细胞生长是细胞体积不可逆的增加过程。细胞生长可表现为三维空间的细胞扩大或一维空间的细胞伸长。

细胞生长的动力源于生活细胞所具有的膨压。由于细胞壁的存在,细胞的生长受一定的限制。细胞生长包括细胞大小和细胞壁组分的变化,若没有细胞壁的相应延伸,细胞不可能生长。在细胞伸长或扩大过程中,伴随细胞表面积增加,细胞壁有新物质合成。由于细胞壁的松弛和新的壁物质的连续沉积,细胞在维持细胞壁原厚度的基础上,体积或长度能够扩大十几倍或几十倍。

木葡聚糖内糖基转移酶(xyloglucan endotransglycosylase,XET)和扩张蛋白(expansins)是细胞壁松弛酶,这两种酶参与调节细胞壁的松弛。XET 可将一条木葡聚糖链切断并重新连接到另一条木葡聚糖链的非还原端,调节细胞生长过程中多糖链的重新排列和新合成的多糖链在细胞壁中的沉积。扩张蛋白通过可逆结合在细胞壁中纤维素微纤丝和多糖链结合的交叉点,催化纤维素微纤丝与多糖间的氢键断裂,解除细胞壁中多糖对纤维素的制约,使细胞壁松弛。在细胞生长过程中,细胞壁物质连续合成和分泌,新的物质不断在细胞壁中组装。

2. 论述细胞分化的调控因素。

(1)细胞分化与极性。极性是指植物器官、组织或细胞在形态结构、生化组成以及生理功能上的不对称性。细胞极性是由于细胞内细胞器(包括细胞核)的不均衡分布、质膜表面功能蛋白的不均衡分布、胞内 Ca^{2+} 浓度梯度、pH 梯度的存在等原因造成的。细胞极性是细胞不均等分裂的基础,是细胞分化的前提。

高等植物的合子第一次分裂具有极性现象,确立了胚根端与胚芽端;形成层的分裂也具有极性,向内分化木质部,向外分化韧皮部。细胞的极性受基因调控,同时也受环境条件如光照梯度、温度梯度、电势梯度的影响。

(2)细胞间通信与细胞分化。植物是一个多细胞有机体,细胞间有紧密联系,细胞的生理活动与周围细胞保持协调的相互关系。细胞间的协调作用是通过胞间通信进行的。胞间通信可通过由胞间连丝相连的共质体进行,也可通过细胞壁空间构成的质外体进行。植物细胞分化过程中,分化调节物质主要通过胞间连丝进行胞间运输。通过胞间连丝构成的细胞间共质体联系会随细胞生长分化的进程发生变化。

(3)位置效应与细胞分化。由于细胞间的相互联系,每个细胞在器官和组织中的位置,也影响甚至决定细胞分化的方向和生理功能,这就是细胞分化的位置效应。

由茎尖顶端分生组织和根尖分生组织可以分化产生各种相应的植物器官和组织。根尖分生组织包括根冠柱原细胞、表皮-侧根冠原细胞、皮层-内皮层原细胞和中柱原细胞。分生组织中的这些组织原细胞是一种决定态的细胞,决定态细胞的分化只能向某一特定方向进行,发育途径不再改变。细胞的分化方向决定于细胞所处的位置。细胞由于所处位置的改变也会影响决定态细胞的分化方向。

(4)激素与细胞分化。激素在控制植物生长发育过程中起着关键的调控作用。植物激素作为一种化学信号,调控细胞与细胞间、器官与器官间、环境与植物间的相互作用,贯穿在整个植物生长发育的全过程中。

3.论述茎顶端生长分化的特点。

茎顶端生长分化较复杂,茎尖上产生许多侧生结构,如叶原基、芽原基等,而且随着发育阶段的不同,营养生长状态的茎尖还可转变为生殖生长状态。茎顶端分生组织是一个表面平坦或稍有隆起的区域,构成茎顶端分生组织的是较小的薄壁细胞,细胞质致密。

茎顶端分生组织包括中心区(central zone,CZ)和周缘区(peripheral zone,PZ)。中心区由体积大、分裂缓慢的细胞组成;周缘区由体积相对较小、分裂迅速的细胞组成,叶、腋芽以及茎的外层都是从周缘区起始的。在中央区下,有肋状分生区(rib zone,RZ),这部分细胞的分裂分化形成茎的内部组织。根据构成茎顶端分生组织的细胞层划分,茎顶端分生组织的表面有一或多个细胞层,称为原套(tunica)和原体(corpus)。组成原套的细胞从外向内又可以分为L1、L2 和 L3 三层,原套各层的细胞分裂都是垂周分裂。原套下面的原体细胞的分裂不像原套细胞那样规则。中心区和周缘区包含了原套和原体细胞。

目前已知 *SHOOT MERISTEMLESS*(*STM*)、*WUSCHEL*(*WUS*)、*CLAVATA*1 和 *CLAVATA*3(*CLV*1 和 *CLV*3)等基因调控茎顶端分生组织的发育。

STM 是形成茎顶端分生组织所必需的。*STM* 功能完全丧失的幼苗没有茎顶端分生组织,只有融合的子叶。*STM* 在维持茎顶端分生组织的发育与 *AS1* 基因表达有关。在野生型中,*AS1* 只在子叶原基中表达。*STM* 抑制 *AS1* 的表达,从而维持茎顶端分生组织的活性。

与 *STM* 基因一样,*WUS* 是形成和维持茎顶端分生组织所必需的。*WUS* 在胚胎的顶端细胞中表达。在茎顶端分生组织的起始过程中,*WUS* 的表达逐渐局限于中心区原体的一部分细胞中。表达 *WUS* 基因的细胞产生一个信号,在其上层的组织中确定中心区细胞。

CLV1 和 *CLV3* 的作用是限制中心区的大小。*CLV1* 编码一个受体激酶,该激酶是一个跨膜蛋白,胞外结合配基后,激活胞内的激酶活性。*CLV3* 编码一个小的胞外蛋白,是 CLV1 的一个配基。在胚胎发生的心形胚阶段,这两个基因开始表达。在茎顶端分生组织的发育中,*CLV1* 的表达主要局限于中心区的原体中,而 *CLV3* 主要在中心区的原套中表达。*CLV* 基因的主要功能是限制 *WUS* 基因的表达区域。

WUS、*CLV1* 和 *CLV3* 成一个反馈环,以维持茎顶端分生组织中心区的大小(图 9-10)。

WUS 是形成和维持茎顶端分生组织所必需的，*WUS* 过表达导致茎端分生组织细胞大量增殖，*CLV3* 过表达引起茎端分生组织中心区消失。*WUS* 在分生区原体的表达，诱导 *CLV3* 在上层原套中表达，产生 CLV3 蛋白，由 CLV3 蛋白的作用，激活原体中的 CLV1 信号途径；反之，CLV1 的激活，又限制了 *WUS* 的表达区域。

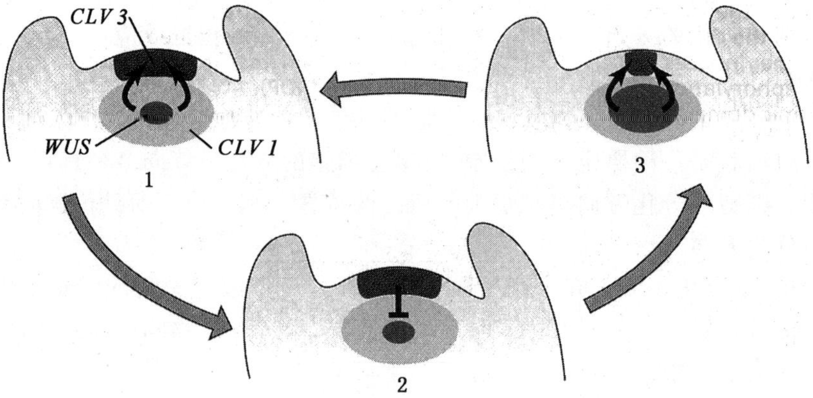

1. *WUS* 表达刺激 *CLV3* 转录，CLV3 蛋白产生；2. CLV3 蛋白激活 CLV1 信号途径，CLV3 蛋白与 CLV1 蛋白结合，*WUS* 的表达受抑制；3. 随中心区细胞数量减少，*CLV3* 水平降低，允许 *WUS* 表达，引起中心区细胞数量增加。

图 9-10 *WUS*、*CLV1* 和 *CLV3* 相互作用的模型

（Taiz and Zeiger，2006）

WUS、*CLV1* 和 *CLV3* 与 *STM* 有相互作用，*WUS*、*CLV1* 和 *CLV3* 反馈环主要维持茎顶端分生组织中心区的大小，*STM* 不仅维持茎顶端分生组织，也与叶特化的调控密切相关。

4. 为什么在光下和暗中生长的植物有不同的形态？

光不仅是光合作用的主要能量来源，还作为一种重要的环境信号，调控植物的生长发育，暗中生长的植物进行暗形态建成，光下生长的植物进行光形态建成。

黑暗中生长的双子叶植物幼苗根发育减缓，下胚轴伸长，茎细长柔弱，顶端弯勾不伸直，叶片小且不扩展，缺乏叶绿素而呈白色或黄色，叶绿体发育不正常，许多酶的活性也低；黑暗中生长的单子叶植物上胚轴或第一节间特别长、叶片卷紧不伸展。这些现象是植物的暗形态建成，或称黄化现象。在光下生长的植物，下胚轴弯钩伸直，叶片展开，叶绿体发育完善，合成叶绿素，叶片转绿，能正常进行光合作用以获得碳素和能量，使植物生长正常而强壮。与光合作用相比，这是一种低能量反应，只需较弱的、短时间的光照，通过对膜功能的影响、诱导基因表达等一系列细胞反应，就能导致明显的细胞分化、结构和功能的变化、表现于组织和器官建成等形态变化，即植物的光形态建成。

光由植物的光受体接受，目前所知植物的光受体包括 3 类：①光敏色素；②蓝光受体和紫外光-A 受体；③紫外光-B 受体。

光受体感知光信号后，通过胞内信使的传导，将光信号转换为生理反应，调控植物的生长发育，最终影响光形态建成。

植物接受不同的光，表现出不同的生理反应和光形态建成。

光敏色素调控种子萌发、幼苗生长、地上部发育、根的生长、花芽分化、器官休眠和衰老等。

光敏色素也有助于植物适应生态环境，如叶运动、植株的避阴反应等。

蓝光反应包括对下胚轴伸长的抑制、向光性反应、气孔运动、细胞内叶绿体运动、趋光性、叶绿素和类胡萝卜素等色素的生物合成、刺激呼吸代谢、离子吸收、影响跨膜电位、基因表达的活化等。

紫外光-B（UV-B）影响植物的光合作用、物质代谢、离子运输等过程，使植物的叶面积减小、植株矮化、作物产量下降、色素合成改变等。

5. 简述植物组织培养的理论依据、技术条件及其应用。

植物组织培养是指植物的离体器官、组织或细胞在人工控制的环境下培养发育再生成完整植物的技术。植物组织培养的理论依据是植物细胞具有全能性。植物细胞具有全能性是指生活的植物细胞中含有植物发育所需的所有遗传信息，具有发育成完整植株的能力，在适宜的条件下可以发育成完整的植株。

组织培养的技术条件的核心是要求严格的灭菌条件。组织培养的具体操作过程包括培养基制备、植物材料的消毒、接种、适宜条件下培养、继代培养、无性繁殖系的建立、小苗移栽等。其中培养基制备、植物材料的消毒和接种过程是组织培养操作过程中的关键所在。

组织培养的应用可以概括为以下几方面：①基础研究；②无性系的快速繁殖及工厂化生产；③培育无病毒种苗；④新品种选育，利用原生质体融合和体细胞杂交可获得远缘杂交种；⑤种质贮存；⑥药用植物和次生物质的工业化生产等。

第十章 植物的生殖生理

内容提要

一、概述

本章主要介绍植物生殖生长发育过程中花发育的相关内容，重点介绍诱导植物开花的主要环境因素光照和温度对开花的影响。

二、学习目标

(1)了解光周期现象及光周期反应的类型。

(2)掌握光周期诱导机理和光敏色素在光周期反应中的作用。

(3)掌握春化作用的机制。

(4)掌握激素对成花的影响及花器官的形成。

(5)掌握植物的受精生理及影响因素。

(6)了解植物性别分化与表达的调控。

三、基本内容

(一)幼年期与花熟状态

高等植物的生命周期可分为3个发育时期，即幼年期、成年期和生殖期。幼年期和成年期植物的基本差异在于是否具有分化产生花的潜力，幼年期的植物是不能感应成花诱导的，即使是处于适宜成花的外界条件下，一般也不能开花。植物在成年期可以感应成花诱导，例如，植物进入成年期后，在适宜的温度和光照条件的诱导作用下才能开花。植物从成年期到生殖期的发育就是成花诱导过程。从成年期到生殖期的转变经历两个相对稳定的发育状态，即成花感应态和成花决定态(图10-1)。成花感应态(即花熟状态)是指植物从幼年生长进入成年生长后，其茎端分生组织处于一种感应状态，能感应环境信号刺激，启动花芽分化发育。处于成花感应态的分生组织具有分化成花芽的潜力，但必须依赖于内在的和环境信号的刺激才能启动花芽的分化发育。花芽分化发育的启动调控茎端分生组织由营养生长状态转变为成花生长状态，即成花决定态。进入成花决定态的茎端分生组织具备了分化形成花或花序的能力，即使在开花前移除诱导开花的条件，同样能把成花诱导继续到下一个步骤，分化形成花芽。

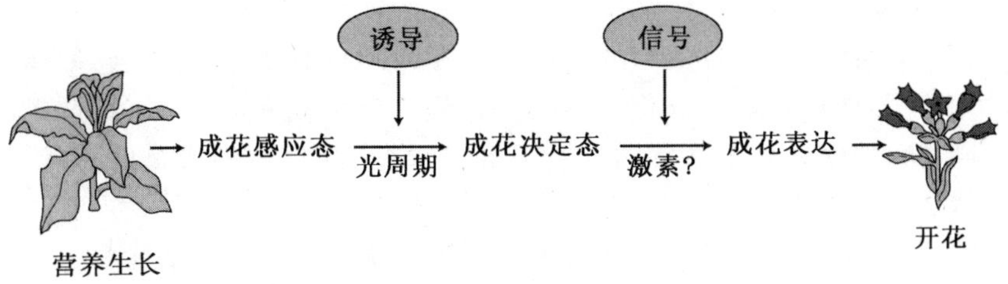

图 10-1　茎顶端分生组织的成花诱导过程示意图

(Taiz and Zeiger, 2006)

(二)成花诱导生理

1. 光周期现象及光周期反应类型

诱导植物开花的环境因素主要是光照和温度。光周期现象和春化作用是两个最重要的对光照和温度季节性变化的应答机制。光周期现象是植物通过感应白昼或是黑夜的长短变化来调节开花时间的机制,春化作用是寒冷温度促进植物开花的机制。

在自然条件下,一昼夜中白天和黑夜的相对长度称为光周期。植物对昼夜相对长度发生反应的现象称为光周期现象。植物开花对光周期的反应有 3 种基本类型:长日植物、短日植物和日中性植物。其他反应类型是在这 3 种类型上的变异,并随环境条件如温度的变化而改变。长日植物(long day plant,LDP)指在 24 h 昼夜周期中,日照长度必须长于一定时数,才能成花的植物。短日植物(short day plant,SDP)指在 24 h 昼夜周期中,日照长度短于一定时数才能成花的植物。日中性植物(day neutral plant,DNP)的成花对日照长度不敏感,在任何长度的日照下均能开花。

临界日长是指植物开花所需的极限日照长度,对于长日植物的开花,需要日照长度长于某一临界日长;而短日植物则要求短于某一临界日长(图 10-2)。在自然条件下,昼夜 24 h 循环,光期长度与暗期长度互补,有临界日长就会有临界夜长,或称为临界暗期。临界暗期是指长日植物开花需要的最大暗期长度或短日植物开花需要的最小暗期长度。

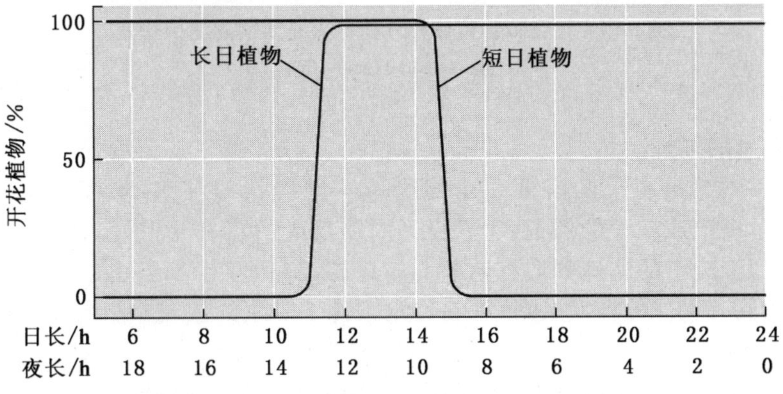

图 10-2　长、短日植物开花的临界日长和临界夜长

(Taiz and Zeiger, 2006)

2. 光周期诱导及感应部位

对光周期敏感的植物在经过适宜的日照条件诱导后才能开花，但引起植物开花的适宜光周期处理并不需要持续到花芽分化。植物在达到一定的生理年龄时，经过足够天数的适宜光周期处理，之后即使处于不适宜的光周期下，仍能保持刺激的效果而诱导植物开花，这种现象称为光周期诱导。

暗期间断处理实验证明了暗期长度对植物开花起决定作用。短日植物在超过临界暗期的条件下被诱导开花，长日植物在短于临界暗期条件下被诱导开花。但对植物的成花反应来说，光期也是必不可少的。只有在适当的光暗交替条件下，植物才能正常开花。花的发育需要光合作用提供足够的营养物质。

植物在适宜的光周期诱导后，发生开花反应的部位是茎顶端生长点，而感受光周期的部位是叶片(图 10-3)。那么，必然有信息自感受了光周期的叶片传导至茎顶端。嫁接实验证明，光周期诱导后产生的开花刺激物确实可以在植株间发生传递，且长日植物和短日植物的成花刺激物质可能具有相同的性质。开花刺激物质是通过韧皮部进行传递的。

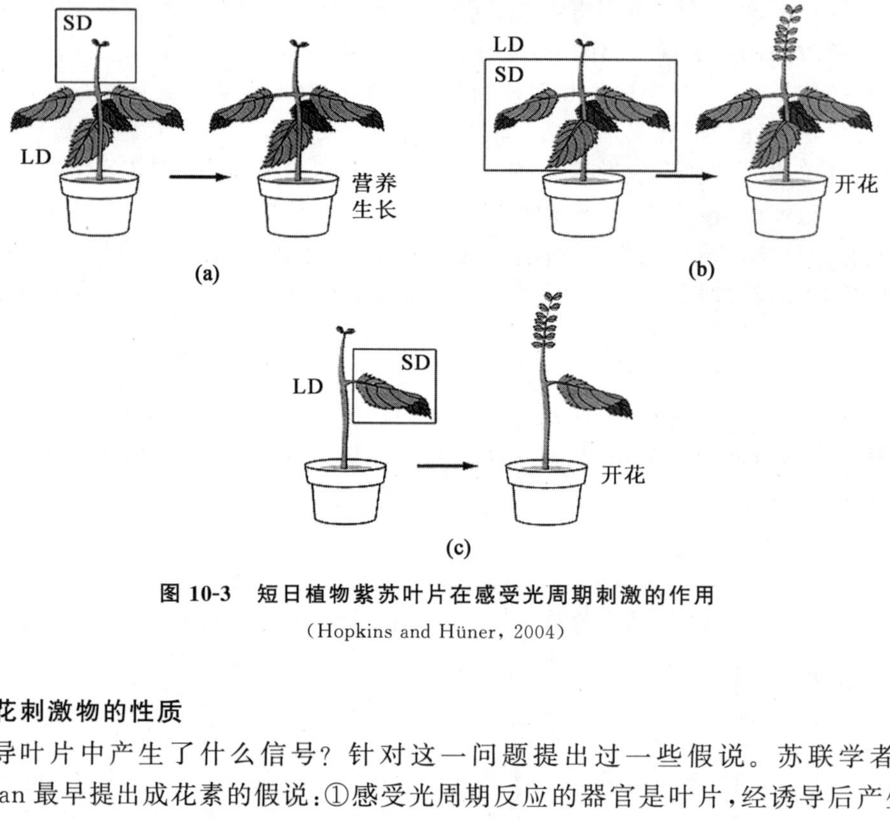

图 10-3 短日植物紫苏叶片在感受光周期刺激的作用

(Hopkins and Hüner，2004)

3. 成花刺激物的性质

在诱导叶片中产生了什么信号？针对这一问题提出过一些假说。苏联学者 Mikhail Chailakhyan 最早提出成花素的假说：①感受光周期反应的器官是叶片，经诱导后产生促进开花的物质；②叶片中产生的特殊物质可向各方向运转，到达茎生长点引起各种变化；③不同植物的成花刺激物具有相似的性质；④植株在特定条件下产生的成花素(florigen)不是基础代谢过程中产生的一般物质。

有大量的嫁接实验支持这一假说，植物在经过适宜的光周期诱导后，产生了可传递的成花刺激物。成花刺激物即为成花素。近年来有些实验结果表明，成花素很可能是某种调控开花基因表达的产物，即 mRNA 或蛋白质。目前已经证明 FT(flowering locus T) 蛋白就是成花素。在合适的诱导光周期下，植物叶片合成的 FT 蛋白经韧皮部运输到顶端分生组织，促进花芽原基的分化。

4. 光敏色素的特征和在光周期反应中的作用

在适宜的光照条件下，用闪光间断暗期处理，发现红光（600～660 nm）能有效抑制 SDP 和促进 LDP 植物开花，而且红光的效果可被远红光所抵消，并且这种红光-远红光的效应可反复逆转多次。表明光敏色素参与了光周期诱导的开花反应（图 10-4）。除光敏素外，利用一些突变体研究植物对光周期的感受，还发现蓝光受体也参与某些植物的开花控制。

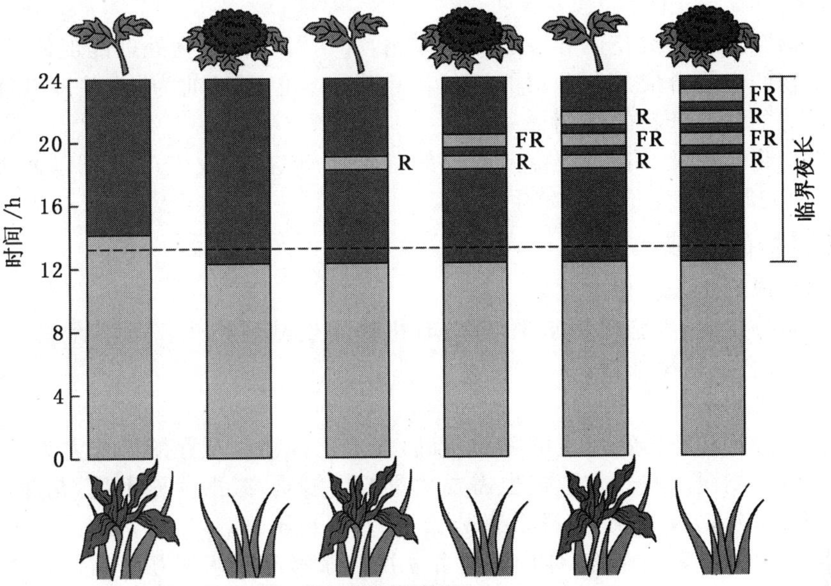

图 10-4　红光、远红光参与植物开花的控制

（Taiz and Zeiger，2006）

光周期的重要特征是植物通过对暗期长度的检测而感知季节变化，光敏色素参与检测暗期的长度，Hendricks 等提出的光敏色素参与一种滴漏式（hourglass）测时的假说认为，当植物从光下转入黑暗后，光下形成的 Pfr 型光敏色素逐渐消失或转化为 Pr 型，临界夜长就是植物中的 Pfr 减少到一定阈值的标志，只有达到一个临界水平才能启动特殊的成花刺激物合成。也有认为是由于在暗期中，Pfr/Pr 比值降低到一临界水平诱发 SDP 成花刺激物的合成。但用这种滴漏式测时机制不能解释一些 LDP 可在几小时远红光照射下被促进开花的现象。

（三）春化作用

低温诱导促使植物开花的作用叫春化作用。植物开花对低温的要求大致有绝对要求和相对要求两种类型。低温是春化作用的主要条件，1～2 ℃是最有效的春化温度。春化作用可被解除，这种现象称去春化作用或解除春化。大多数去春化的植物返回到低温下又可重新进行春化，且低温的效果可以累加，这种解除春化之后，再恢复春化的现象称再春化现象。

不同植物感受低温的部位不同。一般认为，植物春化作用感受低温的部位是分生组织和某些能进行细胞分裂的部位。

光周期理论和春化作用在生产中被广泛应用于引种育种、调节营养生长和生殖生长、控制花期等实践中。

(四)植物激素及营养物质对植物成花的影响

赤霉素影响成花的效应最大，GA 可促进多种 LDP 在短日照条件下成花，并可代替多种植物对低温的要求。生长素可抑制 SDP 成花，而促进一些 LDP 如天仙子、毒麦等成花。细胞分裂素能促进藜属、紫罗兰属、牵牛属和浮萍等 SDP 成花，对一些 LDP 成花也有促进作用。乙烯能有效地诱导菠萝成花。脱落酸可代替短日照促使一些 SDP 在长日照条件下开花，但 ABA 却使毒麦、菠菜等 LDP 的成花受抑制。

甾类化合物在植物的成花诱导中起一定作用，外用甾类化合物处理能促使某些植物开花，施用甾类化合物的生物合成抑制剂也能抑制花芽形成。但到目前为止，并没有能明确哪种甾类化合物有普遍的诱导开花的作用。

植物通过春化作用及开花过程需要足够的营养物质，在农业生产上可以通过控制肥水来调节 C/N，从而控制营养生长和生殖生长。

(五)花器官的形成

1. 花器官形成的生理生化变化

在花芽开始分化后，细胞代谢水平增高，有机物发生剧烈转化。可溶性糖、氨基酸和蛋白质含量增加，核酸合成速率加快。

2. 花器官形成的条件

营养是花芽分化和花器官形成的物质基础，碳水化合物对花芽的形成尤为重要，它是合成其他物质的碳源和能源。花器官形成也需要大量的蛋白质，氮素营养不足，花芽分化缓慢而且花少，但是氮素过多，C/N 失调，植株贪青徒长，花发育也不好。

花芽分化受内源激素的调控，体内的营养状况与激素间平衡相互影响而调节花芽的分化。

环境因子中，光对花器官形成的影响最大。植物花芽分化期间，光照时间长，光照强，有机物合成多，则有利于开花。在一定的温度范围内，随温度升高，花芽分化加快。在水、肥条件适宜、氮肥适量的条件下，配合施用磷、钾肥，有利于花芽分化。

3. 植物的性别分化

高等植物的性别分化表现出多种形式：雌雄同株同花植物、雌雄同株异花植物、雌雄异株植物等。植物性别决定有其不同的遗传控制方式。同时，雌雄同株异花的植物性别随年龄而变化。环境条件主要包括光周期、温周期和营养条件等也影响性别分化。

4. 花器官发育的基因调控

花器官的形成和发育依赖于器官特征基因在时间顺序和空间位置上的正确表达。Coen 等(1991)提出了花形态建成遗传控制的“ABC 模型”假说：典型的花器官具有四轮基本结构，从外到内依次为萼片、花瓣、雄蕊和心皮，分别由 A、AB、BC 和 C 组基因决定(图 10-5)。各组基因突变都会影响花形态建成，其中控制雄蕊和心皮形成的同源异型基因是最基本的性别决定基因。近年来，ABC 调控模式又有了新的发展，目前已经发展为更复杂的形式，如 ABCDE 模式，进一步涵盖了雌蕊中胚珠发育的调控机制。D 组基因控制胚珠形态发生，*d* 突变体缺乏胚珠；E 组基因调控除萼片以外的其他花器官，*e* 突变体的花器官全部发育为萼片。

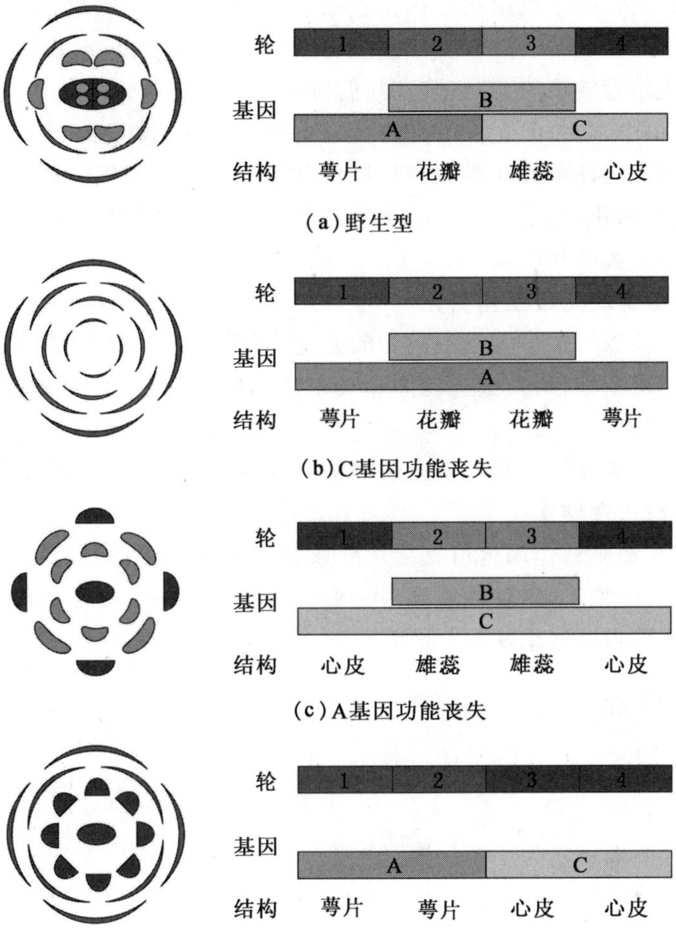

(d)B基因功能丧失

图 10-5　花形态建成遗传控制的“ABC 模型”

(Taiz and Zeiger, 2006)

(六)受精生理

1.花粉和柱头的生活力

花粉的生活力因植物而有很大的差异,一般的农作物花粉寿命较短,花粉的寿命与外界条件有关,高温高湿、极度干旱、氧分压过高或高光强等会降低花粉的生活力。

柱头的生活力因植物而异,一般能持续几天,但其授粉能力以开花的当日最强。

2.花粉和柱头的识别作用

花粉粒落在柱头上后,花粉与柱头间互换信息,产生双向的信号传递,即相互识别过程。识别反应决定于花粉外壁蛋白与柱头乳突细胞表面的蛋白质表膜之间的相互作用。如果花粉与柱头之间的识别是亲和的,花粉粒正常萌发,花粉管尖端分泌角质酶,消化柱头表面的角质层,花粉管可以进入花柱生长,如果不亲和,柱头表面细胞产生胼胝质,阻止花粉管进入花柱。

3.花粉管的伸长

花粉粒落到雌蕊的柱头上后,如果是亲和的,花粉粒萌发,伸出花粉管。多数植物的花粉萌发很快，花粉管的生长速率也很高。花粉管的生长局限于顶端区域，在花粉管顶端有大量的囊泡和细胞骨架系统，在花粉管的非生长区域含丰富的线粒体、高尔基体、内质网等。随花粉管生长，不断合成花粉管壁物质，并组装花粉管细胞壁。

花粉管生长过程中，与位于花柱内部的传递组织相互作用有进一步识别功能，花柱传递组织可协助花粉管生长，花柱也为花粉管生长提供营养。花粉的萌发以及花粉管的生长具有"集体效应"，即单位面积内花粉的数量越多，花粉管的萌发和生长越好。在实际生产中，适当增加授粉量，有利于提高结实率和产量。

4. 受精过程中雌蕊的生理生化变化

在受精过程中，胚珠与子房发生了剧烈的变化，呼吸速率提高，受精后细胞中的各种细胞器数量增加，并进行重新分布，大量造粉体和线粒体围绕核排列，多聚核糖体和高尔基囊泡增多，壁物质合成旺盛。

授粉受精过程中，雌蕊生长素含量显著增加并发生动态变化，刺激细胞分裂和生长。

5. 无融合生殖与单性结实

有些植物的卵不经受精作用也可直接发育成胚，或由胚珠内的反足细胞、助细胞等发育成胚，形成种子，产生有籽果实，这种现象称为无融合生殖。植物不经受精作用，但子房膨大形成无籽果实，这种现象称为单性结实。

四、重点和难点

1. 重点

(1)光周期现象；

(2)光敏色素在光周期反应中的作用；

(3)春化作用；

(4)花芽分化和花器官发育；

(5)授粉、受精生理机制。

2. 难点

(1)光敏色素作用的分子基础；

(2)花器官发育的"ABC 模型"及基因控制。

自　测　题

一、单项选择题

1. 光周期现象是指植物对(　　)发生反应的现象。

A. 光照强度　　B. 光的成分

C. 光暗周期　　D. 光和温度

2. 以下几种植物对光的反应中，不属于光周期现象的是(　　)。

A. 苍耳在短日照下开花　　B. 菊花在长日照下保持营养生长

C. 马铃薯块茎在长日照下形成　　D. 气孔在光照下张开

3. 在 24 h 的光周期中，大豆(临界暗期为 10 h)在(　　)下开花最快。

A. 10 h 暗期　　B. 14 h 光期

C. 12 h 暗期　　D. 16 h 光期

4. 在 24 h 的光周期下，小麦(临界日长为 12 h)在(　　)下开花最快。

A. 12 h 光期　　B. 12 h 暗期

C. 16 h 光期　　D. 16 h 暗期

5. 临界日长是指在光暗交替中能使短日植物开花的(　　)日照长度。

A. 最合适　　B. 最大

C. 最小　　D. 绝对

6. 临界暗期是指在光暗交替中能使短日植物开花的(　　)暗期长度。

A. 最合适　　B. 最大

C. 最小　　D. 绝对

7. 长日植物小麦的临界日长为 9 h，短日植物大豆的临界日长为 14 h，现在进行 12 h 光照，12 h 黑暗的光周期处理，其结果是(　　)。

A. 两者都能成花　　B. 两者都不能成花

C. 小麦成花，大豆营养生长　　D. 大豆成花，小麦营养生长

8. 在植物的光周期诱导过程中，随着暗期的延长(　　)。

A. Pr 含量降低，有利于 LDP 开花　　B. Pfr 含量降低，有利于 SDP 开花

C. Pfr 含量降低，有利于 LDP 开花　　D. Pr 含量降低，有利于 SDP 开花

9. 利用暗期间断处理抑制短日植物开花，最有效的光是(　　)。

A. 红光　　B. 蓝光

C. 远红光　　D. 绿光

10. 下列植物中属于短日植物的是(　　)。

A. 大豆　　B. 小麦

C. 油菜　　D. 黄瓜

11. 大豆北种南移，可使植物开花(　　)。

A. 提前　　B. 时间不变

C. 推后　　D. 不受影响

12. 大豆南种北移，可使植物开花(　　)。

A. 提前　　B. 时间不变

C. 推后　　D. 不受影响

13. 短日植物南种北引，生育期(　　)，如果引种成功，应引用(　　)品种。

A. 提前，晚熟　　B. 提前，早熟

C. 推后，晚熟　　D. 推后，早熟

14. 下列有关光敏色素的生理作用描述不正确的是(　　)。

A. 光敏色素调控植物的发育过程，包括种子萌发、幼苗生长、花芽分化、器官休眠和衰老等

B. 光敏色素调控植物的避阴反应

C. 光敏色素调控植物的光周期反应

D. 光敏色素调控植物的向光性反应

15. 抑制茎伸长生长最有效的光是( )。

A. 红光　B. 蓝光

C. 远红光　D. 绿光

16. 以收获营养体为主的短日植物,可以通过( )的引种方法,以提高其产量。

A. 南种北引　B. 北种南引

C. 西种东引　D. 东种西引

17. 外用甾类化合物处理能( )某些植物开花。

A. 促进　B. 抑制

C. 无作用　D. 不确定

18. 诱导植物开花的主要环境因素是( )。

A. 光照和水分　B. 光照和氧气

C. 温度和水分　D. 光照和温度

19. 在成花诱导过程中,对植物成花作用影响效应最大的是( )。

A. 生长素　B. 脱落酸

C. 细胞分裂素　D. 赤霉素

20. 下列植物中,低温春化对( )的开花没有明显效应。

A. 冬小麦　B. 天仙子

C. 菊花　D. 烟草

21. 成花需经过低温春化的植物主要分布于( )地区。

A. 热带　B. 干旱

C. 温带　D. 湿润

22. 根据原产地的不同,小麦要求春化的温度不同,可将小麦类型分为( )。

A. 2 种　B. 3 种

C. 4 种　D. 5 种

23. 对大多数要求低温的植物来说,春化的最有效温度是( )。

A. $-5\sim-3$ ℃　B. $-3\sim0$ ℃

C. $1\sim2$ ℃　D. $5\sim10$ ℃

24. 植物春化作用感受低温的部位是( )。

A. 叶片　B. 分生组织

C. 茎　D. 根部

25. 解除春化的温度一般为( )。

A. $15\sim20$ ℃　B. $20\sim25$ ℃

C. $25\sim40$ ℃　D. $40\sim50$ ℃

26. 植物感受低温诱导后产生的春化效应可以通过( )传递下去。

A. 嫁接　B. 分蘖

C. 细胞分裂　D. 种子

27. 高等植物的性别分化主要有( )形式。

A. 2 种　B. 3 种

C. 4 种　D. 5 种

28. 花器官由萼片、花瓣、雄蕊和心皮组成，由 ABC 组基因决定。其中 C 组基因控制(　　)的发育。

A. 雄蕊和心皮　　B. 萼片和花瓣

C. 花瓣和雄蕊　　D. 花瓣和心皮

29. 根据花形态建成基因控制的“ABC 模型”，控制花器官中雄蕊形成的是(　　)。

A. A 组基因　　B. A 组和 B 组基因

C. B 组和 C 组基因　　D. C 组基因

30. 根据花形态建成基因控制的“ABC 模型”，当拟南芥 A 组基因突变后，突变体的花结构从外向内依次为(　　)。

A. 萼片—花瓣—花瓣—萼片　　B. 心皮—雄蕊—雄蕊—心皮

C. 花瓣—雄蕊—雄蕊—花瓣　　D. 萼片—萼片—心皮—心皮

31. 花粉中的识别蛋白是(　　)。

A. 色素蛋白　　B. 脂蛋白

C. 糖蛋白　　D. 核蛋白

32. 花粉外壁的蛋白大部分是(　　)。

A. 核蛋白　　B. 脂蛋白

C. 糖蛋白　　D. 叶绿体蛋白

33. 下列有关花粉萌发和花粉管生长描述不正确的是(　　)。

A. 花粉管生长是典型的顶端生长

B. 花粉管顶端具有明显的钙离子梯度

C. 花粉管顶端生长依赖于细胞骨架的动态

D. 花粉管在雌蕊中受向重力性调控被精准引导进入胚珠

34. 一般植物花粉萌发和花粉管生长的最适温度在(　　)。

A. 10～15 ℃　　B. 15～20 ℃

C. 20～30 ℃　　D. 30～35 ℃

35. 花粉体外培养时，培养基中往往需要补充(　　)元素来促进花粉萌发。

A. Cu　　B. Zn

C. B　　D. Fe

36. 在一定面积内花粉数量越多，花粉的萌发和花粉管生长越好的现象称为(　　)。

A. 萌发效应　　B. 离体效应

C. 个体效应　　D. 集体效应

37. 雄配子与雌配子结合成为合子的过程称为(　　)。

A. 授粉　　B. 受精作用

C. 种子的形成　　D. 坐果

38. 花粉壁中主要的一类酶是(　　)。

A. 连接酶　　B. 转移酶

C. 水解酶　　D. 异构酶

39. 花粉和柱头相互识别的物质是(　　)。

A. ABA　　B. 糖蛋白

C. 激素　　D. 维生素

40. 植物的卵不经受精作用而直接发育成胚，形成种子，产生有籽果实，这种现象称为(　　)。

A. 有性生殖　　B. 单性结实

C. 融合生殖　　D. 无融合生殖

二、简答题

1. 何谓植物的光形态建成？
2. 根据不同反应的光生物学特征，光敏色素参与调节的反应分为几种类型？
3. 简述植物成花的光周期反应类型。
4. 何谓成花素？
5. 何谓植物的避荫反应？
6. 简要分析“南麻北种”的利弊(南麻指大麻、洋麻等短日植物)。
7. 简述春化作用在农业生产中的应用。
8. 简述植物的有性生殖过程。
9. 简述受精过程对植物代谢的影响。
10. 影响花器官形成的主要条件有哪些？
11. 简述环境条件对性别调控的影响。
12. 简述花粉的结构及功能。
13. 简述花粉所含的化学成分及功能。
14. 何谓自交不亲和性？简述其原因。
15. 克服植物受精过程中不亲和性的方法有哪些？

三、实验题

1. 设计实验证明植物感受光周期的部位和在春化作用中对低温的感受部位。
2. 设计实验证明在光周期反应中暗期的重要性。
3. 如何快速测定花粉的生活力？
4. 用实验证明钙在花粉萌发和花粉管伸长中的主要作用。

四、分析讨论题

1. 简述诱导植物开花的主要因素。
2. 简述光敏色素的两种形式及两者的相互转化。
3. 试述光敏色素的作用机理。
4. 赤霉素与春化有什么关系？
5. 简述植物性别分化的遗传控制和激素调控。
6. 栽培亚麻有不同目的，可以采油，也可获取纤维，各应采取什么栽培措施来获取？
7. 试分析东北的一种优良大豆引种到山东后产量可能降低的原因。
8. 试述花形态建成的遗传调控模型。
9. 大豆(*Glycine max*)是重要的粮油作物，开花期是决定大豆产量的重要农艺性状。开

花基因 *APETALA1*(*AP1*)是 MADS-box 转录因子家族成员之一，在花发育的 ABC 模型中是 *A* 型功能基因。请回答下列问题：

(1)下列描述不正确的是(　　)。

A. 大豆 *ap1* 突变体的花结构发生变化

B. 大豆 *ap1* 突变体的花形态发生变化

C. 大豆 *ap1* 突变体的花颜色发生变化，花变为深紫色

D. 大豆 *ap1* 突变体的产量发生变化

(2)对所得结论进行解释。

10. 根据所学知识，概括植物生殖生长所需的条件。

参考答案

一、单项选择题

1. C	2. D	3. C	4. C	5. B	6. C	7. A	8. B	9. A	10. A
11. A	12. C	13. D	14. D	15. B	16. A	17. A	18. D	19. D	20. D
21. C	22. B	23. C	24. B	25. C	26. C	27. B	28. A	29. C	30. B
31. C	32. C	33. D	34. C	35. C	36. D	37. B	38. C	39. B	40. D

二、简答题

1. 何谓植物的光形态建成？

在光下生长的植物，下胚轴弯钩伸直，叶片展开，叶绿体发育完善，能合成叶绿素，叶片呈绿色，能正常进行光合作用以获得碳素和能量，植物生长强壮。和光合作用相比，这是一种低能量反应，只需较弱的、短时间的光照，通过对膜功能的影响、诱导基因表达等一系列细胞反应，就能导致明显的细胞分化、结构和功能的变化，最终表现在组织和器官的建成等形态上的变化，这就是植物的光形态建成(photomorphogenesis)。与之相对应，暗中生长的植物表现出黄化特征，茎细而长，下胚轴钩状弯曲，叶片小、呈黄白色，这种现象称为植物的暗形态建成。其原因是缺乏光，大部分基因没有表达。

2. 根据不同反应的光生物学特征，光敏色素参与调节的反应分为几种类型？

根据不同反应的光生物学特征，可将光敏色素参与调节的反应分为 3 种类型。

(1)低辐照度反应(low fluence responses，LFR)：反应所需光强较低，1 $\mu mol/m^2$ 的光强即可启动这类反应，1 000 $\mu mol/m^2$ 时达到饱和。这是通常所指的 R/FR 诱导可逆反应。反应可被一短暂的红闪光有效诱导，并可被随后的远红光照射逆转。这是光敏色素介导反应的重要特征。需光种子的萌发、幼苗的正常形态建成都是典型的光敏色素 LFR。

(2)极低辐照度反应(very low fluence responses，VLFR)：可以被 10^{-4}～10^{-2} $\mu mol/m^2$ 的红光或远红光诱导，但红光反应不能被远红光所逆转。VLFR 的作用光谱峰在红光和蓝光区，其光受体是光敏色素，也可能有蓝光受体参与。

(3)高辐照度反应(high irradiance reaction，HIR)：需要相对强的连续光照的反应，激活反

应的光强需大于 10 $\mu mol/m^2$，达到饱和的光强度比 LFR 高 100 倍。光照越强、光照时间越长，则反应越大。不是 R/FR 可逆反应，是连续红光或远红光反应。幼苗下胚轴伸长的抑制、弯勾伸直、去黄化及一些植物花色素苷的合成等都是 HIR。这类反应的作用光谱在红光、远红光、蓝光/紫外光 A 区，光受体有光敏色素和蓝光受体。

3. 简述植物成花的光周期反应类型。

植物成花的光周期反应主要分 3 种基本类型。

(1)长日植物：在 24 h 昼夜周期中，日照长度必须长于一定时数才能成花的植物。延长光照可促进和提早长日植物开花，相反，如延长黑暗则推迟长日植物开花或不能成花。属于长日植物的有小麦、大麦、黑麦、油菜、菠菜、萝卜、白菜、芹菜、甜菜、胡萝卜、天仙子等。

(2)短日植物：在 24 h 昼夜周期中，日照长度短于一定时数才能成花的植物。对这些植物适当延长黑暗或缩短光照可促进和提早开花，如延长日照则推迟开花或不能成花。属于短日植物的有水稻、玉米、大豆、高粱、苍耳、紫苏、大麻、烟草、菊花、日本牵牛等。

(3)日中性植物：日中性植物成花对日照长度不敏感，在任何长度的日照下均能开花，如黄瓜、茄子、番茄、辣椒、菜豆、棉花、向日葵、蒲公英等。

4. 何谓成花素？

在合适的诱导光周期下，植物叶片合成的、通过韧皮部运输到顶端分生组织、促进花芽原基分化的一类物质。近年来的实验结果表明，成花素很可能是某种调控开花基因表达的产物，即 mRNA 或蛋白质。目前已经证明 FT (flowering locus T) 蛋白就是成花素。

5. 何谓植物的避阴反应？

自然生长的植物常受周围植物遮阴，由于叶绿素优先吸收红光，在植物遮阴条件下光的质量会发生改变。与自然光相比，在透过叶片的光中红光/远红光值降低。植物对红光/远红光值降低产生应答反应，表现为植物茎节和叶柄伸长的速度加快，顶端优势增加，分枝减少，这种反应称为避荫反应(shade avoidance response)。

6. 简要分析“南麻北种”的利弊(南麻指大麻、洋麻等短日植物)。

(1)麻类是短日植物，麻类作物的栽培多数以收获营养体即纤维为主要目的。

(2)如果南麻北种，由于在北方麻类作物生长旺盛的季节日照较长，使其营养生长期延长，因此，可以增加麻类作物植株的高度，从而可以增加纤维产量。

(3)但南麻北种后，要到深秋后才能遇到短日光周期，因而开花推迟，来不及结籽就遭遇低温，在这种情况下不容易留种。

7. 简述春化作用在农业生产中的应用。

(1)人工春化处理。农业生产上对萌动的种子进行人为低温处理，使之完成春化作用的措施称为春化处理。利用春化处理可在春天补种冬小麦；在育种工作中可在一年中培育 3 代或 4 代冬性作物；对春小麦种子进行人工春化处理，可适当晚播，以避免春季“倒春寒”造成的伤害，同时可提早成熟。

(2)引种。在南、北方地区之间引种时，必须了解品种对低温的要求，北方的品种引种到南方，就可能因当地温度较高而不能满足它对低温的要求，致使植物只进行营养生长而不开花结实，从而造成损失。

(3)控制植物开花。利用春化或解除春化的作用控制某些植物开花，低温处理可使秋播的一、二年生草本花卉改为春播，当年开花；越冬贮藏的洋葱鳞茎在春季种植前用高温处理以解除春化，防止它在生长期抽薹开花而获得较大的鳞茎，增加产量。

8.简述植物的有性生殖过程。

高等植物通过雌、雄配子结合产生新个体的形式，称为有性生殖。植物的雄配子在花药中发育(图 10-6)，雌配子在胚珠中发育成熟(图 10-7)。成熟的花粉经授粉过程，花粉粒落在柱头上后，发生相互识别作用。如果花粉粒与柱头间的识别是亲和的，花粉粒在柱头上正常萌发，花粉管尖端分泌角质酶，分解柱头表面的角质层，花粉管可以进入花柱生长。如果花粉粒与柱头间的识别是不亲和的，柱头表面细胞产生胼胝质，阻止花粉管进入花柱。花粉管在花柱内的生长过程中，花粉管与花柱内部的传递组织进一步相互识别，花柱传递组织中的一些蛋白质分子可以协助花粉管生长，并为花粉管生长提供营养。花粉管沿花柱生长到达胚囊，从胚囊珠孔端进入，释放出的一个精子与卵细胞融合，形成合子，合子发育成胚。另一个精子与极核融合后发育成胚乳。

受精后，胚珠与子房发生剧烈变化，胚珠将发育成种子，子房形成果实。

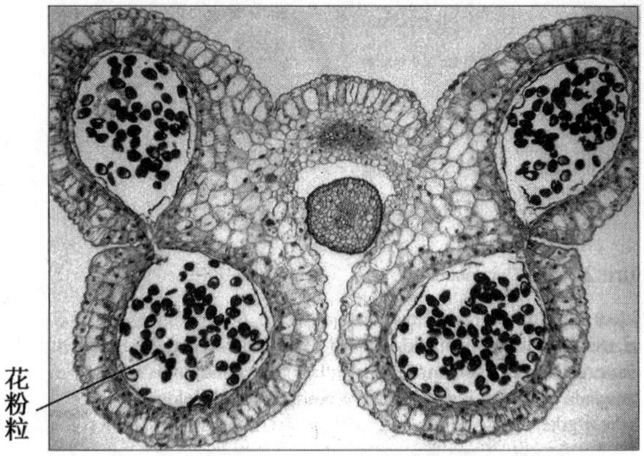

图 10-6　花药和花粉粒

(Stern et al, 2008)

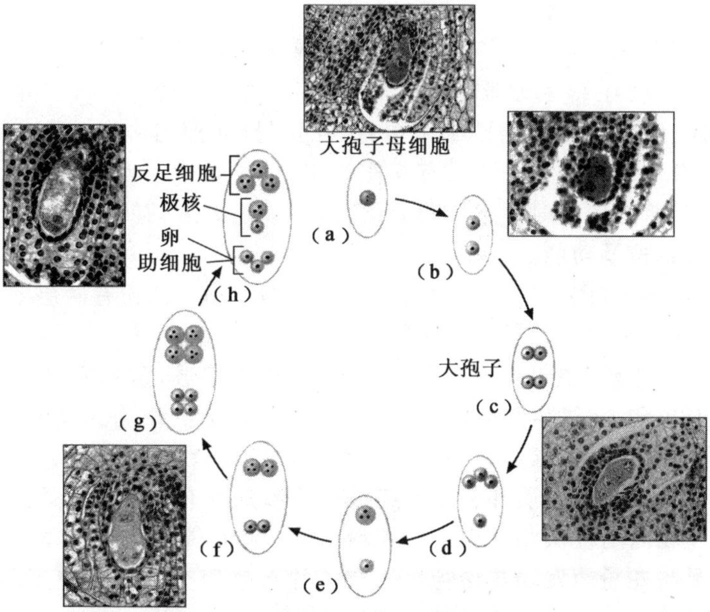

图 10-7　胚珠的发生和胚囊的结构

(Stern et al, 2008)

9. 简述受精过程对植物代谢的影响。

在受精过程中和受精后，胚珠与子房发生剧烈变化，影响整个植物体的代谢。首先，表现在呼吸速率提高，蛋白质代谢加强；同时，细胞中各种细胞器数量增加，并进行重新分布；其次，生长素、细胞分裂素含量明显增加，从而刺激了细胞的分裂和生长，使子房成为强大的代谢库，营养物质向子房的输送增强，整个植物的生长中心转移到种子和果实。

10. 影响花器官形成的主要条件有哪些？

(1)植物营养与花器官的形成：营养是花芽分化和花器官形成的物质基础，碳水化合物对花芽的形成尤为重要，它是合成其他物质的碳源和能源。花器官形成也需要大量的蛋白质，氮素营养不足，花芽分化缓慢而且花少；但氮素过多，使 C/N 失调，植株贪青徒长，花发育也不好。

(2)植物激素与花器官的形成：花芽分化受内源激素的调控，GA 可促进多种 LDP 在短日照条件下成花；生长素可抑制 SDP 成花，促进一些 LDP 如天仙子、毒麦等成花；细胞分裂素能促进一些 SDP 和 LDP 成花；乙烯能有效地诱导菠萝成花；脱落酸可代替短日照促使一些 SDP 在长日照条件下开花。

植物的花芽分化和花器官的形成受多种激素在空间上(激素作用的部位)和时间上(花器官诱导与发育时期)的多元调控，在植物成花的不同阶段，有不同的激素起主导作用，诱导与成花过程有关的基因开启，从而调节花器官的形成。

(3)环境因子与花器官的形成：环境因子中光对花器官形成的影响最大。植物花芽分化期间，光照时间长，光照强，有机物合成多，则有利于开花。在一定的温度范围内，随温度升高，花芽分化加快。在水、肥条件适宜，氮肥适量的条件下，配合施用磷、钾肥，有利于花芽分化。

11. 简述环境条件对性别调控的影响。

影响性别分化的环境条件主要包括光周期、温度和营养条件等。

(1)经过适宜光周期诱导后，如果植物继续处于诱导的适宜光周期下，促进多开雌花，如果处于非诱导光周期下，则多开雄花。

(2)较低的夜温与昼夜温差大时对许多植物的雌花发育有利。

此外，光周期、温度还影响水稻、棉花等多种植物的育性，如湖北光敏感核不育水稻(HPGMR)，在短日(光照时数$<$14 h/d)下可育，在长日(光照时数$>$14 h/d)下花粉败育。光周期和温度对植物育性的影响往往还具有互作效应。

(3)当水分充足、氮肥较多时促进雌花分化，而土壤较干旱、氮肥较少时则雄花分化较多。

12. 简述花粉的结构及功能。

花粉的形态多种多样(图 10-8)，一般直径为 15～60 μm。花粉有两层壁，但两层壁的物质来源和壁的性质与功能有较大差异。花粉外壁呈现有刺、穴、棒等花纹，其上具有萌发孔或萌发沟。花粉外壁较厚、坚硬，主要由纤维素、角质和孢粉素组成，孢粉素是花粉所特有的，化学性质极为稳定，具有抗酸、抗微生物分解等特性，对花粉起保护作用。此外，还有纤维素、类胡萝卜素、脂类、蛋白质等。孢粉素也有很强的吸水性，利于花粉吸水萌发。花粉的内壁较薄，由纤维素、半纤维素、果胶质、蛋白质和胼胝质组成。花粉外壁有来自孢子体绒毡层的糖蛋白，具有种的特异性，在授粉时与柱头相互识别。花粉内壁的蛋白来自配子体本身，是在花粉发育过程中形成的，主要是与花粉萌发和花粉管生长有关的水解酶类。花粉壁蛋白是花粉参与识别雌蕊组织的主要物质。

花粉在柱头上正常萌发时从萌发孔长出花粉管(图 10-9)，花粉管尖端分泌角质酶，分解柱头表面的角质层，花粉管进入花柱继续生长。

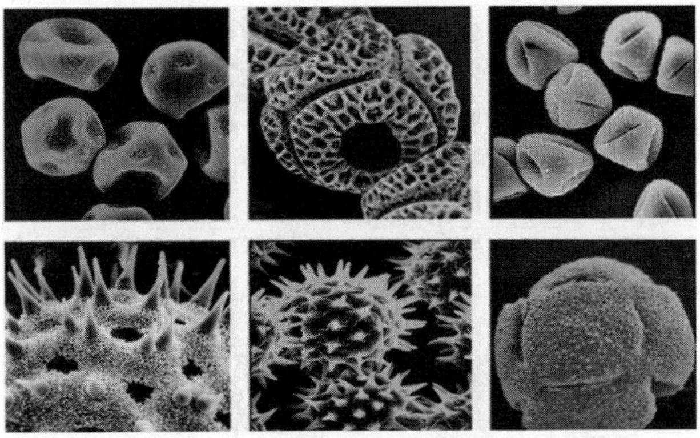

图 10-8 花粉的形态

(Buchanan et al, 2000)

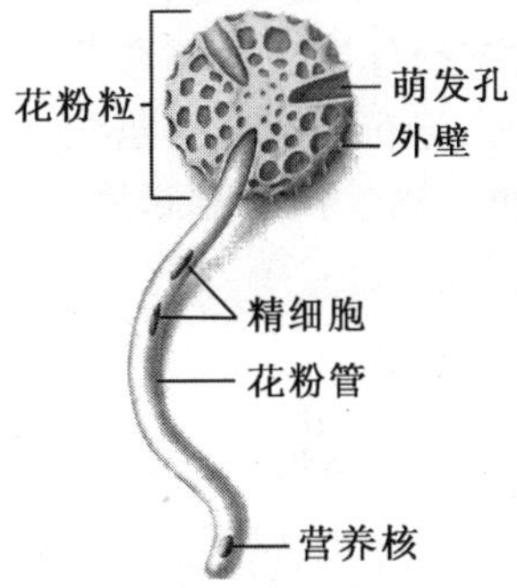

图 10-9 花粉粒与花粉管的形成

(Stern et al, 2008)

13. 简述花粉所含的化学成分及功能。

(1)花粉中含大量碳水化合物、脂类和氨基酸。可溶性糖的种类和含量与花粉的生活力有关，花粉中含有较多的游离氨基酸和酰胺，其中特别是脯氨酸含量高，花粉中的脯氨酸参与蛋白质合成，为花粉萌发与花粉管生长提供碳源、氮源和能源，并参与调节花粉中的 pH 环境，提高花粉对逆境的抗性。正常的可育花粉中脯氨酸含量很高，异常的不育花粉中脯氨酸含量低。

(2)花粉中含有许多矿质元素和各种维生素，尤其是维生素 E，因此其营养十分丰富，为花粉萌发和花粉管生长提供营养。

(3)花粉中富含色素，包括类胡萝卜素与类黄酮。花粉中的色素可吸引昆虫传粉，防止紫外线对花粉粒的破坏，在某些植物中，花粉中的色素与自花授粉不亲和性有关。

(4)花粉中含生长素、赤霉素、细胞分裂素等内源激素，其中生长素含量最高，十字花科植物的花粉中含丰富的油菜素内酯。这些生长物质对花粉萌发、花粉管生长以及授粉、受精和结实起调节作用。

(5)花粉的外壁和内壁含有多糖、蛋白质及多种酶，如淀粉酶、蔗糖酶、果胶酶、脂肪酶、蛋白酶等水解酶、氧化还原酶、裂解酶、异构酶等，这些酶催化物质转化，为花粉萌发和花粉管生长提供营养。花粉中存在的过氧化物酶和酯酶的同工酶，具有植物种的特点，可用于植物亲缘关系的鉴定。

14. 何谓自交不亲和性？简述其原因。

植物的自交不亲和性是指花粉散落在同花的雌蕊柱头上，不能完成正常受精，不能获得种子，这种现象称为自交不亲和性。自交不亲和是由一系列 S 等位基因控制，由 S 等位基因产生的特异糖蛋白的识别作用决定。当花粉与雌蕊中表达 S 等位基因相同时，就发生自交不亲反应。

自交不亲和性可分为配子体型和孢子体型(图 10-10)。配子体型自交不亲和性的识别一般在花柱中进行，S 等位基因表达的糖蛋白存在于花柱中，在花柱中完成识别。当花粉的基因型与雌蕊的基因型不同时，花粉粒萌发、花粉管生长并完成受精作用。当花粉的基因型与雌蕊的基因型相同时，花粉萌发，花粉管生长进入花柱，但在花柱组织内花粉管的生长被抑制。由于识别蛋白来自花粉内壁，是在花粉发育中形成的，所以称为配子体型自交不亲和性。

孢子体型自交不亲和性的识别一般在柱头表面进行，仅在花粉粒不携带与雌蕊基因型相匹配的等位决定因子时，花粉粒才能萌发，花粉管生长。花粉的等位决定因子在花粉的外壁上，通过花粉外壁蛋白与柱头表膜蛋白而识别。当花粉的基因型与雌蕊的基因型不同时，花粉粒萌发、花粉管生长。当花粉的基因型与雌蕊的基因型相同时，花粉管不能穿透柱头乳突细胞的角质层。由于起识别作用的糖蛋白来自花粉外壁的绒毡层细胞，所以称为孢子体型自交不亲和性。

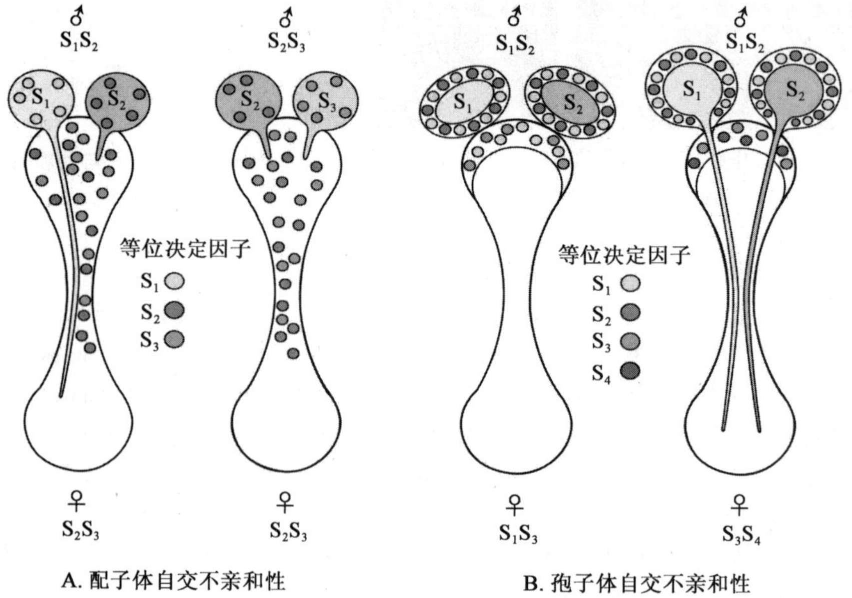

对于配子体型自交不亲和性，仅有当花粉的基因型与雌蕊的基因型不匹配时，花粉粒才能萌发、花粉管生长并完成受精作用。如图 A 所示，S_2 和 S_3 的花粉管在穿过 S_2S_3 型的柱头后在花柱中的生长被抑制，仅有 S_1 型花粉能够继续在花柱中生长。

对于孢子体型自交不亲和性，仅在花粉粒不携带与雌蕊基因型相匹配的等位决定因子时，花粉粒才能萌发，花粉管生长。如图 B 所示，即使当 S_2 型花粉与 S_1S_3 型柱头的基因型不同，S_2 花粉也不能有花粉管的生长。花粉的等位决定因子在花粉的外壁上，由于与 S_1 型柱头的等位决定因子相匹配，因此导致自交不亲和反应。相反，当 S_1 型和 S_2 型花粉与 S_3S_4 型柱头的基因型不匹配，花粉粒萌发，花粉管生长。

图 10-10　由 S 等位基因控制的孢子体型和配子体型自交不亲和性

15. 克服植物受精过程中不亲和性的方法有哪些？

(1)诱导法：通过增加染色体倍性，如人工将自交不亲和的二倍体诱导得到四倍体，常可表现自交亲和。

(2)蕾期授粉法：在雌蕊未成熟时授粉，由于它们的不育基因尚未定型，从而克服不亲和障碍。

(3)物理和化学法：高温或射线处理以及用生长物质也可部分克服自交不亲和性反应。

(4)离体培养：利用细胞杂交或原生质体融合等技术得到种间或属间杂交种。

三、实验题

1.设计实验证明植物感受光周期的部位和在春化作用中对低温的感受部位。

(1)分别对短日植物菊花进行长日照和短日照处理,在短日照处理下,引起菊花开花。分别对菊花的茎尖进行短日照、叶片进行长日照处理,或叶片进行短日照、茎尖进行长日照处理,只有当叶片感受短日照处理后,才能引起菊花开花,由此证明,叶片是光周期的感受部位。

(2)分别对芹菜的茎尖或叶片进行低温处理,其他部位处于正常温度下,可证明只有茎尖感受低温处理的植株才能通过春化,引起植物开花。由此证明,茎尖是低温处理的感受部位。

2.设计实验证明在光周期反应中暗期的重要性。

(1)选用不同长度的光期和暗期组合分别对短日植物大豆和长日植物天仙子进行实验,当暗期长度长于临界暗期时,植物可开花。

(2)在暗期中间用闪光打断暗期,结果是短日植物大豆不能开花,继续营养生长,却可诱导长日植物天仙子开花。

(3)在光期中间用短时间黑暗打断光期,结果短日植物大豆和长日植物天仙子的开花不受影响。

上述结果证明在光周期反应中暗期的长度是诱导植物开花的决定因素。

3.如何快速测定花粉的生活力?

TTC染色法(氯化三苯基四氮唑):具有正常萌发能力的花粉,脱氢酶活性高,能使无色的TTC被还原成红色三苯甲臜(triphenyl formazan)。

用pH 7.2的磷酸缓冲液配制0.2%～0.5%的TTC的试剂,在载玻片上放上待测花粉粒,滴加TTC试剂,盖上盖璃片,在35 ℃下保温15～20 min,在显微镜下观察,染成红色的是有生活力的花粉粒,花粉粒着色越浅表明其生活力越低,不着色的为已丧失生活力或不育花粉粒。

4.用实验证明钙在花粉萌发和花粉管伸长中的主要作用。

钙在植物受精过程中起着十分重要的作用,主要表现在钙能促进花粉萌发和花粉管伸长,诱导花粉管向胚珠定向生长而达到受精。

(1)通过花粉体外萌发实验证明钙在花粉萌发中的作用。在培养基中加入Ca^{2+},对花粉进行萌发实验,和对照比较,在含Ca^{2+}培养基中花粉萌发率高,花粉管伸长加快。

(2)通过体外培养实验证明钙在花粉萌发和花粉管伸长中的作用。在培养基上加雌蕊组织(柱头、花柱、胚珠等),培养一段时间后,能够发现花粉管朝向这些组织生长;在培养基上某一点加Ca^{2+},也可观察到花粉管向此处生长;此外,可以分析植物雌蕊组织中Ca^{2+}的含量,例如测定拟南芥从柱头到胎座部位Ca^{2+}的含量,可以证明从柱头到胎座Ca^{2+}含量递增。

四、分析讨论题

1.简述诱导植物开花的主要因素。

诱导植物开花的主要因素可归纳为两类,即自身发育因素和环境因素。自身发育因素是植物的一种自主诱导开花的机制,主要表现为不同植物开花的年龄不同。植物的这种成花诱导受内在发育因素的调控,而不依赖于环境因素,这种现象称为自主调控作用(autonomous regulation)。

诱导植物开花的环境因素主要是光和温度。光周期现象和春化作用是两个最重要的对光和温度季节性变化的应答机制。光周期现象是植物通过感应白昼或是黑夜的长短变化来调节开花时间的机制，春化作用是寒冷温度促进植物开花的机制。

植物激素在植物的成花过程中，诱导与成花过程有关的基因开启，调节开花。在空间上和时间上起多元调控作用，特别是赤霉素是诱导开花的重要因子。

其他因素如光质量、总光照量、环境胁迫作用、营养条件等因素也能调节植物开花。

2.简述光敏色素的两种形式及两者的相互转化。

光敏色素有两种可以互相转化的构象形式，即红光吸收型 Pr 和远红光吸收型 Pfr。Pr 型在 660～665 nm 处有最大吸收，Pfr 型在 725～730 nm 处有最大吸收。在自然条件的连续光照下生长的植物体内同时存在光敏色素的 Pr 和 Pfr 两种形式。

Pr 型是光敏色素的钝化形式，呈蓝绿色；而 Pfr 型是光敏色素的生理活跃形式，呈黄绿色。照射白光或红光后，Pr 型转化为 Pfr 型；照射远红光使 Pfr 型转化为 Pr 型。在两种形式发生光转换时，发色团双键位置转移，与发色团结合的蛋白质部位构型也发生相应变化，发色团在蛋白质中也发生了移动。Pfr 的蛋白质分子表面比 Pr 暴露得更多，疏水性更强，使 Pfr 分子更易与其他分子发生作用，这是二者不同生理活性的分子基础。

黑暗中生长的幼苗合成光敏色素 Pr 型，光下迅速转换为 Pfr 型，但 Pfr 型不稳定，在光下大量降解，达到一新的稳定状态。Pfr 型在暗中自发地逆转为 Pr 型，其逆转速率较光转换速率慢，较高的温度和较低 pH 加快暗逆转。

植物体内 Pfr 型光敏色素水平决定于合成速率、两种形式的互相转换速率、Pfr 的暗逆转和降解速率等。

3.试述光敏色素的作用机理。

光敏色素作为光活化的受体有以下一些作用机理：

(1)光敏色素改变细胞中多种膜的特性和功能。光敏色素 Pfr 能结合到质膜、叶绿体膜、线粒体膜等膜上，影响膜质子泵活性，导致膜电势快速变化，引起 K^+ 通道状态变化，发生 K^+ 的跨膜流动和细胞内 Ca^{2+} 的变化，从而引起许多快速反应，包括藻类叶绿体转动，叶感夜性运动等。这个效应可被红光后照射远红光所逆转。

(2)光敏色素信号转导。光敏色素接收光信号后，活化某一信号转导途径，包括 Ca^{2+} 和 CaM、G 蛋白及 cGMP，这些早期的信号事件诱导转录因子活化。

(3)光敏色素调控基因表达。光敏色素在转录水平上调控多种酶的基因表达，例如，光合作用中的 Rubisco、PGAK、FBPase、SBPase、Ru-5-PK、PEPC、PPDK 及叶绿素脱辅基蛋白等；与核酸代谢有关的 RNA 聚合酶、RNase 等；与代谢及 CaM 调节有关的靶酶；与次生物质合成有关的 PAL 等。

(4)光敏素可能参与植物成花的光周期诱导中的计时反应。

4.赤霉素与春化有何关系？

(1)许多需春化的植物，如二年生天仙子、白菜、甜菜和胡萝卜等不经低温处理则只长莲座状的叶丛，不能抽薹开花，GA 处理可使这些植物不经低温处理就能开花；油菜、燕麦等经低温处理后，体内 GA 含量增加；冬小麦的 GA 含量原来比春小麦低，但经低温处理后体内 GA 含量增高到春小麦的水平；用 GA 生物合成抑制剂处理植株会对春化起抑制效应。

（2）赤霉素与春化之间并不存在因果关系，因为：①很多情况下，GA 并不能诱导所有需春化的植物开花；②植物对 GA 的反应也不同于低温诱导，低温诱导的植物抽薹时就出现花芽，而 GA 虽可引起多种植物茎伸长或抽薹，但不一定开花。

5. 简述植物性别分化的遗传控制和激素调控。

遗传控制：不同植物性别决定有不同遗传控制方式。

在雌雄异株植物中存在两类性别基因，一类是在 X 染色体或 Y 染色体上的性别决定基因，另一类是与性别决定基因相互作用，使相应的性器官正常发育，使相对的异性器官败育的基本性基因。不同性别的植物个体具有不同的性染色体组成，因此具有不同的性别决定基因。

在雌雄同株异花植物中，在同一植株上产生不同性别的花，由相关的性基因控制在何时何处产生雄花或雌花。这类植物的花芽在分化初期具有两性器官，在发育过程中，一个性器官受抑制或退化，最后发育为单性花。

发育年龄也控制植物的性别分化，雌雄同株异花植物，雄花出现在发育的早期，然后才出现雌花。如玉米的雄花先抽出，随后在茎秆的一定部位出现雌花。在黄瓜的植株上，雄花着生在较低节位，雌花着生在较高节位。

激素调控：激素参与了性别表达的调控。IAA 一般增加雌株和雌花，GA 主要促进雄性器官的发育，不利于雌性器官的分化。细胞分裂素有利于雌花的形成。乙烯促进雌花发育。

6. 栽培亚麻有不同目的，可以采油，也可获取纤维，各应采取什么栽培措施来获取？

（1）亚麻是一种产于南方的短日植物。

（2）若栽培亚麻用作采油，则应在南方原产地栽培。在南方，具有满足亚麻成花的短日光周期诱导条件，亚麻正常开花结籽，籽粒用以榨油。

（3）亚麻的韧皮纤维很发达，若栽培亚麻用作获取纤维，则应在北方栽培。在北方，亚麻生长季节处于长日照条件，可避免短日照诱导开花，得到很好的营养体，从而可以保证纤维的产量和品质。但为了适当收获种子，可采取小面积遮光处理，使之能开花结籽。

7. 试分析东北的一种优良大豆引种到山东后产量可能降低的原因。

（1）大豆是短日植物。植物的临界日长随植物分布的纬度而不同，纬度高的地区，临界日长较长。

（2）东北夏季日照长，大豆营养生长时间长，往南引种到山东，同时期日照长度比东北短，较早满足这种大豆开花对光周期的要求，植物提前开花。

（3）由于营养体生长不足，从而限制了生殖生长，因此可能由此引起该品种大豆产量的下降。

8. 试述花形态建成的遗传调控模型。

花器官的形成和发育依赖于器官特征基因在时间顺序和空间位置上的正确表达。Coen 等（1991）提出了花形态建成遗传控制的“ABC 模型”。在这个调控模型中，根据功能的不同把调控花器官发育的基因分为 3 种，即 A、B 和 C 组基因。A 组基因控制萼片的发育，A 和 B 组基因协同调控花瓣发育，B 和 C 组基因协同控制雄蕊发育，C 组基因控制心皮或雌蕊发育，即萼片、花瓣、雄蕊和心皮分别由 A、AB、BC 和 C 组基因决定。在花分生组织分化期，这些基因在不同的区域里特异地表达，把花芽原基分划出 4 个明显不同的区域。A 组基因在靠外围的第一、第二区域里表达，且抑制 C 组基因在这两个区域内表达；C 组基因在靠中心的第三、第四区域中表达，且抑制A组基因在这两个区域中表达；B组基因在第二、第三区域表达。上述基因突变会产生同源异型突变表型，导致花器官的形态特征发生转变。缺失A组基因，C组基因即可在第一、第二区域表达，使第一区域发育成雌蕊和第二区域发育成雄蕊，花的结构即发生变化，形成了雌蕊-雄蕊-雄蕊-雌蕊的结构。如果缺失B组基因，第二区域发育成萼片，不是正常的花瓣，而第三区域则发育成雌蕊，不是正常的雄蕊，花的结构变成了萼片-萼片-雌蕊-雌蕊。如果缺失C组基因，A组的基因在4个区域里表达，第三区域发育成花瓣，不是正常的雄蕊，第四区域发育成了萼片，不是正常的雌蕊，花的结构变成了萼片-花瓣-花瓣-萼片。

近年来，ABC调控模式又有了新的发展，目前已经发展出更复杂的ABCDE模式，D组基因控制胚珠形态发生，E组基因调控除萼片以外的其他花器官。如果缺乏D组基因，突变体缺乏胚珠；如果缺乏E组基因，突变体的花器官全部发育为萼片。

9. 大豆(*Glycine max*)是重要的粮油作物，开花期是决定大豆产量的重要农艺性状。开花基因*APETALA1*(*AP1*)是MADS-box转录因子家族成员之一，在花发育的ABC模型中是*A*型功能基因。请回答下列问题：

(1)下列描述不正确的是(C)。

(2)对所得结论进行解释。

花器官的发育由A、B、C 3种类型的转录因子基因调控，*A*型基因控制萼片发育，*A*和*B*型基因协同调控花瓣发育，*A*型基因功能缺失突变体的花缺失萼片和花瓣。同时，开花期是决定大豆产量的重要农艺性状。因此，大豆*ap1*突变体的花结构、花形态和产量均会发生变化，但由于突变体的花缺失萼片和花瓣，所以，突变体花的颜色不会变为深紫色。

10. 根据所学知识，概括植物生殖生长所需的条件。

植物经过一定时期的营养生长后进入生殖生长期，这种转变从根本上改变了分生组织细胞的发育命运。植物进入生殖生长期需要一定的内、外条件。

(1)内部条件：

①生理状态。大多数植物在开花前都要达到一定的生理状态，然后才能在适宜的外界条件下开花，这种生理状态就是花熟状态。在幼年期的植物不能开花，即使处在适宜开花的外界条件下，也不能开花。植物达到花熟状态后，就能感受环境信号刺激，包括低温和光周期诱导，发生一系列诱导反应，随后分生组织进入一个相对稳定的状态，具备了分化花或花序的能力，再在发育信号指令和适宜的条件下就可以启动花的发生，进而开始花的发育过程。

②体内的营养状况调节花芽分化。营养是花芽分化和花器官形成的物质基础，碳水化合物对花芽的形成尤为重要，花器官形成也需要大量的蛋白质，精氨酸和精胺、含磷化合物和核酸等都与花芽分化有关。

③内源激素调控花芽分化。GA抑制多种果树的花芽分化；细胞分裂素、ABA和乙烯则促进果树的花芽分化；IAA的作用比较复杂，低浓度起促进作用而高浓度抑制。

(2)外部条件：

①光照和温度。除低温和光周期对成花的诱导外，在植物花芽分化期，光照时间长，光照强，有机物合成多，有利于开花。在一定的温度范围内，随温度升高而花芽分化加快。温度主要影响光合作用、呼吸作用和物质的转化及运输等过程，从而间接影响花芽分化。

②水肥条件。在水、肥条件适宜，氮肥适量条件下，配合施用磷、钾肥，并注意补充锰、钼等微量元素，有利于花芽分化。

第十一章　植物的休眠、成熟和衰老生理

内容提要

一、概述

本章主要介绍植物种子和芽的萌发和休眠、种子的发育和成熟、果实的生长和成熟、植物的衰老和脱落等相关内容，重点介绍诱导植物果实成熟的调控机理和衰老的调控机制。

二、学习目标

(1)了解休眠的原因及影响休眠和萌发的条件。

(2)掌握种子发育的基因表达及调控因素。

(3)掌握果实成熟的调控机制。

(4)掌握衰老的调控机制。

(5)掌握脱落的调控机制。

三、基本内容

1.种子的休眠和萌发

种子是作物的延存器官，一般情况下，种子在成熟后即进入休眠状态，必须在满足某些特定条件时种子才能萌发。休眠是植物生长发育的一个重要阶段。种子休眠的原因有种皮的限制、种子胚未发育完全、种子需生理后熟以及抑制物质的存在等。多种植物激素的动态平衡在休眠的诱导、维持和解除中起重要调节作用。

植物进入休眠受内在发育程度及外部环境因子的调节。日照长度是诱导植物体进入休眠的主要环境因子。多数冬季休眠的植物，在长日照下旺盛生长，短日照则抑制生长。

温度是诱导休眠的另一环境因子。秋季的日照变短和低温是伴随的，低温下植物进入休眠。低温处理也可以打破植物休眠，且打破休眠的程度与低温处理时间的长短有关(图 11-1)。如果温度不够低时，休眠的时间会延长。植物能自动调节休眠期的长短以适应变化的环境。

2.芽的休眠与萌发

多年生木本植物休眠的器官是芽。多数植物的芽休眠是典型的短日反应，在夏末秋初接受日照缩短、温度降低的信号，发生生理和形态变化。叶片是感受光周期的器官。ABA 可诱导芽休眠，GA 可打破芽休眠。ABA 与细胞分裂素和 GA 间的平衡在维持和打破休眠中起调控作用。

长日照可打破一些落叶树的休眠，由芽鳞或包裹的原叶感受长日照，有些植物要求低温后再长日照。短日照可以诱导芽休眠和长日照打破芽休眠的反应受红光促进、远红光抑制，是红光-远红光可逆反应，因此，光敏色素介入了休眠的光周期调控。低温不仅是诱导休眠的重要

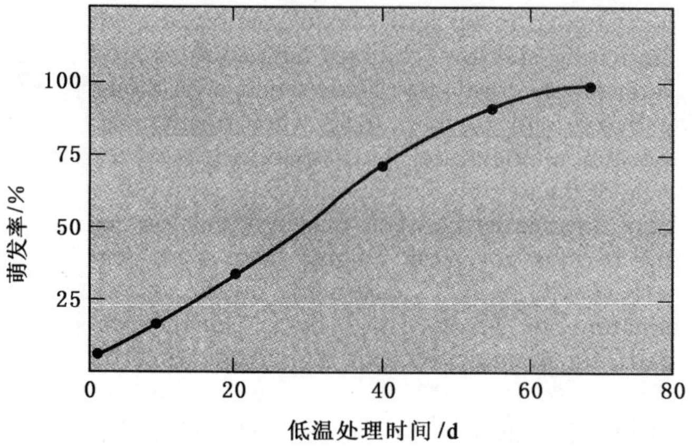

图 11-1 低温(4 ℃)处理时间与苹果种子萌发率的相关性

(Hopkins and Hüner,2004)

因子,许多芽的休眠也能被一段时间的低温打破。

3.种子的发育与成熟生理

种子的发育受一系列基因控制,发生剧烈的生理生化变化。种子的发育始于合子分裂,发育过程包括胚、胚乳发育,营养物质积累和种子的成熟干燥。

成熟花粉产生的两个精子随花粉管的生长进入胚珠的胚囊中,一个精子与胚囊中的卵细胞结合形成受精卵即合子,合子经过不均等分裂形成胚和胚柄,胚经过球形胚、心形胚、鱼雷形胚、子叶期,最后形成完整的胚,包括胚根、胚芽、胚轴和子叶。不同的植物胚开始发育的时期有所不同,有的植物在受精后几小时就开始胚的发育,但有些植物合子要经过一段时间的休眠后才开始发育。

花粉的另一个精子与胚囊中的两个极核结合,形成三倍体的胚乳。受精的极核没有休眠期,随即开始分裂。禾谷类如小麦、水稻、玉米、大麦、燕麦等种子胚乳的最外层是糊粉层,其富含内质网、蛋白体和脂质小体,是高度特化的分泌细胞,在种子萌发时合成和分泌水解酶类。胚乳的主要功能是积累贮藏物质,为胚的发育提供营养。

种子发育过程中,大量物质运入,并发生代谢转化。种子成熟受多种激素的调节控制,种子中内源激素的含量随种子发育而动态变化,如小麦受精前胚珠中细胞分裂素含量极低,在受精末期增加,出现细胞分裂素含量高峰;受精后籽粒开始生长时,GA 迅速增加,在第 3 周达到高峰,然后下降;在籽粒膨大时 IAA 含量增加,当籽粒鲜重达到最大时,IAA 含量也最高,但籽粒成熟时 IAA 含量极低;种子发育后期,ABA 含量明显增加(图 11-2)。内源激素的顺序变化对种子的发育有特殊功能,细胞分裂素可能调节籽粒形态建成的细胞分裂过程,GA 和 IAA 的增加参与调节有机物向籽粒的运输与积累,ABA 促进种子贮藏蛋白的基因表达,并促进种子的脱水干燥,有利于种子休眠。

种子的发育与成熟受一系列基因控制,在胚胎发育后期,一些具特殊生理功能的蛋白质基因表达。这类基因的产物是种子胚胎发育后期高丰度表达的蛋白质(late embryogenesis abundant proteins,LEA 蛋白)。这类蛋白在胚发育后期含量很高,但在种子萌发早期迅速消失。LEA 蛋白是高亲水性的可溶性蛋白,有高度的热稳定性。这些蛋白质在种子发育的中、后期可能起很重要的作用，可保护细胞的结构和代谢，参与种子抗脱水过程，使种子在后期脱水时不致受到破坏；LEA 蛋白也可作为渗透调节的物质。

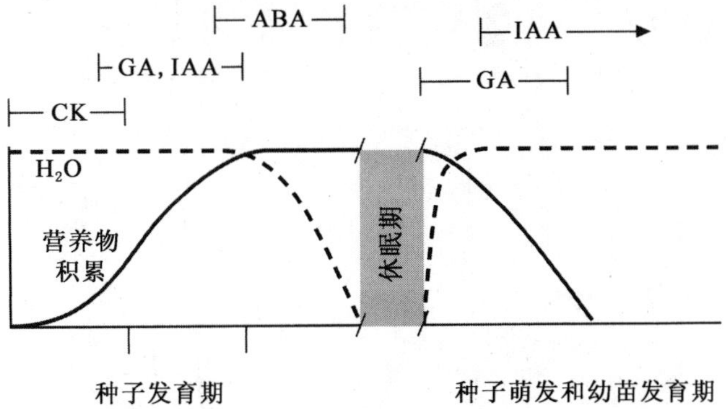

图 11-2　种子发育过程和种子萌发过程中内源激素含量的变化
(Hopkins and Hüner, 2004)

种子发育的最后阶段是种子的成熟干燥。在这一阶段，种子以脱水为主要特征，此时种子的鲜重降低，干重基本稳定，种子细胞内部的代谢逐渐减慢，趋于静止状态。种子的干燥关闭了种子发育过程中的蛋白基因的表达，整个种子进入休眠期。种子在成熟后期的脱水是自主性的，即使种子周围环境有大量的水分，种子细胞内的水分仍逆水势运行。种子可以在非常干燥的状态下存活。除 LEA 蛋白参与种子的抗脱水过程外，成熟种子中积累的糖类物质可能是种子忍受干燥的关键。糖类所含的羟基结构可保护细胞膜免受脱水造成的损伤。随着种子的脱水，种子中 ABA 含量降低，种子对 ABA 的敏感性也降低。

休眠期后，一旦种子吸水，活化了种子萌发有关的基因表达，代谢活动迅速恢复，但种子萌发期的蛋白质合成的种类和数量与种子发育过程中的完全不同。

4. 果实的生长和成熟生理

果实的生长表现出“慢—快—慢”的特点，不同植物果实的生长特点不同，如梨、苹果、香蕉、菠萝、草莓、番茄、茄子等植物的果实的生长积量只呈单 S 形曲线；而桃、李、杏、樱桃等的果实有两个迅速生长时期，其生长曲线呈双 S 形。

果实的生长受各种内源激素的调节，生长素、细胞分裂素和赤霉素在果实生长前期起促进果实膨大生长的作用，特别是生长素起关键作用。

果实生长停止后，发生一系列生理生化变化，包括果实变甜、酸味降低、涩味消失、具有特殊的香味、果实颜色变得鲜艳、果实变软等。许多果实发育过程中出现呼吸跃变，植物激素乙烯是诱导呼吸上升的主要原因(图 11-3)，呼吸高峰的出现标志着果实进入成熟，并即将衰老。乙烯是启动和促进果实成熟的激素，可用乙烯生物合成抑制剂或作用抑制剂来延迟果实成熟。果实成熟的调节也和其他激素相关，ABA 可促进果实成熟和衰老；生长素影响果实成熟的启动时间，一般可延缓果实的成熟，但不影响果实的成熟程度；细胞分裂素、GA 不影响成熟起始时间但降低成熟度。

5. 植物的衰老生理与器官脱落

植物的衰老是植物发育进程中自身遗传程序控制的一个阶段。在衰老过程中，细胞结构逐渐解体，在衰老组织细胞中发生一系列生理生化变化。衰老可受不同因子诱导，营养物

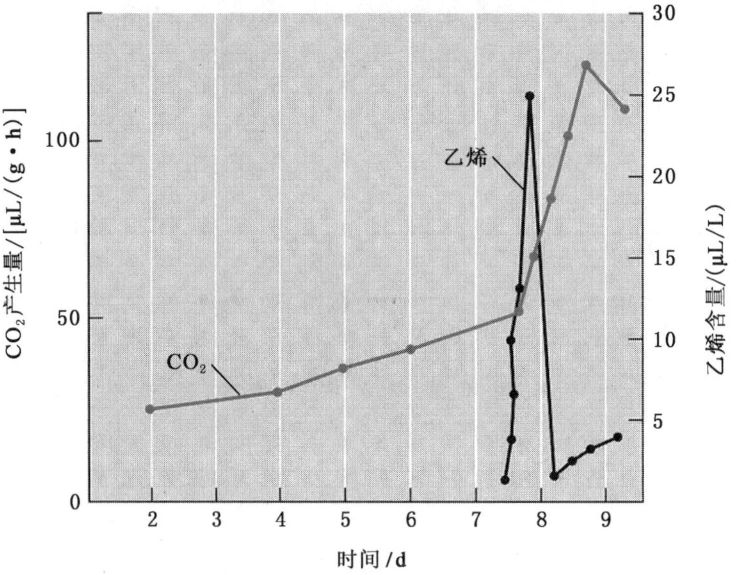

图 11-3 香蕉果实的呼吸和乙烯的产生

(Taiz and Zeiger,2006)

质的变化、自由基、活性氧的伤害以及激素平衡的变化会诱导衰老,乙烯、细胞分裂素和生长素是调控衰老的主要激素(图 11-4 至图 11-6)。光是调控植物衰老的重要环境因子。不同信号途径参与调控衰老过程,SA、JA 和乙烯信号分子参与调控衰老过程的基因表达。

左:生长素处理栀子枝条切口,4 周后枝条基部长出不定根,叶片保持绿色,未衰老;

右:栀子枝条未经生长素处理,4 周后下部叶片开始衰老。

图 11-4 外源生长素处理可延迟植物衰老

(Stern et al, 2008)

外用乙烯处理可促进拟南芥野生型叶片的衰老,但对拟南芥乙烯不敏感 *etr1* 突变体没有作用。

图 11-5 乙烯促进植物衰老

(Buchanan et al, 2000)

脱落是植物适应环境、保存和繁衍后代的方式。发生脱落的部位称为离区，离区中有几层体积小、细胞质丰富、分裂能力强、排列整齐的细胞，称为离层。离层细胞接受信号刺激后，水解酶活性增加，细胞壁发生水解，器官脱落。生长素和乙烯的相互关系控制器官的脱落，乙烯促进脱落(图 11-7)。生长素的相对含量影响离层细胞对乙烯的敏感性。

表达*ipt*基因的植株　对照

图 11-6　在含有细胞分裂素合成基因 *ipt* 的植株中叶片衰老延迟

(Taiz and Zeiger，2006)

两个小的冬青枝条被放置在两个烧杯中，其中在右侧烧杯中放置一个成熟的苹果，1 周后，由于苹果释放的乙烯诱导冬青枝条落叶。

图 11-7　乙烯对冬青枝条落叶的诱导作用

(Stern et al，2008)

四、重点和难点

1. 重点

(1)休眠生理及休眠与环境条件、植物激素的关系；

(2)种子发育与成熟的生理生化机制；

(3)果实成熟的特点及生理生化机制；

(4)衰老的生理生化变化及调控机制；

(5)脱落与植物激素的关系。

2. 难点

(1)果实成熟的调控机制；

(2)衰老的调控机制。

自 测 题

一、单项选择题

1. 休眠可由植物自身发育进程控制和外界环境条件控制所引起，后者称为(　　)。

A. 深休眠　　B. 生理休眠

C. 强迫休眠　　D. 内因性休眠

2. 植物的休眠器官有(　　)。

A. 花，果实　　B. 果实，种子

C. 种子，芽　　D. 花，种子

3. 植物营养体进入休眠主要与(　　)有关。

A. 日照长度　　B. 干旱

C. 光强度　　D. 干热

4. 禾谷类种子与豆类种子相比，萌发时吸水(　　)。

A. 更多　　B. 更少

C. 一样　　D. 无规律

5. 苹果等植物的种子，胚已发育完全，但在适宜的条件下仍不能萌发，必须要经过一段时间休眠后才能萌发，将此现象称为(　　)。

A. 强迫休眠　　B. 内因性休眠

C. 外因性休眠　　D. 后熟过程

6. 参与阻止种子发生胎萌现象的主要物质是(　　)。

A. IAA　　B. GA

C. ABA　　D. 乙烯

7. 人工用湿润沙土将种子分层堆埋在室外，经低温预冷处理，其作用是使植物种子(　　)。

A. 促进休眠　　B. 打破休眠

C. 提高生活力　　D. 延长寿命

8. 未完成后熟的种子在低温层积过程中，ABA 和 GA 含量的变化为(　　)。

A. ABA 升高，GA 降低　　B. ABA 降低，GA 升高

C. ABA 和 GA 均降低　　D. ABA 和 GA 均升高

9. 用药剂处理可打破种子的休眠，促进其萌发，常用的有(　　)。

A. GA　　B. ABA

C. 乙烯　　D. BR

10. 芽休眠的直接诱导因子是(　　)。

A. 光周期　　B. 低温

C. 光强　　D. 干旱

11. 植物激素间的平衡在维持和打破芽休眠中起调控作用，其中起主要作用的是(　　)。

A. IAA 与 GA　　B. CTK 与 GA

C. GA 与乙烯　　D. ABA 与 GA

12. 马铃薯由地下匍匐茎膨大形成，马铃薯匍匐茎的形成和发育主要受(　　)调控。

A. GA　　B. IAA

C. ABA　　D. 乙烯

13. 豌豆、蚕豆、菜豆等豆类种子发育过程中，最先累积的贮藏物质是(　　)。

A. 蛋白质　　B. 淀粉

C. 可溶性糖　　D. 油脂

14. 小麦、水稻、玉米等禾谷类种子在发育中，胚乳中的可溶性糖含量(　　)。

A. 迅速增加　　B. 迅速降低

C. 维持不变　　D. 缓慢增加

15. 花生、油菜等油料种子发育过程中，最先累积的贮藏物质是(　　)。

A. 蛋白质　　B. 碳水化合物

C. 脂肪酸　　D. 油脂

16. 水稻种子成熟时，非丁作为某些物质的贮备库与供应源，在种子萌发时将这些物质释放出来，供幼苗生长。这些物质包括(　　)。

A. 磷、钙和铁　　B. 磷、钙和锌

C. 磷、镁和锰　　D. 磷、钙和镁

17. 在种子发育后期，一些具特殊生理功能的蛋白质基因表达，这类基因的产物被称为(　　)。

A. LEA 蛋白　　B. P 蛋白

C. 收缩蛋白　　D. G 蛋白

18. 在种子发育的中、后期高丰度表达的 LEA 蛋白所具有的功能是(　　)。

A. 加快种子脱水　　B. 有利于种子成熟

C. 延缓种子萌发　　D. 利于种子抗脱水

19. 在种子的成熟过程中，呼吸速率(　　)。

A. 持续升高　　B. 连续下降

C. 升高，然后降低　　D. 降低，然后升高

20. 小麦种子从籽粒开始生长到种子成熟，IAA 含量的变化趋势是(　　)。

A. 持续升高　　B. 迅速增加，然后下降

C. 持续下降　　D. 迅速下降，然后升高

21. 内源激素的顺序变化对种子的发育有其特殊功能，在种子成熟过程内源激素出现的顺序是(　　)。

A. GA，IAA，CTK，ABA　　B. ABA，GA，IAA，CTK

C. CTK，GA，IAA，ABA　　D. CTK，ABA，GA，IAA

22. 种子成熟受外界条件影响，光照、水分条件不仅影响种子有机物的积累即种子产量，也影响种子的品质，原因在于(　　)。

A. 影响种子的呼吸作用　　B. 影响种子的含水量

C. 影响种子的蛋白质和脂肪含量　　D. 影响种子的生长速度

23. 同一品种的大豆在北方种植比在南方种植产量高、油质好的主要原因是(　　)。

A. 昼夜温差大　　B. 干旱

C. 长日照　　D. 土壤水分充足

24. 果实的生长受各种内源激素的调节,其中起最关键作用的是(　　)。

A. CTK　　B. GA

C. ABA　　D. IAA

25. 下列果实中,在成熟时不发生呼吸跃变的有(　　)。

A. 香蕉　　B. 苹果

C. 草莓　　D. 番茄

26. 参与控制果实成熟时呼吸跃变的主要物质是(　　)。

A. GA　　B. IAA

C. ABA　　D. 乙烯

27. 推迟果实成熟、延长果实贮藏时间的措施有(　　)。

A. 降低 CO_2 和 O_2 浓度　　B. 降低 O_2 浓度和温度

C. 提高 CO_2 和 O_2 浓度　　D. 提高 CO_2 浓度

28. 在衰老的植物组织或器官中,蛋白质含量显著下降,其主要原因是(　　)。

A. 蛋白质周转速率降低　　B. 氨基酸的生物合成受阻

C. 蛋白质水解酶活性增加　　D. 土壤中氮素含量下降

29. 生物体内影响衰老的自由基如羟自由基(·OH)、烃氧基(RO·)、超氧阴离子自由基(O_2^-·)、超氧物自由基(HOO·和 ROO·)、单线态氧($^1O_2$)等,由于它们均含氧,且比氧更活泼,又被称为(　　)。

A. 氧化态　　B. 氧化物

C. 氧离子　　D. 活性氧

30. 高光强和 O_2 浓度过高时都可诱发并加速植物体衰老,主要原因是(　　)。

A. 达到光饱和　　B. 产生自由基

C. 光合作用受抑制　　D. 物质合成减慢

31. 促使温带树木秋季落叶的信号是(　　)。

A. 气温下降　　B. 光强减弱

C. 日照变短　　D. 秋季干燥

32. 植物本身生理活动如营养生长和生殖生长竞争、源与库不协调等可引起叶片、花、果实发生脱落,这种脱落称为(　　)。

A. 胁迫脱落　　B. 正常脱落

C. 生理脱落　　D. 非自然脱落

33. 脱落与氧浓度有关,高浓度氧增加脱落的原因在于促进(　　)合成。

A. ABA　　B. IAA

C. 乙烯　　D. GA

34. 以下几种酶中，与器官脱落有关的酶是(　　)。

A. 淀粉磷酸化酶和Q酶　　B. 果胶酶和纤维素酶

C. 核酸酶和蛋白酶　　D. 蛋白酶和转化酶

35. 引起植物器官脱落的激素主要是(　　)。

A. ABA和乙烯　　B. IAA和乙烯

C. GA和乙烯　　D. CTK和乙烯

二、简答题

1. 简述植物进入休眠的生理变化。
2. 何谓种子休眠？种子休眠有什么生物学意义？
3. 简述种子休眠的原因。
4. 简述解除种子休眠的方法。
5. 简述环境条件对种子萌发的影响。
6. 简述油料种子成熟过程中主要贮藏物质的变化，并阐明收获油料种子时应注意什么问题。
7. 何谓呼吸跃变？出现呼吸跃变的原因是什么？
8. 简述果实成熟的激素调控。
9. 衰老有什么重要的生物学意义？
10. 简述叶片衰老时发生的生理生化变化。
11. 影响衰老的环境因子有哪些？
12. 影响脱落的外界因素有哪些？
13. 生产中常用哪些激素来调节控制脱落？

三、实验题

1. 用实例或实验证明果实生长与种子发育的关系。
2. 设计实验证明某一果实是跃变型果实，还是非跃变型果实。
3. 列举3例快速检测种子生活力的方法，简述其原理。

四、分析讨论题

1. 讨论种子发育过程中的基因表达。
2. 以肉质果实为例，论述果实成熟时的生理生化变化。
3. 分析乙烯与果实成熟的关系。
4. 试述植物器官脱落的激素调控。
5. 试讨论衰老的调控机制。

参考答案

一、单项选择题

1.C	2.C	3.A	4.B	5.D	6.C	7.B	8.B	9.A	10.A
11.D	12.A	13.C	14.B	15.B	16.D	17.A	18.D	19.C	20.B
21.C	22.C	23.A	24.D	25.C	26.D	27.B	28.C	29.D	30.B
31.C	32.C	33.C	34.B	35.B					

二、简答题

1.简述植物进入休眠的生理变化。

(1)代谢过程降低,呼吸速率下降。物质代谢发生了复杂的变化。休眠器官贮存大量糖、淀粉、脂肪或蛋白质等物质。积累的脂肪不仅作为一种贮藏物质,而且有重要的保护作用,使休眠芽顺利度过严寒的冬季。核酸和蛋白质的生物合成受阻。

(2)内源激素的相对含量和平衡关系发生变化。ABA 含量增加,IAA 和 GA 含量降低。ABA 是诱导种子休眠和抑制萌发的重要物质。ABA/GA 比值高,诱导休眠。

2.何谓种子休眠?种子休眠有什么生物学意义?

(1)大多数种子在成熟后,只要给予合适的外界条件,都能很快萌发,但有些种类的植物种子即使有适于萌发的条件也不萌发,需要经过一定的时间后才能萌发,这种现象称为种子休眠。

(2)生物学意义:种子休眠是植物发育过程中生长的暂停现象,是植物经过长期演化而获得的一种对环境条件及季节性变化的生物学适应性,有利于种的生存和繁衍。

3.简述种子休眠的原因。

(1)种皮限制。种胚外的种皮、果皮以及一些其他附属物对种子萌发有抑制作用,一些种子种皮外有蜡质层或角质层,或由于坚硬而厚的种皮阻止胚对水分和氧气的吸收,并对胚造成机械阻碍。

(2)胚未发育完全。有些植物如欧洲白蜡树、银杏、人参、当归、冬青等的种子或果实在脱离母体后,胚尚未发育完全,在湿润和适当低温条件下,幼胚继续从胚乳中吸取营养,完成发育后,才能萌发。

(3)种子未完全成熟。有些种子的胚已经发育完全,但在适宜的条件下仍不能萌发,它们一定要经过一段时间休眠,在胚内部发生一些生理生化变化才能萌发,通常称之为后熟过程。经过后熟作用后种皮透性增加,呼吸增强,有机物开始水解。苹果、桃、梨、樱桃等蔷薇科的植物和松柏类植物的种子就属于这类。

(4)抑制物的存在。许多种子中存在萌发抑制物质,如 HCN、NH_3、扁桃苷、芥子油、水杨酸、阿魏酸、香豆素、醛类、生物碱、酚类化合物、ABA。

4.简述解除种子休眠的方法。

针对种子休眠的原因可采取不同的解除种子休眠的方法。

(1)机械破损。适用于有坚硬种皮的种子,常用此法促进萌发。如摩擦、切破种皮或去除种皮。

(2)温度处理。低温条件能打破休眠,这被称为低温预冷,例如层积法,即用湿润的沙子将种子分层堆埋在室外,经低温预冷,可打破种子的休眠。也可用加热法,有的种子用温水浸泡一段时间,可促进种子萌发。有些种子要求变温,在恒定的温度下不萌发。

(3)化学处理。用硫酸处理棉花、刺槐、皂角、合欢等种子,可增加种皮的透气性,促进萌发。用生长调节剂处理可打破休眠,促进萌发,常用的生长调节剂主要有 GA、6-BA、IAA 等。

(4)物理处理。利用 X 射线、超声波、高低频电流、电磁场等处理也可解除种子的休眠。

(5)清水冲洗。含有萌发抑制物的种子如番茄、辣椒、茄子、西瓜等,播种前用流水反复冲洗,能促进萌发。

(6)光照处理。光为许多种子打破休眠所必需,去种皮后的种胚易于萌发。需光种子在光照处理后才能萌发。

5.简述环境条件对种子萌发的影响。

(1)水分:是种子萌发的首要条件,种子萌发的第一阶段是吸胀。干燥的种子必须吸收足够的水分才能恢复细胞的各种代谢功能。

(2)温度:种子萌发过程伴随水解酶类的合成和分泌,消化种子内贮存的营养物质,代谢活动增强,因此受温度影响,有温度三基点。

(3)氧气:从吸胀早期开始即伴随着呼吸的增加,因此需要有足够的氧气供应才能保证有氧呼吸进行。种子萌发过程中的呼吸途径主要是糖酵解和三羧酸循环,产生的中间代谢物和 ATP 作为胚细胞分裂和生长的物质与能量供应。一般种子在氧浓度为 10%以上才能萌发,含脂肪较多的油料种子萌发时需要氧含量更高。

(4)光照:需光种子的萌发需要光照,如莴苣种子。GA 可代替光照使需光种子在暗中萌发。

6.简述油料种子成熟过程中主要贮藏物质的变化,并阐明收获油料种子时应注意什么问题。

成熟的油料种子中主要贮藏物质是脂肪。成熟初期种子内先积累碳水化合物,随种子成熟,由碳水化合物逐渐转化为脂肪。在形成脂肪的过程中,先形成饱和脂肪酸,然后在去饱和酶作用下,转变为不饱和脂肪酸。此外,在种子成熟时先形成游离脂肪酸,以后才逐渐形成油脂,种子要达到充分成熟才能完成这些转化过程。

如果油料种子在未完全成熟时便收获,不但种子含油量低,而且油质差,这主要是脂肪的合成过程未完成,因此,在收获油料种子时应注意要等完全成熟再收获。

7.何谓呼吸跃变?出现呼吸跃变的原因是什么?

随着果实的成熟进程,某些果实的呼吸速率最初降低,至成熟末期突然升高而后下降,这种现象称为果实的呼吸跃变。呼吸跃变的出现标志着果实达到成熟可食的程度,也意味着果实即将进入衰老。

呼吸跃变产生的原因:

(1)内源乙烯含量增加。呼吸跃变产生的最主要原因是内源乙烯含量增加,有些果实在呼吸上升前出现乙烯高峰,有些果实的乙烯产生与呼吸同步上升。乙烯是促进果实成熟的激素，在果实中乙烯含量的增加和呼吸速率上升的时间进程一致。用外源乙烯处理可诱导和加速果实成熟。用减压抽气等方法除去果实中的乙烯则推迟成熟；乙烯生物合成抑制剂和乙烯作用拮抗剂都可抑制成熟。

（2）物质积累，代谢加强。在果实发育过程中，积累了大量物质，糖酵解速度加快，产生较多呼吸底物；水解酶与呼吸酶活性提高，苹果酸脱羧酶活性明显升高，使苹果酸脱羧而产生较多 CO_2；线粒体氧化磷酸化活性提高。

8.简述果实成熟的激素调控。

果实成熟可能是多种植物内源激素平衡作用的结果。

乙烯是启动和促进果实成熟的主要激素。ABA 也可促进果实成熟和衰老。跃变型果实在成熟过程中，伴随着乙烯的跃升或在乙烯水平上升前 ABA 水平上升；而非跃变型果实，只有 ABA 的增加而没有乙烯的增加。外源 ABA 处理能刺激苹果和番茄果实中的乙烯产生。

生长素影响果实成熟的时间，一般可延缓果实的成熟，但不影响果实的成熟程度。细胞分裂素不影响成熟起始时间，但降低成熟度。GA 的作用与之相似。

9.衰老有什么重要的生物学意义？

（1）衰老是不可避免的，是植物发育进程中自身遗传程序控制的一个阶段，是一种主动控制过程。

（2）衰老是对不良环境的适应，衰老程序的启动可被环境因子所诱导。

（3）在植物发育的一定阶段，老的叶片光合作用功能下降进入衰老程序，将物质运出，被新生的器官再利用，有利于植物保存营养物质及对营养物质的再利用。

（4）便于种子的扩散和种的生存，果实的成熟衰老有利于通过运输传播种子。

（5）器官的过早衰老对个体生长、发育不利，生产上会导致歉收。

10.简述叶片衰老时发生的生理生化变化。

（1）细胞的结构逐渐解体，叶绿体完整性丧失，光合作用迅速下降。核糖体和粗糙内质网急剧减少；衰老后期，线粒体嵴扭曲至消失；最后，液泡膜溶解，其中的各种水解酶散布到整个细胞。同时，细胞质 pH 降低，酸性介质的水解酶活跃，消化所有的细胞器，最后，膜完全破坏，细胞自溶解体。

（2）叶片失去绿色而呈现出红色、褐色或金黄色，也就是叶绿素降解，类胡萝卜素降解较晚。呼吸作用较平稳，但叶片变黄时，呼吸速率上升，出现类似于果实的呼吸跃变，常出现抗氰呼吸。

（3）衰老加剧蛋白质的降解，特别是定位在叶绿体上 75%以上的蛋白质均被降解。衰老加剧脂类降解，脂肪降解酶活性增加，参与脂肪降解过程的酶包括磷脂酶 D、磷脂酸磷酸酯酶、裂解酰基水解酶、脂氧化酶。衰老也促进编码核酸酶基因的表达，引起核酸的降解，RNA 总量迅速下降。

（4）大部分有机物和矿质元素向外撤退，转运到幼嫩的叶片被再度利用。

（5）细胞膜脂过氧化作用加剧，选择透性丧失。

（6）激素平衡发生变化，促进生长的 IAA、GA、CTK 含量减少，诱导衰老和成熟的 ABA、ETH 含量增加。

11.影响衰老的环境因子有哪些？

（1）光照：光是调控植物衰老的重要因子，植株或离体器官在光下不易衰老，在暗中则加速衰老。其主要原因是光调节叶片上的气孔开度，进而影响植物的气体交换、光合作用、呼吸作用、水分和矿质的吸收和运输等主要生理过程。强光和紫外光诱发植物体内产生自由基，加速衰老。光质对衰老也有影响，红光可阻止叶绿素和蛋白质降解，而远红光可消除红光的作用，可见衰老也是受光敏色素调控的。蓝光显著地减少叶绿素和蛋白质的降解，可延缓衰老。日照长度影响植物激素 GA 和 ABA 的合成，长日照促进 GA 合成，有利于生长；短日照促进 ABA 合成，加速器官的衰老。

(2)温度：高温和低温都加速叶片衰老，诱发自由基产生、膜破坏等。

(3)水分：水分胁迫刺激乙烯和 ABA 形成，加速叶绿体结构解体，光合作用下降，呼吸速率上升，加速物质分解，促进衰老。

(4)矿质营养：矿质营养缺乏使植物较老的器官加快衰老。

(5)氧气：O_2 是许多自由基的重要成分，O_2 浓度过高时，加速自由基形成，当超过其自身防御能力时，就会引起衰老。CO_2 对衰老有一定的抑制作用，特别是在果蔬贮藏中得到应用。

12. 影响脱落的外界因素有哪些？

(1)氧气：当氧浓度增高时，器官脱落率增加，氧气和脱落的关系与乙烯有关，高氧促进乙烯合成，从而诱发脱落。

(2)温度：温度过低或过高都有促进脱落的作用，低温是影响树木落叶的重要原因之一；高温促进呼吸作用，加速有机物消耗，同时高温常导致干旱，因而引起器官脱落。

(3)水分：水分胁迫会导致器官脱落，树木在干旱时落叶，可减少水分消耗，这是植物的保护性反应。干旱时 IAA 和细胞分裂素活性降低，而 ABA 和乙烯含量大大增加，这样一种新的激素平衡启动脱落过程。淹水使土壤中缺氧，乙烯大量合成，也导致器官脱落。

(4)矿质营养：矿质缺乏时，代谢失调，器官易于脱落。缺乏 N、P、K、S、Ca、Mg、Zn、B、Mo、Fe 都导致脱落。碳水化合物等营养供应不足也会增加花和果实的脱落率。

(5)光照：光强度和日照长度影响器官脱落。强光能抑制或延缓脱落，光照强度减弱时脱落增加。短日照促进脱落，长日照延缓脱落。

13. 生产中常用哪些激素来调节控制脱落？

在生产中，用 2,4-D 可防止茄果类植物如茄子、番茄等落花；用乙烯作用抑制剂硫代硫酸银(STS)控制花和叶片衰老脱落；低浓度 2,4-D 和 NAA 可减少棉花早期幼铃脱落，外源 GA 能增加棉花结铃。生长延缓剂如 CCC、B_9、PP_{333} 等对防止落铃也有明显效果。

在果树生产中，结果的大小年现象不利于果树生产经营，在生产上常进行人工疏花疏果，可用 NAA 或萘乙酰胺进行果树疏花疏果，其作用是通过增加乙烯的形成诱导离层区细胞水解酶活性而实现的。在生产上还常用 $MgCO_3$ 和 NaClO 作为脱叶剂，使叶片全部脱落，便于机械采收。也可在采前用乙烯利喷洒枣树，使成熟果实脱落，提高采收效率。

三、实验题

1. 用实例或实验证明果实生长与种子发育的关系。

种子的发育促进果实生长，可通过以下实例证明。

(1)在菜园或果园中，常可找到一边膨大、另一边停止发育的畸形果，仔细观察可以发现，在果实发育小的一侧种子没有发育，而膨大的一侧种子生长饱满，可见，果实的膨大与种子发育有关，种子的发育促进果实生长。

(2)利用草莓进行实验，分3组：一组作为对照，二组进行去掉草莓种子的处理，三组在去掉种子的部位添加含生长素的琼脂小块，一段时间后，观察草莓的生长情况。结果可发现，去掉种子后，果实的膨大受抑制；用生长素处理后，草莓的生长可一定程度得到恢复。以上结果证明，种子的发育促进果实生长，种子中所含的生长素对促进果实膨大起主要作用。

2.设计实验证明某一果实是跃变型果实，还是非跃变型果实。

在果实成熟过程中，跃变型果实和非跃变型果实的呼吸变化趋势有明显不同，同时，跃变型果实和非跃变型果实对乙烯的反应也有明显不同，跃变型果实有乙烯自我催化作用，而非跃变型果实没有乙烯自我催化作用，外源乙烯不能促进内源乙烯生成。根据以上特点，设计实验如下：

(1)在果实成熟前，将果实放于一密闭容器中，在一定时间内，经气相色谱仪测定分析容器内的 CO_2 含量变化，从而判断呼吸速率的变化趋势，确定是否有呼吸高峰出现。

(2)将未成熟的果实用乙烯利溶液处理后放入密闭容器中，或在密闭容器中注入低浓度乙烯，一定时间内，经气相色谱仪测定分析容器内的乙烯含量变化，根据是否有大量乙烯生成，可判断出是否由外源乙烯诱导了内源乙烯的生成。

综合以上结果，如果出现呼吸高峰，并有大量乙烯生成的果实，可以证明是跃变型果实。

3.列举3例快速检测种子生活力的方法，简述其原理。

(1)氯化三苯基四氮唑(TTC)法：利用活组织还原能力，当TTC渗入种胚的活细胞后被还原为红色的TTF，根据种胚染色情况，鉴定种子生活力。

(2)溴麝香草酚蓝(BTB)法：利用活组织呼吸放出 CO_2 使介质pH改变，用BTB检测介质pH变化，鉴定种子生活力。

(3)红墨水法：利用生活原生质膜的选择透性，而死的种胚细胞膜结构破坏，通透性增大，根据种胚染色情况，鉴定种子生活力。

(4)荧光法：利用种子中含有在紫外光下可发出荧光的物质(如某些黄酮类、香豆素类、酚类等)，在种子衰老时，这些荧光物质的结构和成分发生变化，根据荧光物质的改变，判断种子的生活力。

(5)负电测定法：利用种子的带电性。质量好的种子不带电，通过电场时不受电场的吸引；否则种子带电，通过电场时会被吸向负极或正极。

(6)X射线测定法：用X射线照相，观察种子胚是否已填满胚腔。根据胚长与胚腔比值鉴定种子生活力，比值高为高活力。

(7)电导率法：利用细胞膜的完整性，凡细胞膜完整性差的，则活力低，进入水中的化合物也多(包括氨基酸、有机酸、糖及其他离子等)。电导率高的是低活力种子，电导率低的是高活力种子。

以上测定方法列举3例即可。

四、分析讨论题

1.讨论种子发育过程中的基因表达。

(1)种子发育是一个有序的、有选择性的基因表达过程。通过特异mRNA的表达，合成特异蛋白质，最终导致种子发育成熟。

(2)在种子发育的不同时期，有大量不同的基因表达。发育早期合成与胚分化有关的蛋白质。发育中期合成和积累贮藏蛋白，大量合成和积累贮藏蛋白是种子发育的特点之一，贮藏蛋白基因在特定时间及部位表达，是多基因家族编码的。种子贮藏蛋白包括清蛋白、球蛋白、谷蛋白和醇溶谷蛋白。发育后期合成与种子休眠和种子抗脱水有关的蛋白质，是种子胚胎发育后期高丰度表达的蛋白质，简称 LEA 蛋白。LEA 蛋白富含不带电荷的氨基酸，具高度热稳定性，所以，可保护细胞的结构和代谢，参与种子抗脱水过程，使种子在后期脱水时不致受到破坏。在这一时期，种子中积累渗透调节物质，LEA 蛋白可作为渗调物质的调节蛋白。

(3)许多因素调控种子贮藏蛋白的基因表达。ABA 在转录水平上促进许多种子贮藏蛋白的基因表达；矿质营养也影响种子贮藏蛋白基因表达，缺硫时，种子中含硫的贮藏蛋白明显减少；甲硫氨酸的含量在很大程度上影响种子贮藏蛋白基因的表达。

2. 以肉质果实为例，论述果实成熟时的生理生化变化。

跃变型果实在果实成熟过程中出现呼吸跃变，跃变型果实成熟较迅速，而非跃变型果实成熟较缓慢。

果实成熟过程中发生明显的物质转化，表现在以下几方面：

(1)甜、酸度的变化。在果实未成熟前，从叶片运入的糖多转化为淀粉贮存于果肉细胞中，幼果并无甜味，随着果实成熟，淀粉酶、转化酶、蔗糖合成酶活性提高，淀粉水解转化成可溶性的葡萄糖、果糖、蔗糖等积累在液泡中，果实逐渐变甜。果实的酸味是由于有机酸的存在，包括柠檬酸、苹果酸、酒石酸等。未成熟果实有机酸含量高，随着果实成熟有机酸的合成过程减弱，部分有机酸转化为糖，使果实的酸味降低。

(2)涩味消失。某些未成熟果实由于单宁等物质的存在而有涩味，单宁是一种酚类物质，单宁与口腔黏膜上的蛋白质作用，使人的口腔产生苦涩感和麻木感。随着果实的成熟，单宁在过氧化酶的催化下被氧化或形成不溶性物质，果实涩味消失。

(3)产生具有香味的挥发性物质。在果实成熟过程中，酶催化形成各种酯类或醛类等芳香物质，使果实具有其特殊的香味。

(4)色泽变化。果皮中含叶绿素、类胡萝卜素和花色素 3 类色素。果实成熟前，由于存在大量叶绿素，果皮呈绿色，随着果实发育，叶绿素降解大于合成，叶绿素逐渐减少，类胡萝卜素合成积累增加，果皮呈现黄色和橙色。果实长大后，在阳光照射和较大的昼夜温差下，花色素的合成加强，使得果实向阳部分更加红润鲜艳。

(5)果实软化。果实软化主要与细胞中胶层果胶物质的转化有关，果胶物质包括原果胶、果胶、果胶酸。原果胶是果胶与纤维素缩合而成的化合物，不溶于水，通常未成熟果实细胞的初生壁中含大量的原果胶。原果胶含量越多，果实硬度越大。随着果实的成熟，多种与细胞壁有关的水解酶如果胶酯酶(PE)、多聚半乳糖醛酸酶(PG)和纤维素酶(CE)活性提高(图 11-8)，引起细胞壁结构成分发生变化。原果胶在原果胶酶作用下水解为果胶和纤维素，果实硬度变软。果胶在 PE 和 PG 作用下继续降解。PE 催化果胶水解为果胶酸，PG 催化多聚半乳糖醛酸 α-1,4-糖苷键的水解。果胶酸无黏性，果肉细胞彼此分开。果胶酸在果胶酸酶作用下，可进一步水解成半乳糖醛酸和己糖及戊糖。

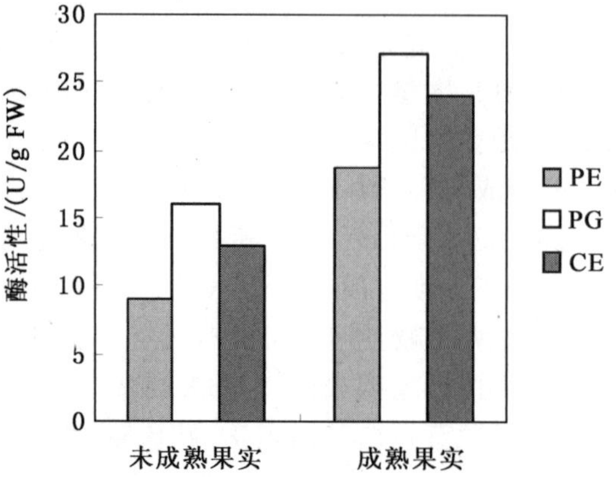

图 11-8 番木瓜果实成熟前后 PE、PG 和 CE 活性的变化

3. 分析乙烯与果实成熟的关系。

(1)乙烯是启动和促进果实成熟的激素,低水平乙烯即可诱导乙烯合成的关键酶 ACC 合成酶和 ACC 氧化酶的大量表达。

(2)乙烯诱导呼吸跃变,促进跃变型果实成熟。乙烯对非跃变型果实的成熟也有促进作用。跃变型果实和非跃变型果实的重要区别在于它们乙烯生成的特性和对乙烯的反应不同。跃变型果实中存在两个乙烯生成和调节系统,其中系统Ⅰ负责跃变前果实中低速率的基础乙烯的生成;系统Ⅱ负责跃变时乙烯自我催化的大量生成。非跃变型果实乙烯生成速率较低,整个成熟过程中只有系统Ⅰ乙烯生成。外用乙烯对非跃变型果实同样具有促进成熟作用。果实对乙烯的敏感性也随果实的发育而提高。

(3)乙烯可促进与成熟有关的许多酶的合成及酶活性的提高,从而促进果实成熟过程中的生理生化变化。在果实发育过程中,多聚半乳糖醛酸酶(PG)基因表达加强,酶活性提高。PG 主要负责催化果胶降解,果肉细胞壁中层分开。同时,纤维素酶活跃,使纤维素链部分降解,其他如甘露糖酶、糖苷酶、木葡聚糖酶、半乳糖苷酶等都参与细胞壁的水解,使果实变软。

(4)乙烯可增强膜透性,加速气体交换,诱导呼吸酶合成,促进呼吸速率提高;同时,引起水解酶外渗,催化有机物迅速转化。

(5)乙烯促进离层细胞活跃,导致果实脱落。

4. 试述植物器官脱落的激素调控。

植物器官的脱落受植物体内的各种激素调节控制。引起脱落的激素主要是生长素和乙烯的平衡。器官的脱落与器官的生长素含量有关。Addicott 等提出脱落的生长素浓度梯度学说,认为决定器官脱落的是离层区两边的生长素浓度梯度,而不是生长素的绝对含量,当生长素的浓度远轴端/近轴端比值高时,不发生脱落,相反,远轴端/近轴端比值低时,加速离层形成而发生脱落。

乙烯加速离层细胞的衰老是控制脱落的主要因素。在一定的发育阶段和条件下,离层细胞对乙烯的敏感增加,受乙烯的刺激而分裂扩大,同时,诱导许多水解酶的合成和提高酶的活性,如果胶酶、纤维素酶和多聚半乳糖醛酸酶,并加速这些酶向细胞壁分泌,水解离层的细胞壁,从而引起器官的脱落。

生长素和乙烯调控植物器官脱落可分 3 个时期（图 11-9）。①维持生长期：在接收到脱落信号之前，叶片维持正常功能，叶片中合成的生长素不断向外运输，维持叶片和茎之间的生长素浓度梯度，离层细胞处于对乙烯非敏感时期。②诱导期：叶片衰老或环境信号干扰生长素的合成和运输，不能维持生长素浓度梯度，甚至形成反向的浓度梯度，同时，乙烯的含量增加，生长素的活性降低，离层细胞对乙烯敏感性增加，进入器官脱离诱导时期。③脱落期：敏感的离层细胞对低浓度乙烯反应，合成和分泌果胶酶、纤维素酶等细胞壁降解酶，水解细胞壁而导致器官脱落。

ABA 能促进衰老，但仅能诱导少数植物器官脱落。

GA 和细胞分裂素不是直接减少脱落，可能因为延缓衰老而减少脱落。

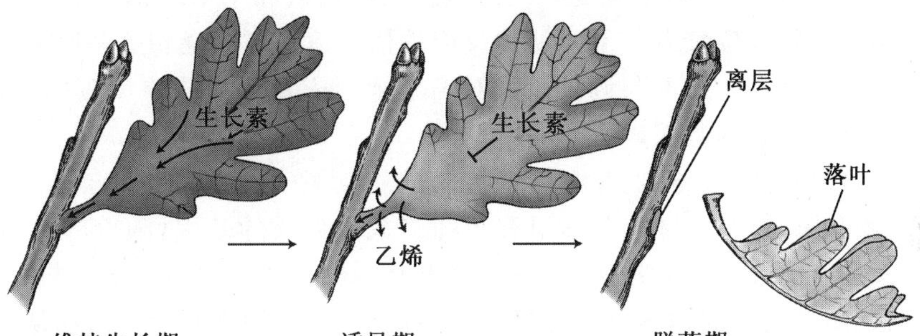

图 11-9　生长素和乙烯调控植物器官脱落

（Taiz and Zeiger，2006）

在维持生长期，叶片中生长素含量较高，离层对乙烯的敏感性较低；当叶片中生长素含量降低时叶片进入脱落的诱导期，此时叶片中乙烯含量增加，离层对乙烯的敏感性也增加；离层细胞对低浓度乙烯反应，合成细胞壁降解酶，水解离层细胞壁，叶片脱落。

5. 试讨论衰老的调控机制。

（1）营养物质的变化诱导衰老。由于生殖器官对营养物质的竞争力较强，一次性开花的一些植物在开花结实后，大量养分从营养器官运入生殖器官被再利用，致使营养器官衰老。糖含量的变化是诱导衰老的信号分子。

（2）自由基和活性氧加速衰老。具不成对电子的原子、分子或离子称自由基，生物体内存在并影响衰老的自由基有羟自由基（·OH）、烃氧基（RO·）、超氧阴离子自由基（O_2^-·）、超氧物自由基（HOO·和 ROO·）、单线态氧（$^1O_2$）等。由于它们均含氧，且比氧更活泼，又称为活性氧（reactive oxygen species，ROS）。植物体内生物大分子的降解会导致 ROS 的释放。ROS 对植物产生氧化伤害作用是多方面的：促进许多重要酶如 Rubisco 和谷氨酰胺合成酶等的降解；诱导脂质过氧化反应，影响膜的结构和功能；加速乙烯的生成；参与衰老基因表达的信号转导过程等，从而促进植物的衰老。

正常情况下，在植物体内存在自由基清除剂，如超氧物歧化酶（SOD）、过氧化氢酶（CAT）和过氧化物酶（POD）、维生素 E、维生素 C 和谷胱甘肽等。植物体内自由基清除剂可随时清除体内产生的自由基，但一旦植物体内抵御氧化伤害的机制效率下降，或产生活性氧的能力增加，二者失去平衡，自由基积累，就会加速衰老。

(3)激素对衰老的调控。乙烯是诱导衰老的主要激素,乙烯是果实成熟的促进因子,乙烯也促进叶片的衰老。乙烯是叶片衰老的调控因子,乙烯的存在加速叶片的衰老,但乙烯不是诱导衰老的启动因子,乙烯不引起幼嫩叶片的衰老,叶片只有发育到一定阶段后才对乙烯信号产生反应。

细胞分裂素延缓衰老,由于细胞分裂素可吸引营养物质,细胞分裂素延缓叶绿素和蛋白质降解,维持 Rubisco 和 PEPC 的活性,保护膜的完整性,维持 SOD 和 CAT 的活性;同时,细胞分裂素可刺激多胺的形成,多胺抑制 ACC 合酶的形成,从而减少乙烯的生成,可清除自由基。

GA 能阻止叶绿素和蛋白质降解,并清除自由基,从而延缓衰老。

ABA 可抵消细胞分裂素和 GA 的作用,促进衰老。

(4)胁迫对衰老的影响。病原菌侵染、水分胁迫、由臭氧和 UV-B 诱导的氧化胁迫等可诱导植物体在还未成熟就发生衰老。不同胁迫反应的信号途径与衰老相关基因的表达有明显交叉,如 SA、JA 和乙烯信号分子参与调控植物对病原菌反应及环境胁迫反应的基因表达,这些途径也参与调控衰老过程的基因表达。

(5)衰老的遗传控制。衰老是遗传程序控制的主动发育进程,在衰老早期,叶片中多数 mRNA 水平显著下降,如编码与光合作用有关的多数蛋白质的基因,随着叶片衰老而其表达急剧下降。另一类基因在衰老时被诱导表达,这类基因编码的蛋白质主要参与大分子的降解、氧化代谢的解毒、防卫机制的诱导以及信号和调控反应等,使细胞的代谢活动从合成代谢为主转向降解代谢为主。如催化乙烯生物合成的 ACC 合酶和 ACC 氧化酶的基因表达增强,产生大量乙烯;谷氨酰胺合成酶的基因表达增强,参与降解物的转化与再分配。

第十二章　植物的逆境生理

内容提要

一、概述

本章主要介绍植物对逆境适应的生理机制，重点介绍水分胁迫、温度逆境、盐分胁迫对植物的影响。

二、学习目标

(1)掌握逆境的概念、种类以及植物抵抗逆境的方式。

(2)掌握植物对逆境适应的生理机制。

(3)掌握水分胁迫、温度逆境、盐分胁迫对植物的影响及植物的抵抗机制。

三、基本内容

1.逆境和抗逆性

对植物生存与生长不利的环境因子称为逆境，也称为环境胁迫或胁迫。逆境可分为生物逆境和非生物逆境。

植物对环境胁迫有一定的适应和抵抗能力，称为植物的抗逆性。植物对逆境的适应方式大致可分为3种形式：避逆性、御逆性和耐逆性。

植物响应逆境的生理及分子机制包括：通过调节自身的生长发育使其适应外界环境的变化；积累保护性物质、膜组分和结构发生改变；进行渗透调节；增强活性氧清除能力；激素平衡发生变化；诱导形成逆境蛋白等。植物经历了某种逆境后，能提高对另一些逆境的抵抗能力，这种对不良环境之间的相互适应作用，称为交叉适应。

渗透调节是植物的一种适应渗透胁迫的生理生化机制，通过主动增加细胞内溶质，降低渗透势以促进细胞吸水从而维持细胞膨压。参与细胞渗透调节的物质主要有两大类：一类是细胞从外界吸收的无机离子，包括 K^+、Cl^-、Na^+ 等，主要贮存于液泡中；另一类是细胞内合成的有机物质，主要有可溶性糖、可溶性蛋白、脯氨酸、甜菜碱以及其他物质(包括甘油、山梨醇、甘露醇等有机物质)，这些物质存在于细胞质中。

活性氧是化学性质活泼、氧化能力极强的含氧自由基及衍生的含氧物质的总称。自由基是指含有不配对电子的原子、分子或离子。在植物体内，含氧自由基主要有超氧阴离子自由基($O_2^-\cdot$)、羟自由基($\cdot OH$)、超氧物自由基($ROO\cdot$ 和 $HOO\cdot$)等。化学性质活泼的氧代谢产物包括单线态氧($^1O_2$)和过氧化氢(H_2O_2)。在逆境条件下，植物的活性氧产生增加。活性氧引发细胞膜中不饱和脂肪酸发生膜脂过氧化作用是一个链式循环反应。活性氧还对蛋白质和核酸产生破坏作用，活性氧也参与信号转导过程。

在植物体内活性氧的清除机制包括酶系统和非酶系统。酶系统包括超氧化物歧化酶(SOD)、过氧化物酶(POD)、过氧化氢酶(CAT)、谷胱甘肽过氧化物酶(GPX)、谷胱甘肽还原酶(GR)等。在酶保护系统中,SOD处于核心地位。非酶系统是指生物体内具有清除自由基和活性氧功能的一些非酶物质,如抗坏血酸、类胡萝卜素、谷胱甘肽等。

环境胁迫诱导蛋白质的合成,如热激蛋白(HSPs)、水胁迫蛋白(WSPs)、冷胁迫蛋白、厌氧胁迫蛋白、盐胁迫蛋白、胚胎发育后期丰富蛋白(LEA)和ABA响应蛋白。根据蛋白在植物的逆境反应中所起的作用分两类:一类是功能基因,其编码产物直接参与植物对逆境的保护反应;另一类是调节基因,其编码产物是调节基因表达的转录因子或在植物感受和传递胁迫信号的蛋白激酶。

ABA是植物对逆境反应的重要调节者,植物处于逆境时,体内ABA含量大幅度升高,诱导在逆境胁迫下植物基因的特异表达,植物内源ABA含量与其抗逆能力呈正相关。ABA也称为胁迫激素,它主要通过调节气孔运动、保持组织内的水分平衡、增强根的透性、提高水的通导性等来增加植物的抗逆性。

2. 水分逆境对植物的影响

干旱分为3种类型:大气干旱、土壤干旱和生理干旱。植物适应和抵抗干旱的能力称为抗旱性。干旱对植物的直接效应是脱水,从而引起植物的水分亏缺。在干旱失水胁迫时,植物通过形态和生理上的改变来适应外界环境的改变。形态方面:通常抗旱性较强的植物根系发达,较深,根冠比大;叶片细胞体积小或体积/表面积比值小;主动的和被动的叶运动、增加茎叶表皮蜡质或表皮毛减少截获的辐射,植物减少失水。生理方面:保持细胞有很高的亲水能力,防止细胞严重脱水;水解酶类如RNA酶、蛋白酶、脂酶等能保持较稳定状态;细胞会大量积累一些小分子有机化合物,如脯氨酸、甜菜碱等渗透调节物质;诱导一些蛋白的产生和积累,如LEA蛋白。

干旱对植物的伤害主要表现在:机械损伤;膜及膜系统受损及膜透性改变;体内各部分间水分重新分配;破坏正常的代谢过程,合成代谢减弱(图12-1),水解代谢加强。

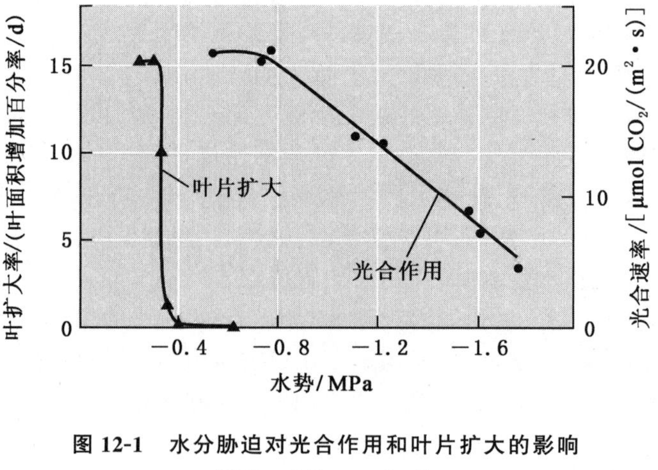

图12-1 水分胁迫对光合作用和叶片扩大的影响

(Taiz and Zetger, 2006)

通过抗旱锻炼、合理使用矿质营养(如磷、钾肥)、喷施生长延缓剂和抗蒸腾剂等可提高植物的抗旱性。

水分过多对植物的危害称涝害。植物对积水或土壤过湿的适应力和抵抗力称植物的抗涝性。

3.温度逆境对植物的影响

植物生长对温度的反应有三基点,即最低温度、最适温度和最高温度。超过最高温度,植物就会遭受热害。低于最低温度,植物将会受到寒害(包括冷害和冻害)。

冰点以上的低温称为冷胁迫,由此对植物产生的伤害称作冷害。冷胁迫下植物发生一系列的生理生化变化。冷害的原初部位是生物膜,植物抗冷的细胞和生化机制主要是细胞膜蛋白质稳定、增强活性氧清除能力。冰点以下使植物组织结冰的低温称为冻胁迫,由此引起的伤害称为冻害。冻胁迫下,植物发生胞间结冰或胞内结冰。胞间结冰是指温度缓慢下降时,细胞间隙的水分结成冰晶的现象(图 12-2)。当降温非常迅速或温度过低时,不仅细胞间结冰,而且细胞内也发生结冰。结冰引起细胞的机械伤害、细胞膜的损伤、蛋白质的变性失活和活性氧伤害。植物抗冻的生理机制有过冷作用、渗透调节作用、保护性物质积累和增强活性氧的清除能力。提高植物抗冻性的主要途径是抗冻锻炼。

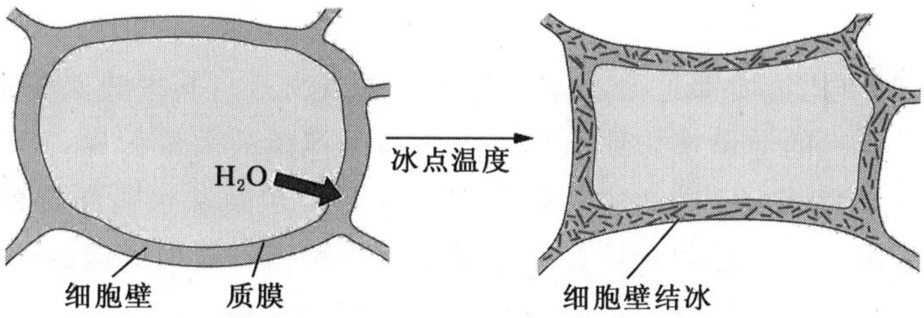

图 12-2　冰点以下低温引起植物胞间结冰现象

(Buchanan et al, 2000)

由高温引起植物伤害的现象称为热害。植物对高温胁迫的适应则称为抗热性。植物在长期进化过程中形成了对高温逆境的适应和抵抗能力,通常可分避热性、御热性和耐热性。在高于正常生长温度 5～10 ℃或以上时,生物体会大量合成一些新的蛋白质,称为热激蛋白(HSPs),这种现象叫作热激反应(HSR)。植物热激蛋白具有多种特点和生理功能。

4.盐害生理与植物的抗盐性

土壤盐分过多对植物造成的伤害作用称为盐害。一般将植物盐害分为原初盐害和次生盐害。原初盐害是指盐离子本身对植物产生的伤害,即离子胁迫、ROS 代谢系统的平衡破坏、代谢紊乱导致的伤害。它可分为直接毒害作用和间接毒害作用,前者伤害细胞质膜,破坏质膜选择性透性;后者干扰植物各种代谢过程。次生盐害则包括由于土壤盐分过多而引起的渗透胁迫和由于离子间的竞争而引起的营养亏缺。

植物对盐分过多(盐胁迫)的适应能力称为抗盐性。植物的抗盐机制可分为避盐性和耐盐性。植物通过某些生理机制避免体内盐分过多,称为避盐,其途径有拒盐、排盐、稀盐和聚盐(图 12-3)。植物通过生理过程或代谢反应的改变来适应细胞内的高盐环境称为耐盐,其主要方式有渗透调节、维持营养元素平衡、稳定膜系统及代谢调节等。

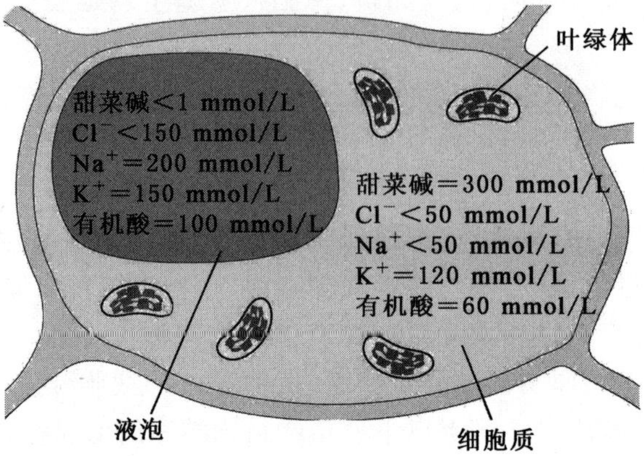

图 12-3 盐胁迫下菠菜细胞中 Na^+、Cl^- 主要积累于液泡中

(Buchanan et al，2000)

5. 植物抗逆性的研究方法

植物抗逆性的研究主要包括渗透调节物质含量的测定、膜透性的测定和抗氧化酶活性的测定。

无机离子和一些有机物质都是植物体内的渗透调节物质。其中脯氨酸是植物体内有效的渗透调节物质，几乎所有的逆境都导致植物体内游离脯氨酸的大量积累，其积累情况与植物抗逆性有密切关系，可作为植物抗逆性的一项生理指标。常用磺基水杨酸提取植物体内游离的脯氨酸，用茚三酮法测定脯氨酸的含量。甜菜碱也是一种植物体内的渗透调节物质，与植物的抗逆性有关，利用化学比色法可以测定植物体内甜菜碱的水平。

植物组织受到逆境时，细胞膜会受到伤害，可用电导仪法测定细胞外液的电导率，计算出膜的相对透性，得知伤害程度，反映植物的抗逆强弱。

超氧化物歧化酶(SOD)、过氧化物酶(POD)、过氧化氢酶(CAT)是植物体的主要抗氧化酶。可利用氮蓝四唑(NBT)光化还原法测定 SOD 活性；利用高锰酸钾滴定法和紫外吸收法测定 CAT 活性；利用愈创木酚比色法测定 POD 活性。

四、重点和难点

1. 重点

(1)逆境或胁迫的生物学意义；

(2)植物响应逆境的生理及分子机制；

(3)植物抗旱、抗盐和抗温度胁迫的机制；

(4)提高植物(或作物)抗逆能力的途径。

2. 难点

植物响应逆境的生理及分子机制。

自　测　题

一、单项选择题

1. 植物对逆境的抵抗和忍耐能力称为植物的(　　)。

A. 避逆性　　B. 御逆性

C. 耐逆性　　D. 抗逆性

2. 植物在逆境下水分代谢的变化特点是(　　)。

A. 各种逆境下水分状况有不同的变化

B. 植物吸水能力降低、蒸腾量减少,但蒸腾量大于吸水量,植物萎蔫

C. 仅在低温胁迫下植物吸水能力降低

D. 仅在盐害、干旱条件下植物吸水能力降低

3. 通过生理或代谢过程来适应细胞内的高盐环境的抗盐方式称(　　)。

A. 避盐　　B. 排盐

C. 稀盐　　D. 耐盐

4. 在植物受旱情况下,细胞中含量显著提高的氨基酸是(　　)。

A. 天冬氨酸　　B. 精氨酸

C. 脯氨酸　　D. 谷氨酸

5. 在植物对逆境的适应中最为重要的植物激素是(　　)。

A. 细胞分裂素　　B. 乙烯

C. 茉莉酸甲酯　　D. 脱落酸

6. 膜脂中(　　)与总脂肪酸的相对比值,可作为衡量植物抗冷性的生理指标。

A. 不饱和脂肪酸双键　　B. 饱和脂肪酸

C. 不饱和脂肪酸　　D. 脂肪酸链长

7. 植物的抗逆性强弱与体内激素有关。同一品种的植物经抗冷锻炼后,体内(　　)的比值升高。

A. CTK/IAA　　B. ABA/JA

C. ABA/GA　　D. ABA/SA

8. 以下哪种蛋白质不是逆境蛋白?(　　)

A. 热激蛋白　　B. 冷响应蛋白

C. 盐逆境蛋白　　D. 伸展蛋白

9. 植物在经过干旱或盐渍等处理后,对低温和缺氧的抵抗能力也有提高,这种现象是(　　)。

A. 交叉适应　　B. 低温锻炼

C. 逆境忍耐　　D. 逆境逃避

10. 在非生物逆境条件下植物体内脱落酸含量会(　　)。

A. 减少　　B. 增多

C. 变化不大　　D. 先减少后增多

11. 植物对冰点以下低温的适应能力为(　　)。

A. 抗寒性　　B. 抗冷性

C. 抗冻性　　D. 耐寒性

12. "生理干旱"是指下列哪种原因造成的植物干旱?(　　)

A. 大气温度低　　B. 土壤水分含量低

C. 土壤盐浓度过高　　D. 叶片蒸腾作用太强

13. 下列有关植物抗盐性的描述,不正确的是(　　)。

A. 植物受到盐胁迫时,会引起渗透胁迫

B. 植物受到盐胁迫时,会引起体内营养缺乏胁迫

C. 植物受到盐胁迫时,生物膜破坏,膜透性增加

D. 植物受到盐胁迫时,光合速率增强

14. 下列有关渗透胁迫和渗透调节的描述,不正确的是(　　)。

A. 渗透胁迫是指植物与环境间渗透势不平衡导致的胁迫

B. 干旱和盐胁迫会对植物产生渗透胁迫

C. 植物通过积累各种渗透调节物质,提高细胞液浓度,抵抗渗透胁迫

D. 渗透调节物质是一类植物体内合成的有机物质

15. 北方农田有冬灌习惯,其主要目的是(　　)。

A. 防止春旱　　B. 杀死越冬害虫

C. 保温御寒　　D. 给越冬作物供水

16. 细胞间结冰伤害的主要原因是(　　)。

A. 原生质过度脱水　　B. 膜透性增大

C. 机械损伤　　D. 代谢紊乱

17. 下列有关植物抗寒性的描述,不正确的是(　　)。

A. 植物在遭受冷胁迫时,随冷害程度增加,细胞膜透性增大

B. 植物抗寒性随膜脂不饱和脂肪酸含量的增加而增强

C. 随膜脂中不饱和脂肪酸含量和不饱和程度的增加,膜流动性降低

D. 植物在遭受冷胁迫时,膜蛋白的结构和功能受影响,膜蛋白活性降低

18. 下列有关提高植物抗旱性的正确途径描述,不正确的是(　　)。

A. 在种子萌动期或幼苗期进行干旱锻炼,能有效提高植物的抗旱性

B. 合理施用磷、钾肥,可以提高植物的抗旱能力

C. 增施氮肥,促进有机化合物的合成,增加抗旱性

D. 合理施用抗蒸腾剂和生长延缓剂,控制气孔开度,减少蒸腾失水,增加抗旱性

19. 造成盐害的主要原因为(　　)。

A. 渗透胁迫　　B. 光合速率小于呼吸

C. 膜透性改变　　D. 机械损伤

20. 高温的直接伤害是(　　)。

A. 光合速率下降　　B. 呼吸速率升高

C. 蛋白质变性　　D. 光合速率小于呼吸速率

21. 植物适应干旱条件的形态特征之一是根/冠(　　)。

A. 大　　B. 中等

C. 小　　D. 不明显

22. 下列有关干旱对植物的伤害描述，不正确的是(　　)。

A. 水分不足时，植物体内各部分间的水分发生重新分配，幼叶从老叶争夺水分，促使老叶死亡

B. 水分不足时，破坏正常的代谢过程，合成代谢加强，水解代谢减弱

C. 水分胁迫抑制光合作用，光合速率下降

D. 水分不足时，正常的膜双层结构被破坏，膜及膜系统受损

23. 涝害影响植物正常生长的根本原因是(　　)。

A. ABA 含量增加　　B. 缺氧

C. 无氧呼吸　　D. 乙烯含量增加

24. 植物遭受冷害以后，其多胺含量(　　)。

A. 增加　　B. 减少

C. 不变　　D. 变化无规律

25. 经抗寒锻炼的植物体内会减少的植物激素是(　　)。

A. ABA、CTK　　B. ABA、乙烯

C. GA、IAA　　D. ABA、GA

26. 干旱、高温、低温、冻害、盐渍等逆境条件对植物造成的共同伤害首先是(　　)。

A. 光合异常　　B. 水分胁迫

C. 代谢紊乱　　D. 膜结构破坏

27. 干旱和短日照会引起植物体内水平增加的激素是(　　)。

A. CTK　　B. ABA

C. JA　　D. IAA

28. 植物经适当低温处理(锻炼)后，其膜脂中含量升高的是(　　)。

A. 软脂酸　　B. 硬脂酸

C. 油酸　　D. 亚麻酸

29. 下列描述不正确的是(　　)。

A. 在抗寒锻炼中膜结构稳定性的提高是产生抗寒力的关键性变化

B. 膜脂和膜蛋白的变化也与植物抗寒性密切相关

C. 磷脂与膜脂不饱和脂肪酸的含量也是随着抗寒力的增加而增加

D. 同一种植物，抗寒性强的品种其不饱和脂肪酸的含量低于抗寒性弱的品种

30. 路灯下生长的树木往往易冻死，其主要原因是（　　）。

A. 路灯光谱不利于植物正常休眠　　B. 与路灯下温差大有关

C. 路灯下光照时间延长，树木不能正常休眠　　D. 路灯下植物水分代谢失常

31. 植物体内负责清除 H_2O_2 的酶主要是（　　）等。

A. SOD 和 POD　　B. CAT、POD 和 GPX

C. SOD、CAT 和 POD　　D. POD、GPX 和 GR

32. 耐热性强的植物原生质蛋白质具有的特点是（　　）。

A. 易发生不可逆的变性与凝聚　　B. 疏水键多，二硫键少

C. 对热稳定，疏水键和二硫键多　　D. 对热稳定，疏水键和二硫键少

二、简答题

1. 举例说明植物抗性的方式和特点。
2. 渗透调节物质有哪些？渗透调节的主要生理功能是什么？
3. 简述在逆境中植物体内积累脯氨酸的生理作用。
4. 简述逆境蛋白产生的生理意义及生理功能。
5. 提高植物（或作物）抗逆能力的途径有哪些？
6. 干旱对植物产生哪些伤害？
7. 抗旱植物在形态及生理上具有哪些特点？
8. 简述矿质元素与作物抗旱性的关系。
9. 为什么植物遭受寒冷后绿叶容易变紫？
10. 为什么土壤干旱造成植物生长缓慢，植株矮小？
11. 在干旱和淹水条件下，植物内源激素有何变化？其意义如何？
12. 菜苗移栽之前往往搁置一段时间（搁苗）成活率高，简要分析其原因。
13. 涝害对植物有何影响？如何提高植物的抗涝性？
14. 在低温胁迫下，为何植物细胞内膜脂过氧化程度加剧？
15. 为什么细胞膜脂的不饱和脂肪酸含量与植物抗寒性有关？
16. 为什么植物的休眠状态与抗寒能力密切相关？
17. 简述提高植物抗寒性的途径以及抗寒锻炼后植物体生理的变化。
18. 为什么 C_4 植物较 C_3 植物耐热？
19. 简述高温对植物的伤害。
20. 盐分过多对植物产生哪些危害？
21. 简述耐盐植物忍受盐胁迫的生理机制。
22. 简要说明水分胁迫与盐胁迫对植物影响的异同之处。
23. 简述冷害和冻害对植物细胞伤害的异同点。

三、实验题

1. 植物抗逆性与细胞膜透性有何关系？常用的测定细胞膜透性的方法是什么？
2. 植物组织中游离脯氨酸测定的原理是什么？脯氨酸含量与植物的抗逆性之间的关系

怎样？

3. 从以下实验结果中你可得出什么结论？

实验材料	处理	电导率/(μS/cm)
A 植物叶片	4 ℃ 2 h	103.2
	室温 2 h	27.8
	40 ℃ 2 h	30.8
B 植物叶片	4 ℃ 2 h	75.3
	室温 2 h	25.4
	40 ℃ 2 h	184.3

4. 列举一种测定植物组织中超氧化物歧化酶活性的方法，并简单阐述其原理。

5. 植物在盐胁迫条件下的存活率、离子渗漏率和细胞内 Na^+/K^+ 含量是反应植物抗盐性的重要指标。利用水稻野生型和 *osprr73* 突变体为材料，研究水稻的耐盐性。实验用 180 mmol/L NaCl 分别处理水稻野生型和 *osprr73* 突变体幼苗，处理 7 d 后测定幼苗的存活率、离子渗漏率和细胞内 Na^+/K^+ 含量，实验结果如图 12-4 所示：

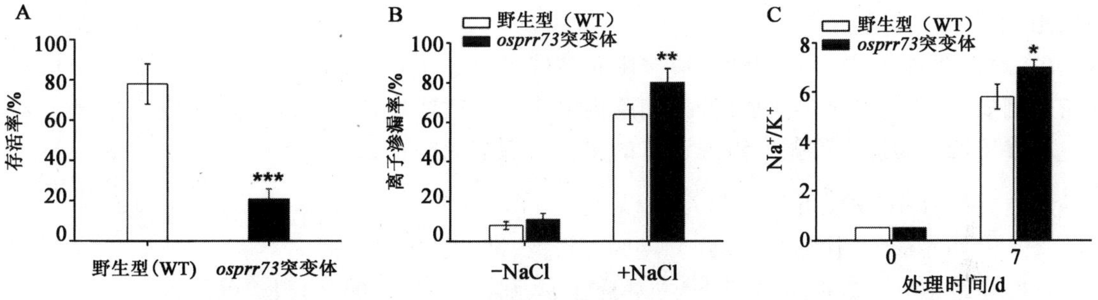

图 12-4　植物在盐协迫条件下的存活率、离子渗漏率和细胞内 Na^+/K^+ 含量变化

请分析实验结果并得出结论。

四、分析讨论题

1. 试述植物的抗旱机理。简述如何提高植物的抗旱性。

2. 试讨论植物耐盐的生理学机制。如何提高植物的抗盐性？

3. 试论述植物氧代谢失调对植物所产生的伤害。

4. 什么叫植物的交叉适应？交叉适应有哪些特点？

参考答案

一、单项选择题

1. D	2. B	3. D	4. C	5. D	6. C	7. C	8. D	9. A	10. B
11. C	12. C	13. D	14. D	15. C	16. A	17. C	18. C	19. A	20. C
21. A	22. B	23. B	24. B	25. C	26. D	27. B	28. D	29. D	30. C
31. C	32. C								

二、简答题

1. 举例说明植物抗性的方式和特点。

植物的抗性有避逆性、御逆性和耐逆性 3 种方式。

(1)避逆性:指植物对不良环境在时间上或空间上躲避,在相对适宜的环境中完成其生活史。如沙漠中的植物在雨季生长,阴生植物在林下生长。

(2)御逆性:指植物通过特定的形态结构使其具有一定的防御环境胁迫的能力,在逆境下各种生理过程仍保持正常状态。例如根系发达、叶片小及输导系统发达等具有防御植物脱水的作用。

(3)耐逆性:指植物通过代谢反应来阻止或降低由逆境造成的损伤,使其度过不良环境的影响。例如,植物遭受干旱或低温时,细胞内的渗透物质增加,以保证细胞不失水。

2. 渗透调节物质有哪些? 渗透调节的主要生理功能是什么?

植物渗透调节物质可分为两大类:

(1)由外界进入细胞的无机离子,包括钾、钠、钙、镁、氯等。

(2)在细胞内合成的有机溶质,主要是蔗糖、脯氨酸、甜菜碱、山梨醇等。

渗透调节的生理功能包括:

(1)维持细胞膨压,有利于其他生理生化过程进行。

(2)维持气孔开放,以保证光合作用较正常地进行。

3. 简述在逆境中植物体内积累脯氨酸的生理作用。

脯氨酸在抗逆中有两个作用:

(1)作为渗透调节物质,能够保持原生质与环境的渗透平衡。它可与胞内一些化合物形成聚合物,类似亲水胶体,以防止水分散失。

(2)保持膜结构的完整性。脯氨酸与蛋白质相互作用能增加蛋白质的可溶性和减少可溶性蛋白的沉淀,增强蛋白质的水合作用。

4. 简述逆境蛋白产生的生理意义及生理功能。

逆境蛋白是植物在各种逆境胁迫下诱导形成的或含量增加的蛋白质。逆境蛋白的产生是基因表达的结果,逆境条件使一些正常表达的基因被关闭,而一些与适应性有关的基因被启动,增强植物对逆境的适应性。从这个意义上讲,也是植物对多变外界环境的主动适应和自卫能力。

植物在逆境条件下合成的逆境蛋白主要有：

(1)热激蛋白(HSPs)，可以和受热激伤害后变性蛋白质结合，维持它们的可溶状态或使其恢复原有的空间构象和生物活性。热激蛋白也可以与一些酶结合成复合体，使这些酶的热失活温度明显提高。

(2)低温诱导蛋白，又称冷激蛋白，它与植物抗寒性的提高有关。由于这些蛋白具有高亲水性，所以具有减少细胞失水和防止细胞脱水的作用。

(3)水分胁迫蛋白，有利于降低细胞的渗透势和防止细胞脱水，提高植物的抗盐性和抗旱性。

(4)病程相关蛋白(PRs)，与植物局部和系统诱导抗性有关，还能抑制真菌孢子萌发，抑制菌丝生长，诱导与其他防卫系统有关的酶的合成，提高其抗病能力。

5.提高植物(或作物)抗逆能力的途径有哪些?

①选育优良品种；②进行化学诱导；③合理的矿质营养；④激素处理；⑤进行合理的锻炼。

6.干旱对植物产生哪些伤害?

干旱对植物最直接影响是引起原生质脱水，原生质脱水是旱害的核心。干旱对植物的伤害主要有以下几个方面：

(1)破坏膜的结构，提高膜的透性，引起胞内氨基酸、糖类物质外渗。

(2)光合作用显著下降，甚至趋于停止。

(3)呼吸作用先升后降。缺水条件下，呼吸作用在一段时间内增加，这是因为干旱使水解酶活性加强，合成酶活性降低，甚至完全停止，从而增加了呼吸基质的缘故。但到水分亏缺严重时，呼吸作用又会大大降低。

(4)蛋白质分解加强，蛋白质的合成过程削弱，脯氨酸大量积累。

(5)核酸代谢受到破坏，干旱可使植株体内的 DNA、RNA 含量下降。

(6)引起植物激素变化，最明显的是 ABA 含量增加。

(7)水分重新分配，干旱时植物组织间按水势大小竞争水分。一般幼叶向老叶吸水，促使老叶枯萎死亡。有些蒸腾强烈的幼叶向分生组织和其他幼嫩组织夺水。

(8)原生质体机械损伤。干旱时细胞脱水，向内收缩，损伤原生质体的结构，如骤然复水，引起细胞质与壁的不协调膨胀，把原生质膜撕破，导致细胞、组织、器官甚至植株的死亡。

7.抗旱植物在形态及生理上具有哪些特点?

(1)形态上：抗旱植物的根系发达，叶片角质层厚，叶片细胞小，叶脉密，输导组织发达，单位面积气孔数目多，蒸腾加强，从而有利于吸水。有的植物具有特殊的适应结构，如非洲的瓶子树具有贮水组织。

(2)生理上：抗旱性强的植物，细胞质的黏性与弹性大，保水能力强。在干旱时体内代谢活动及酶活性不受影响，仍能保持在一定水平，仍有同化物积累。脯氨酸、甜菜碱等渗透调节物质大量积累。ABA 积累。干旱也诱导一些蛋白质的合成和积累。

8.简述矿质元素与作物抗旱性的关系。

(1)氮肥过多，枝叶徒长，蒸腾失水过多，不利于抗旱。

(2)磷、钾肥均能提高作物的抗旱性。磷的主要作用是增加有机磷化合物的合成，促进原生质的合成和提高原生质胶体的水合度，增加抗旱能力。

(3)钾肥能改善作物的糖代谢,增加细胞的渗透浓度,保持气孔保卫细胞的紧张度,有利于气孔开张,有利于光合作用。

(4)钙能稳定生物膜的结构,提高原生质的黏度和弹性,可以提高抗旱能力。

(5)硼在提高作物的保水能力与增加糖分含量方面与钾类似,同时硼还可以提高有机物的运输能力,缓解因干旱而引起运输停滞的情况。

(6)铜能显著改善糖与蛋白质代谢,这在土壤缺水时效果更为明显。同时不同营养元素或不同的营养水平,对根冠比的影响有所不同。

9.为什么植物遭受寒冷后绿叶容易变紫?

低温使作物叶绿素形成受抑制,光合作用降低,幼嫩的叶片失绿,绿色组织贮藏的淀粉水解为可溶性的糖,可进一步转化为花青素糖苷,由绿色变为紫色。

10.为什么土壤干旱造成植物生长缓慢,植株矮小?

干旱抑制光合作用,影响根系对矿质元素的吸收,影响物质在体内的运输,引起体内物质分解加强,合成减弱。水分胁迫影响细胞分裂尤其是影响细胞伸长,干旱时叶片萎蔫,细胞失去膨压,不利于生长,因此,土壤干旱会造成植物生长缓慢,植株矮小。

11.在干旱和淹水条件下,植物内源激素有何变化?其意义如何?

植物根系是感知环境中水分状态最敏感的器官,也是一些植物激素如ABA、CTK等的合成部位,在水分胁迫条件下,激素平衡发生变化,ABA增加,CTK减少。在淹水条件下,植物体内乙烯含量明显增加。

激素平衡的变化引起植物体内生理反应发生改变以适应环境,如气孔关闭、生长减慢、水分丧失减小、抗旱能力提高。乙烯的产生可促使部分器官脱落,这也是一种保护性反应。

12.菜苗移栽之前往往搁置一段时间(搁苗)成活率高,简要分析其原因。

此法为植物抗旱锻炼的方法之一。将植物处于适当的干旱条件中,让植物经受一定干旱,可提高其对干旱的适应能力。

经抗旱锻炼后的植物根系更发达,保水能力强,叶绿素含量高,干物质积累多,以后再遇干旱胁迫时,体内代谢较稳定。当然,锻炼时间不宜太长。

13.涝害对植物有何影响?如何提高植物的抗涝性?

涝害影响植物根系生长,根毛减少,严重时停止生长,变黑死亡,根系有氧呼吸受阻,无氧呼吸增加,积累大量乙醇、乳酸等有害物质。涝害还使植物根系活力下降,吸收水分与矿质元素能力降低而造成营养失调。

抗涝植物具有发达的通气组织,有利于地上部的氧气运输到地下部供给根系生长。此外,植物也可通过改变代谢方式抗涝。有些植物通过改变呼吸途径,以PPP途径代替EMP途径,避免无氧呼吸,防止有毒物质积累。有的通过提高有氧呼吸免遭伤害,如玉米根缺氧时,细胞色素C活性升高,保证有氧呼吸的末端氧化。

14.在低温胁迫下,为何植物细胞内膜脂过氧化程度加剧?

(1)膜脂过氧化是由自由基包括超氧阴离子自由基($O_2^-\cdot$)和羟自由基($\cdot OH$)等引发生物膜上不饱和脂肪酸产生对细胞有毒性的脂质过氧化物的过程。

(2)在正常情况下,细胞内自由基的产生和消除处于平衡状态,不易导致膜脂过氧化。但在逆境下如低温,一方面,细胞内自由基的产生增高。在低温下叶绿体和线粒体的电子传递不畅通时,常常会产生超氧阴离子自由基($O_2^-\cdot$)和羟自由基($\cdot OH$)等。另一方面,在低温下,消除自由基的两大系统受阻，酶系统包括超氧化物歧化酶(SOD)、过氧化氢酶、过氧化物酶等和非酶系统包括维生素C、维生素E、类胡萝卜素等含量和活性都有所降低，两方面的共同作用使自由基在细胞内积累，从而导致膜脂过氧化加剧。

15. 为什么细胞膜脂的不饱和脂肪酸含量与植物抗寒性有关？

(1)细胞膜脂中不饱和脂肪酸含量的增加和脂肪酸的不饱和度增加，会降低膜脂分子间排列的有序性，从而增加膜的流动性，相变温度降低，提高植物抗寒性。

(2)膜的流动性是膜正常功能的必要条件。低温可使膜从液晶态变为凝胶态，此时膜通透性增大，离子大量外渗，膜结合酶活性降低，呼吸受阻，能量供应不足。因此，膜的不饱和脂肪酸含量与抗寒性有关。

16. 为什么植物的休眠状态与抗寒能力密切相关？

(1)进入休眠的植物组织中自由水的含量显著下降，贮藏物质增加，一部分淀粉转化变为糖和油脂。

(2)细胞原生质胶体由溶胶状态转变为凝胶状态。

(3)细胞膜的透性变小，组织的吸胀能力大大降低，代谢强度降低。

(4)器官的外面特别是芽的表面覆盖着蜡粉和茸毛，常绿树叶的气孔关闭。

(5)秋季日照缩短为短日照，ABA含量增加，促进落叶，抑制生长，开始形成抗寒性极强的休眠芽。

这些变化都使植物抗寒性大大提高。

17. 简述提高植物抗寒性的途径以及抗寒锻炼后植物体的生理变化。

提高植物抗寒性的途径：

(1)抗寒锻炼，如玉米幼苗从最适温度缓慢降至0 ℃，再缓慢回升，便可明显提高抗寒力。

(2)化学诱导法，如喷施ABA或CCC等植物生长调节剂，均可增加抗寒力。

(3)培育壮秧，防止病害也是提高抗寒性的有效方法。

(4)加强田间管理，及时中耕除草，合理施肥、灌水，促使植物生长健壮以及在寒潮来临之前用烟熏、培土、灌水及盖草等方法均能避免低温对植物的伤害。

植物抗寒锻炼后发生的生理变化：

(1)植株内含水量下降，束缚水相对增多，不易结冰。

(2)呼吸减弱，消耗糖分少，有利于糖分积累。由于呼吸微弱，代谢活动低，对不良环境的抵抗力增强。

(3)脱落酸含量增多，促进植物进入休眠状态，提高了抗寒力。

(4)生长停止，进入休眠状态，是对低温的一种适应。

(5)保护物质增多。淀粉含量减少，可溶性糖含量增多，冰点下降，又可防止细胞质过度脱水，保护细胞质不致遇冷凝固。

18. 为什么 C_4 植物较 C_3 植物耐热？

(1)C_4 植物起源于热带，光合作用最适温度较高(35～45 ℃)。C_3 植物的光合最适温度在20～30 ℃，两类植物的温度补偿点不同，C_3 植物因消耗贮藏物质导致饥饿状态，而 C_4 植物还有净光合积累。

(2)高温下，蒸腾强度高，水分亏缺，气孔开度小，C_4 植物有 CO_2 泵的作用，仍有较 C_3 植物高的净光合速率。

19.简述高温对植物的伤害。

(1)膜脂变化。高温下,构成膜的蛋白质与脂类之间的键断裂,使脂类脱离膜形成一些液化的囊泡,破坏了膜的结构,导致膜丧失选择透性与主动吸收的特性。膜脂液化程度取决于脂肪酸的饱和程度,饱和程度越高,液化温度越高,耐热性越强。

(2)蛋白质变性。由于维持蛋白质空间构型的氢键和疏水键的键能较低,在高温下,氢键和疏水键断裂,破坏了蛋白质空间构型,失去二级与三级结构,蛋白质分子展开,失去活性。蛋白质的变性最初是可逆的,但在持续高温下很快转变为不可逆的凝聚状态。

(3)水分代谢失调。高温常常引起叶片过度蒸腾失水,导致细胞脱水,出现一系列代谢失调。

(4)代谢性饥饿。如果植物处于温度补偿点以上较高温度下,呼吸作用大于光合作用,营养物质消耗加快,造成饥饿,高温持续时间过长必然导致死亡。

(5)有毒物质积累。高温导致植物组织氧分压降低,无氧呼吸相对加强,积累乙醇、乙醛等有毒物质。此外,高温下蛋白质的分解大于合成,游离 NH_3 增多,对植物产生毒害。

(6)蛋白质合成受阻。高温下细胞产生水解酶类或溶酶体破裂释放水解酶类,加速蛋白质分解。高温下破坏了氧化磷酸化的偶联作用,不合成 ATP,使蛋白质无法合成。高温下破坏了核糖体与核酸的生物活性,从根本上降低了蛋白质的合成能力。

(7)生理活性物质缺乏。高温抑制某些生化环节,致使植物生长所需的某些生理活性物质(维生素、核苷酸、生物素)不足,引起代谢紊乱。

20.盐分过多对植物产生哪些危害?

(1)生理干旱。土壤中可溶性盐分过多使土壤溶液水势降低,导致吸水困难,甚至水分外渗,造成生理干旱。

(2)离子失调。土壤中某种离子过多往往排斥植物对其他离子的吸收,造成单盐毒害作用。例如,小麦生长在 Na^+ 过多的环境中,其体内缺 K^+,而且对 Ca^{2+}、Mg^{2+} 的吸收亦受阻。Cl^- 与 SO_4^{2-} 过多会影响 HPO_4^{2-} 的吸收,磷酸盐的过多又造成缺 Zn。

(3)代谢紊乱。呼吸作用不稳定、光合作用减弱、蛋白质合成受阻、有毒物质积累等。

(4)活性氧积累。盐胁迫下,植物体内活性氧积累。活性氧的积累加剧膜脂的过氧化作用,导致膜的结构完整性被破坏,加剧代谢紊乱。

21.简述耐盐植物忍受盐胁迫的生理机制。

(1)耐渗透胁迫:通过细胞的渗透调节适应由盐分过多而产生的水分胁迫。如将吸收的盐离子积累于液泡中,提高其溶质含量,使水势降低,防止细胞脱水。积累蔗糖、脯氨酸、甜菜碱等有机物质,提高细胞的保水力。

(2)耐营养缺乏:有些盐生植物在盐分过多的条件下能吸收较多的 K^+,某些蓝绿藻在吸收 Na^+ 的同时增加对 N 素的吸收。这样既能防止单盐毒害,维持元素平衡,又能耐营养缺乏。

(3)代谢稳定:这种稳定性与某些酶类的稳定性密切相关。

(4)具有解毒能力:有些植物在盐渍环境中诱导形成二胺氧化酶,分解有毒的二胺化合物(腐胺、尸胺),消除其毒害作用。

22. 简要说明水分胁迫与盐胁迫对植物影响的异同之处。

相同之处：盐胁迫与水分胁迫都会引起植物体内氧代谢失调，即活性氧的产生加快，清除系统的功能降低，导致活性氧代谢失调，引起膜脂过氧化，使细胞的结构和功能受到损伤。

不同之处：盐胁迫的危害主要是渗透胁迫和离子毒害，造成生理干旱和营养缺乏，离子失调导致毒害作用，使得植物光合等生理过程受抑制。水分胁迫对植物的伤害主要是膜及膜系统受到损伤、对细胞器造成伤害、水分的分配异常、破坏正常代谢过程、激素发生变化、酶活性发生变化、呼吸作用及光合作用发生变化。

23. 简述冷害和冻害对植物细胞伤害的异同点。

相同之处：都会引起膜透性增加，细胞脱水，代谢失调。

不同之处：

(1)冰点以上低温对植物的危害叫作冷害。冻害是指零下低温引起植物体内的组织结冰而造成的伤害。

(2)植物受冷害后的一般症状是：出现伤斑、凹陷；组织柔软、萎蔫；木本植物芽枯顶枯、破皮流胶；花芽分化受破坏，结实率降低等。

植物受冻一般伤害症状是：叶片呈烫伤状，细胞失去膨压，组织柔软，叶色变褐，严重时导致死亡。

(3)植物遭受冷害后会出现膜透性增加；细胞质黏度增加，细胞质流动受阻；根系吸收水分与矿质元素的机能减弱，水分代谢失调；光合作用下降，呼吸代谢失调；有机物水解大于合成等现象。

冻害主要是冰晶的伤害，引起细胞脱水和机械伤害。植物组织结冰可分为两种方式：胞外结冰与胞内结冰。胞外结冰又叫胞间结冰，是指在温度下降时，细胞间隙及细胞壁附近的水结冰。胞外结冰造成细胞脱水可从两方面作用于细胞：一方面是使细胞内溶液浓度升高，特别是盐的浓度增高，由此引起 pH 下降，从而造成盐胁迫或酸胁迫的伤害；另一方面是由于脱水而发生细胞塌陷，使胞壁和原生质承受机械胁变，也会造成伤害。结冰的植物遇气温缓慢回升，对细胞的影响不会太大。若遇温度骤然回升，冰晶迅速融化，细胞壁易于恢复原状，而原生质尚来不及吸水膨胀，有可能被撕裂损伤。胞内结冰一般先在原生质后至液泡内结冰。胞内结冰对细胞的危害主要是机械伤害。冰晶形成以及融化时对质膜与细胞器以及整个细胞质产生破坏作用。胞内结冰对细胞伤害较严重，常给植物带来致命的损伤。

三、实验题

1. 植物抗逆性与细胞膜透性有何关系？常用的测定细胞膜透性的方法是什么？

植物细胞膜对维持细胞的微环境和正常的代谢起着重要的作用。在正常情况下，细胞膜对物质具有选择透性。当植物受逆境影响时，细胞膜遭到破坏，膜透性增大，细胞内的电解质外渗，导致植物细胞浸提液电导率增大。膜透性的改变与逆境胁迫强度有关，也与植物抗逆性的强弱有关。这样，通过测定胁迫条件下电导率的变化，从膜透性的变化反映出作物间或品种间的抗逆性强弱，因此，电导率测定法目前已成为作物抗性栽培、育种上鉴定植物抗逆性强弱的一个方法。

2. 植物组织中游离脯氨酸测定的原理是什么？脯氨酸含量与植物的抗逆性之间的关系怎样？

采用磺基水杨酸提取植物体内的游离脯氨酸。在酸性条件下，脯氨酸与茚三酮反应生成稳定的红色缩合物，用甲苯萃取后，此缩合物在波长 520 nm 处有一最大吸收峰。脯氨酸浓度的高低在一定范围内与其光密度成正比。

一般来讲，在逆境胁迫下脯氨酸的含量越高，植物的抗逆性越强。

3. 从以下实验结果中你可得出什么结论？

实验材料	处　理	电导率/(μS/cm)
A 植物叶片	4 ℃ 2 h	103.2
	室温 2 h	27.8
	40 ℃ 2 h	30.8
B 植物叶片	4 ℃ 2 h	75.3
	室温 2 h	25.4
	40 ℃ 2 h	184.3

4 ℃低温使 A 植物和 B 植物的叶片膜透性增加，电导率升高，4 ℃低温对膜造成了伤害。但 4 ℃低温对 B 植物的伤害小于对 A 植物的，B 植物较 A 植物更耐低温。

40 ℃高温使 B 植物的叶片膜透性增加，电导率升高，说明高温破坏了 B 植物的细胞膜透性。但 40 ℃高温对 A 植物的叶片的电导率没有影响，A 植物更耐高温。

4. 列举一种测定植物组织中超氧化物歧化酶活性的方法，并简单阐述其原理。

常用的测定超氧化物歧化酶活性的方法是 NBT 光化还原法。依据超氧化物歧化酶抑制氮蓝四唑(NBT)在光下的还原作用来确定酶活性大小。在有可被氧化物质存在下，核黄素可被光还原，被还原的核黄素在有氧条件下极易再氧化而产生 $O_2^- \cdot$ 。$O_2^- \cdot$ 可将氮蓝四唑还原为蓝色的化合物，蓝色化合物在 560 nm 处有最大吸收，SOD 可清除 $O_2^- \cdot$ 从而抑制了蓝色化合物的形成。因此，光还原反应后，反应液蓝色越深说明酶活性越低，反之，酶活性越高，据此可以计算出酶活性的大小。

5. 植物在盐胁迫条件下的存活率、离子渗漏率和细胞内 Na^+/K^+ 含量是反应植物抗盐性的重要指标。利用水稻野生型和 *osprr73* 突变体为材料，研究水稻的耐盐性。实验用 180 mmol/L NaCl 分别处理水稻野生型和 *osprr73* 突变体幼苗，处理 7 d 后测定幼苗的存活率、离子渗漏率和细胞内 Na^+/K^+ 含量，实验结果如图 12-4 所示。

由实验结果可以得出的结论：

(1)盐胁迫下 *osprr73* 突变体的存活率明显下降。

(2)盐胁迫下 *osprr73* 突变体细胞离子渗漏率明显增加。

(3)盐胁迫下 *osprr73* 突变体细胞内 Na^+/K^+ 增加。

(4)盐胁迫使水稻细胞膜结构完整性受损，膜透性增加。

(5)*osprr73* 基因调控细胞内 Na^+ 的积累，从而影响水稻的耐盐性。

(6)*osprr73* 基因调控水稻的耐盐性，*osprr73* 突变体对盐敏感性增强。

四、分析讨论题

1.试述植物的抗旱机理。简述如何提高植物的抗旱性。

植物的抗旱性是指在干旱条件下，植物能够维持正常代谢水平和正常生长发育进程的能力。抗旱性强的植物具有一些形态和生理特征。

植物抗旱的形态特征：抗旱性强的植物根系发达，根冠比较大，能更有效地利用土壤水分，特别是土壤深层的水分。叶片细胞小，叶脉密，表皮柔毛多，角质化程度高，可减少水分的散失。如沙漠灌木具有叶片小、气孔凹陷、叶表面柔毛密、叶卷曲等特点，以减少太阳辐射，降低蒸腾强度。

植物抗旱的生理特征：

(1)细胞原生质具有较高的亲水性、黏性和弹性。细胞渗透势较低，吸水和保水能力强。束缚水含量高，自由水含量少，原生质黏性较大，细胞原生质具有强的抗脱水能力。蛋白质黏性增加能够提高细胞保水能力，同时弹性增高又可防止细胞失水时的机械损伤。在干旱条件下，细胞亲水能力高能防止细胞严重脱水。

(2)抗旱植物保持较强同化能力。蛋白质、淀粉等物质的合成仍能维持在一定水平，核酸代谢相对稳定。水解酶活性变化不大，减少生物大分子的破坏，使原生质稳定，生命活动正常。

(3)渗透调节物质增加，积累脯氨酸、甜菜碱和 ABA 等物质。脯氨酸和甜菜碱是渗透调节剂，又可保护膜系统。ABA 是逆境激素，可使气孔关闭，减少蒸腾失水。脯氨酸与 ABA 的积累有利于植物抗旱。

(4)有些植物可以通过对生育周期的调整逃避干旱干扰，降低受旱害程度。

提高植物抗旱性的途径：

(1)选育抗旱品种。这是提高作物抗旱性的一条重要途径。

(2)进行抗旱锻炼。如采用“蹲苗”“双芽法”“搁苗”“饿苗”等农业措施。

(3)进行化学诱导。用化学试剂处理种子或植株，可产生诱导作用，提高植物抗旱性。如用 0.25% $CaCl_2$ 溶液浸种，或用 0.05% $ZnSO_4$ 喷洒叶面都有提高抗旱性的效果。

(4)合理施肥。如少施氮素，多施磷、钾肥。因为氮素过多对作物抗旱不利，凡是枝叶徒长的作物，蒸腾失水增多，易受旱害，而磷、钾肥能促进根系生长，提高植株的保水力。

(5)使用生长延缓剂和抗蒸腾剂。矮壮素等能增加细胞的保水能力。合理使用抗蒸腾剂也可降低蒸腾失水。

2.试讨论植物耐盐的生理学机制。如何提高植物的抗盐性？

植物通过生理或代谢过程来适应细胞内的高盐环境的现象叫植物的耐盐性。其主要表现在以下几个方面：

(1)耐渗透胁迫。通过细胞的渗透调节以适应由盐渍而产生的水分逆境。①使盐分在细胞内区域化分配，盐分在液泡中积累可降低其对功能细胞器的伤害。例如，有的植物将吸收的盐分离子积累在液泡里(图 12-3)。②植物也可通过合成可溶性糖、甜菜碱、脯氨酸等渗透调节物质，从而降低细胞渗透势和水势，防止细胞脱水。

(2)营养元素平衡。有些植物在盐胁迫下能较好地保持营养元素的平衡。如在盐渍时能增加 K^+ 的吸收，有的蓝绿藻能随 Na^+ 供应的增加而加大对 N 的吸收等。

(3)代谢稳定。某些植物在较高盐浓度中仍能保持酶活性的稳定,维持正常代谢。抗盐植物在高盐下往往抑制某些酶的活性,而活化另一些酶,特别是水解酶活性。

(4)与盐结合。通过代谢产物与盐类结合,减少离子对原生质的破坏作用,如抗盐植物中广泛存在的清蛋白,它可以提高亲水胶体对盐类凝固作用的抵抗力,避免原生质受电解质影响而凝固。

(5)形成盐胁迫蛋白。在盐胁迫下植物体会形成一些新的蛋白质,这些蛋白质被称为盐胁迫蛋白(salt-stress protein),如渗调蛋白。

(6)具有解毒作用。有些植物在盐渍环境下形成二胺氧化酶以分解有毒的二胺化合物(如腐胺、尸胺等),清除其毒害作用。

提高植物抗盐性的途径:

(1)选育抗盐品种。选育盐胁迫蛋白高或含不饱和脂肪酸高或原生质膜对盐的透性差高的品种。

(2)播种前以一定浓度盐溶液浸种。如用3% NaCl溶液预浸棉花和玉米种子,可增强作物的耐盐力。

(3)用植物激素处理植株。如喷施IAA或用IAA浸种,可促进作物生长和吸水,提高抗盐性。ABA能诱导气孔关闭,减少蒸腾作用和盐的被动吸收,提高作物的抗盐能力。

(4)盐碱土改造。合理灌溉,泡田洗盐,增施有机肥,盐土种稻和种植耐盐绿肥(田菁),种植耐盐树种(白榆、沙枣和紫穗槐等)、耐盐作物(向日葵和甜菜等)都是从农业生产的角度上抵抗盐害的重要措施。

3.试论述植物氧代谢失调对植物所产生的伤害。

活性氧(ROS)指较O_2的化学性质更为活跃的O_2代谢产物及其衍生的含氧物质的统称,包括所有的含氧自由基和过氧化氢。

氧气是植物生命活动的必需条件,但氧在参与新陈代谢的过程中会被活化成活性氧,活性氧具有很强的氧化能力,对许多大分子的结构具有破坏作用,因此活性氧的积累必然导致对细胞的伤害。

(1)抑制生长。当环境中的氧浓度超过正常空气含量时,植物的生长会受到明显的抑制。且随着氧浓度的增大对生长的抑制增强。高浓度氧对生长的抑制或伤害是通过诱导植物体内活性氧的积累引起的。加入活性氧清除剂(如没食子酸丙酯、甘露醇等)则能降低高氧逆境对生长的抑制。

(2)损伤细胞结构与功能。高氧逆境能诱导活性氧的产生,因而会引起细胞结构和功能的损伤,如导致叶绿体膨胀,基粒出现松散或崩裂,光合能力降低等。

(3)诱发膜脂过氧化作用。膜脂过氧化是指生物膜中不饱和脂肪酸在自由基诱发下发生的过氧化反应,其结果不仅使膜中不饱和脂肪酸含量降低,引起膜流动性下降以致膜相分离和膜透性增大,膜的正常功能破坏,而且膜脂过氧化产物丙二醛(MDA)等也能直接对细胞起毒害作用。

(4)对生物大分子的损伤。活性氧具有很强的氧化能力,对许多生物大分子具有破坏作用。超氧阴离子自由基($O_2^-\cdot$)和羟自由基($\cdot OH$)既能破坏蛋白质的一级结构,又能造成二、三级结构的损伤。$O_2^-\cdot$和$\cdot OH$可导致多种酶失活,其原因是:①与MDA一样,可使酶分子间发生交联、聚合,导致酶失活;②$O_2^-\cdot$和$\cdot OH$能攻击—SH,而—SH是多种酶活性中心的组成基团,因而使酶不可逆失活;③氧自由基可通过氧化修饰酶蛋白的不饱和氨基酸或与酶分子中金属离子起反应导致酶失活。

此外,$O_2^-\cdot$ 对大分子质量 DNA 有剪切、降解和修饰作用,因而也能引起 DNA 结构的损伤。

4.什么叫植物的交叉适应?交叉适应有哪些特点?

植物经历了某种逆境后,能提高对另一些逆境的抵抗能力,这种对不良环境之间的相互适应作用,称为植物的"交叉适应"。如低温、高温等刺激都可提高植物对水分胁迫的抵抗力;缺水、盐渍等处理可提高烟草对低温和缺氧的抵抗能力,干旱或盐处理可提高水稻幼苗的抗冷性。

交叉适应有以下特点:

(1)多种保护酶的参与,如超氧化物歧化酶、谷胱甘肽还原酶、抗坏血酸过氧化物酶都参与植物的抗性反应。

(2)多种逆境条件下植物体内的脱落酸、乙烯等激素含量都增加,从而提高对多种逆境的抵抗能力。

(3)产生逆境蛋白,一种逆境可使植物产生多种逆境蛋白,多种逆境可使植物产生同样的逆境蛋白。

(4)在多种逆境条件下,植物都会积累脯氨酸等渗透调节物质,通过渗透调节作用来提高对逆境的抵抗能力。

(5)在多种逆境条件下生物膜的结构和透性发生相似的变化,多种膜保护物质可能发生类似的反应,使细胞内自由基的产生和清除达到动态平衡。

(6)在一种逆境下植物生长受到抑制,各种代谢发生相应变化,从而减弱了对胁迫条件的敏感性,故对另一种胁迫可能导致的危害有了更大的适应性。

附录一　实验题归纳、总结

全国硕士研究生入学统一考试农学门类联考考试大纲中明确要求，植物生理学考查目标包括理解和掌握植物生理学的基本概念、基础理论知识和主要的实验原理与方法，因此，实验题是必考内容之一。根据这几年考生反馈的信息了解到，考生普遍感觉实验题的分析有一定困难，尤其是在实验的设计思路及实验材料的选用方面。针对这一情况，本指导书将植物生理学中可能涉及的实验内容作一归纳总结，以期提高考生对实验题的理解。

植物生理学是一门来自实验的学科，因此课程所涉及的实验内容非常丰富，概括起来有以下几种类型。

1.鉴定型实验

鉴定型实验是鉴定或鉴别植物细胞的生活状态，植物体内某些物质的存在、分布等。这类实验在植物生理学中主要涉及植物细胞死活的鉴定、矿质元素的鉴定、光合产物的鉴定、呼吸酶的鉴定、植物激素的鉴定等。分析这类实验时，首先明确要鉴定的对象，再选取合适的材料，然后再采取相应的实验方法进行鉴定。

2.验证型实验

通过特定的实验结果验证植物生理学的某些理论或结论。这些实验在植物生理学中都是经典的。这类实验内容较多，例如，证明叶绿体是光合作用的细胞器，光合作用过程中释放的 O_2 来自 H_2O 而非 CO_2，证明植物体中存在抗氰呼吸途径，证明有机物运输方向和有机物运输形式，证明植物感受春化的部位，验证感受光周期的部位及光期与暗期的作用，证明花粉萌发和花粉管生长的调控因子，验证 K^+ 或 ABA 对气孔运动的影响，验证生长素极性运输、生长素的酸生长理论，验证不同器官对生长素敏感性，验证光敏色素在需光种子萌发过程中的作用等。

3.方法与原理型实验

通过掌握相关的实验技术，验证某些现象或结果。如测定植物组织水势的方法，光呼吸测定的方法和原理，光合速率测定的方法，测定呼吸速率的方法，种子生活力的快速鉴定方法，快速测定花粉生活力的方法，测定细胞膜透性的方法，测定植物组织中脯氨酸的含量，测定抗氧化酶如 SOD、CAT 和 POD 的活性等。

4.思考或应用型实验

思考或应用型实验是利用植物生理学知识来解决生产中的实际问题，如种子贮藏、温室栽培方面的问题、激素在生产上的应用、引种和调种等。

以下以实例具体说明。

例 1　如何鉴定植物细胞的死活？

判断植物细胞死活的方法有多种，如原生质环流法、染色法（包括荧光染色法和化学染色法）、质壁分离法、仪器分析法等。

(1)原生质环流法

实验材料:选用易于观察原生质环流的材料,如紫鸭趾草雄蕊毛细胞,拟南芥或百合的花粉管。

实验仪器:显微镜。

实验步骤:选用紫鸭趾草雄蕊毛细胞为实验材料,清晨采集,置于有水的烧杯中。显微镜下,盯住细胞中一个颗粒,在40倍镜下可以非常清晰地观察到该颗粒的运动轨迹。因为紫鸭趾草雄蕊毛细胞由一连串的单细胞组成,所以有时可以观察到颗粒从一个细胞运动到另一个细胞。

选用花粉管为实验材料,首先需要采集花粉,在MS-琼脂糖培养基上体外萌发,正在生长的花粉管中充满着流动的颗粒,可以在40倍显微镜下观察一个颗粒的运动轨迹。死细胞观察不到颗粒的运动。

原生质运动是消耗能量的生理过程,外加呼吸抑制剂DNP(2,4-二硝基苯酚)可抑制原生质运动,因此可以选用DNP处理的材料作为对照。

(2)荧光染色法

实验材料:蚕豆叶片。

实验仪器:荧光显微镜。

实验步骤:选用生长旺盛的蚕豆叶片,用镊子将蚕豆下表皮撕下来,再用毛笔涮净上面附着的叶肉细胞,然后放入溶有FDA的缓冲溶液中染色数分钟,FDA是荧光素双醋酸酯,一种荧光染料,本身无荧光,可自由渗入完整细胞膜,在细胞内被酯酶分解,产生荧光素,荧光素不能透过细胞膜,因此可在活细胞内产生荧光。在荧光显微镜下,可以观察到活细胞呈现出黄绿色荧光。如果是死细胞,由于FDA进入细胞后不能被酯酶分解,所以在死细胞中观察不到荧光现象。

例2　证明Mg^{2+}为植物生长发育的必需元素。

实验材料:生长旺盛的幼苗,如玉米幼苗或番茄幼苗。

实验仪器:外包裹有锡箔纸的玻璃培养瓶。

实验步骤:配制完全营养液和只缺Mg^{2+}的营养液(注意离子浓度与pH),将实验材料放置在两种培养基中,在一定的光照条件下培养一定时间。根据必需元素的3个条件去观察实验材料,逐一判断。

Mg^{2+}是叶绿素的组成成分,是光合碳循环酶类如Rubisco,FBPase的激活剂,也是ATP酶的激活剂。缺Mg^{2+}叶绿素合成受阻,影响植物的光合作用、呼吸作用及能量代谢。缺Mg^{2+}症状首先表现在老叶上,在叶片边缘出现褐斑,叶脉仍保持绿色。长时间缺Mg^{2+}可导致植物枯黄、死亡。

从实验结果得出结论:缺Mg^{2+}影响植物正常的生长发育。

例3　如何鉴定植物激素的生理功能?

利用植物激素具有的独特的生理功能,例如生长素促进胚芽鞘伸长生长,赤霉素促进植物茎节伸长,细胞分裂素促进双子叶植物的子叶扩大生长,乙烯诱导黄化幼苗生长的"三重反应",脱落酸促进气孔关闭和抑制胚芽鞘伸长等生理功能,相应建立了生长素生物鉴定法——燕麦芽鞘伸长法,赤霉素生物鉴定法——水稻幼苗伸长法,细胞分裂素生物鉴定法——萝卜子叶增重法,乙烯生物鉴定法——黄化豌豆幼苗三重反应法和脱落酸生物鉴定法——气孔关闭法和抑制胚芽鞘伸长法，分别用于鉴定生长素、赤霉素、细胞分裂素、乙烯和脱落酸的存在。此外，还可以利用外源一系列已知浓度的激素溶液处理相应植物材料，绘制植物生长量与激素浓度的关系曲线，测定未知样品的激素含量。

(1)生长素生物鉴定法——燕麦芽鞘伸长法

生长素能促进燕麦胚芽鞘细胞的伸长。在切去顶端的芽鞘切段，断绝了生长素来源的情况下，切段的伸长在一定范围内与外加生长素浓度的对数呈线性关系，因此，用一系列已知浓度的生长素溶液培养芽鞘切段，绘制成生长素浓度与芽鞘伸长的关系曲线，以鉴定未知样品的生长素含量。

实验材料：燕麦种子。

实验步骤：

①将燕麦种子浸入漂白粉溶液消毒后，用蒸馏水洗净，在暗中 25 ℃下发芽。

②播种后 3 d，当胚芽鞘长度 25～35 mm 时，选芽鞘长度一致的幼苗 50 株，从基部将胚芽鞘切下，再切除胚芽鞘的顶端，将长度一致的胚芽鞘切段放入含有 2%蔗糖的磷酸-柠檬酸缓冲液中，浸泡 1～2 h，以洗去内源生长素。

③取干净培养皿，在培养皿中各加入 9 mL 缓冲液。然后分别加入 10^{-4} mol/L、10^{-5} mol/L、10^{-6} mol/L、10^{-7} mol/L 的吲哚乙酸缓冲液 1 mL，摇匀。不加吲哚乙酸的作为对照。

④将胚芽鞘切段从缓冲液中取出，用滤纸轻轻吸干，每一培养皿中放入 10 段芽鞘，加盖，放在 25 ℃的温箱或暗室培养。以上操作需在弱红光或绿色安全光下进行。

⑤芽鞘在温箱中培养 24 h，取出，吸去溶液，测定其长度，以此值作纵坐标，以吲哚乙酸浓度的对数作横坐标画出标准曲线。

⑥依上法可求得待测物的生长素浓度。

(2)赤霉素生物鉴定法——水稻幼苗伸长法

赤霉素能强烈促进水稻幼苗的叶片伸长，幼苗株高在一定范围内同外加赤霉素浓度的对数呈直线关系。因此 可用作生物鉴定方法以测定未知样品的赤霉素含量。

实验材料：水稻种子。

实验步骤：

①选取水稻种子，用消毒溶液消毒，在 25～27 ℃发芽。4～5 d 后，选芽长 5 mm，高度一致的幼苗待用。

②取 100 mL 烧杯 12 只，共分 6 组，按组依次加入蒸馏水、0.1 μg/mL、1 μg/mL、10 μg/mL、100 μg/mL 标准赤霉素溶液各 2 mL，第六组加入 2 mL 待测液。每一烧杯放入 5 株水稻幼苗，将烧杯上盖上培养皿，放置 27 ℃光照培养箱中培养，培养期间可适当补充蒸发掉的水分，当苗高与烧杯高度相近时，将培养皿盖除去。

③5～6 d 后，当对照的第三子叶开始伸出时，用米尺测量各幼苗第二叶的叶鞘长度，求出平均值，以叶鞘长度为纵坐标，赤霉素浓度的对数为横坐标作图，画出标准曲线，将未知样品培养的稻苗第二叶的鞘长度与标准曲线相比可确定未知样品赤霉素的浓度。

(3)细胞分裂素生物鉴定法——萝卜子叶增重法

细胞分裂素有促进萝卜子叶增大的效应。根据细胞分裂素浓度与子叶重量的关系曲线，可鉴定待测细胞分裂素的浓度。

实验材料：萝卜种子。

实验步骤：

①种子萌发。取大小均匀一致的萝卜种子 200 粒，漂白粉溶液消毒后，用蒸馏水洗净，在黑暗中 25 ℃发芽。约 30 h 后，从每个幼苗上切下较小的一片子叶，选择大小一致的子叶 50 片。

②子叶培养。取培养皿 5 套，在各培养皿中垫一张相同大小的滤纸，从①～⑤号培养皿分别加入 5.0 μg/mL、0.5 μg/mL、0.05 μg/mL、0.005 μg/mL 的激动素溶液和蒸馏水各 3 mL，在各个培养皿的滤纸上放 10 片子叶，在 25 ℃光照培养箱中培养 3 d，将子叶取出，称重。

③结果分析。以每个处理的子叶平均重为纵坐标，激动素浓度为横坐标作图，即可得到激动素浓度与子叶重量的关系曲线。

可用同样方法以未知样品溶液培养萝卜子叶，与上述关系曲线比较，即能大致确定未知样品激动素的含量。

(4)乙烯生物鉴定法——黄化豌豆幼苗三重反应法

乙烯能使豌豆黄化幼苗发生三重反应，即乙烯抑制下胚轴伸长生长，促进上胚轴横向加粗，促进上胚轴失去负向地性而横向生长。

实验材料：豌豆种子。

实验步骤：

①豌豆黄化苗的培养。取精选的豌豆种子，漂白粉溶液消毒后，用蒸馏水洗净，在黑暗中 25 ℃发芽。4 d 后，待幼苗生长至 3 cm 左右时待用。

②将试管洗净，在试管底部做一滤纸桥，滤纸桥宽 1.2 cm、长 10 cm，在滤纸桥中部挖一小洞，洞的大小允许豌豆苗穿过即可，将滤纸叠成三折放入试管，分别向试管中加入蒸馏水 5 mL。

③将豌豆苗从滤纸洞中插入，使根部浸入水中，将试管用橡皮塞塞紧。

④用注射器注入相应的乙烯气体，使得试管内的乙烯气体浓度分别为 0 μg/mL、0.5 μg/mL、1.5 μg/mL、10 μL/L。以上操作尽可能在安全光下进行。

⑤将试管放入 25 ℃黑暗条件下培养 2 d，观察黄化幼苗的形态。取出黄化苗，用滤纸吸去表面水分，分别测量幼苗的长度。以乙烯浓度为横坐标，幼苗长度为纵坐标作图，得到乙烯浓度与幼苗长度的关系曲线。

⑥样品乙烯含量的测定。将被测材料放入密闭容器，常温下一定时间后，用注射器从材料瓶中抽取一定量的气体(含乙烯)，按上述方法操作，可以大致确定被测样品中乙烯的释放量。

(5)脱落酸生物鉴定法——小麦胚芽鞘切段抑制法

由于脱落酸对胚芽鞘的伸长具有抑制作用，所以对 ABA 的生物鉴定也可采用 IAA 生物鉴定法——小麦胚芽鞘切段法，具体操作方法均与 IAA 生物鉴定法相同，所不同的是将不同浓度生长素溶液换为不同浓度 ABA 溶液。

例 4　证明光周期诱导植物体产生成花刺激物。

在光周期诱导开花的植物中，叶片是光周期诱导的感受器官，而成花反应发生在茎端生长点，即在光周期诱导下，在叶片中产生了一种信息，这种信息通过叶柄及茎传递到生长点，在生长点引起了花芽的分化。这种信息被称为成花刺激物，或成花激素或成花素。

通过嫁接实验可以证明光周期诱导成花刺激物的产生。通过把经受光周期诱导的叶片和枝条(供体)嫁接在一个未受光周期诱导没有开花的植株(受体)上，并放在非诱导性日照条件下，可在受体植株上形成花芽，说明了开花刺激物从供体向受体的传递。

选用短日植物苍耳，将两株苍耳(未经诱导)进行嫁接。两株苍耳均放在非诱导条件(长日)下，均不开花；将其中一株置于诱导光周期(短日)下，另一株置于非诱导光周期(长日)下，两株苍耳均开花。

也可以选择短日植物紫苏、白苏为材料，在短日照处理下，植物体内有开花刺激物的产生，将其叶片嫁接于长日照条件下生长的植株，能够引起生长于长日照条件下的植株开花。

以上实验结果证明，在适宜光周期条件下的苍耳体内产生了成花刺激物，诱导植株开花。成花刺激物通过嫁接发生传递，诱导非诱导条件下的植株开花。

例 5　证明光质对种子萌发的影响。

种子萌发所需的适宜条件除了水分、温度和氧气外，有些种子还需要光照，因此把这类种子称为需光种子。莴苣或拟南芥种子属需光种子，自然的白光能促进其萌发，不同的光质对其萌发有不同作用。

实验材料：莴苣或拟南芥种子。

实验步骤：

(1)取培养皿 6 套，每皿中放滤纸，加蒸馏水使其完全润湿。

(2)挑选新鲜、饱满的莴苣或拟南芥种子 180 粒。

(3)在暗室中绿色安全灯下，用镊子取暗中吸胀 5～6 h 的种子，每皿 30 粒。做如下处理：

处　理	种子萌发率/%
连续黑暗	
红光 5 min，然后黑暗处理	
远红光 5 min，然后黑暗处理	
红光 5 min，远红光 5 min，然后黑暗处理	
红光 5 min，远红光 5 min，红光 5 min，然后黑暗处理	
红光 5 min，远红光 5 min，红光 5 min，远红光 5 min，然后黑暗处理	

(4)(22±1) ℃培养 72 h 后(每天加入适量蒸馏水，保持湿润)，统计种子萌发率。

以上实验结果证明，660 nm 红光促进萌发，730 nm 远红光抑制萌发，且比黑暗处理有更强的抑制作用。在红光照射后再用远红光处理，可消除红光的作用，若用红光与远红光交替处理，则种子的萌发状态取决于最后一次照射光的波长。

例 6　花粉活力的测定。

花粉活力的测定可采用 TTC 显色法、I_2-KI 染色测定法。

(1)TTC 显色法

实验材料：小麦或水稻的花粉。

实验步骤：取小麦或水稻花粉少许放置于载玻片上，加 0.5% TTC 溶液 1～2 滴，盖上盖玻片，置于 35 ℃保温箱中保温 20 min，取出放于显微镜下观察，根据花粉着色深浅的不同可判断花粉的活力。凡呈现为红色的是活力强的花粉，粉色花粉活力次之，不着色的花粉是无活力或不育花粉。观察 2～3 张片子，每片取 5～6 个视野，统计花粉的染色率，以染色率表示花粉的活力百分率。

(2)I_2-KI 染色测定法

花粉中所含淀粉的有无和多少可以作为判断花粉发育程度的指标。大多数正常成熟的花粉呈球形，含有较多淀粉，遇 I_2-KI 溶液可被染为蓝色。发育不良的花粉常呈畸形，通常不含淀粉或含淀粉较少，遇 I_2-KI 溶液不被染色或被染为黄褐色。根据花粉染色情况，可鉴别花粉的活力。

实验材料：小麦或水稻的花粉。

实验步骤：从水稻、小麦植株上采集成熟花药，取一花药置于载玻片上，加 1 滴蒸馏水，用镊子将花药捣碎，使花粉粒释放，再加 1～2 滴 I_2-KI 溶液，盖上盖玻片，在显微镜下观察。凡是被染为蓝色的为活力较强的花粉粒，不被染色或染为黄褐色的为发育不良的花粉粒。观察 2～3 张片子，每片取 5～6 个视野，统计花粉的染色率，以染色率表示花粉的活力百分率。

附录二　自测试卷

自测试卷-1

(一)单项选择题(每小题 1 分,共 15 分)

1. 下列有关扩张蛋白描述不正确的是(　　)。

A. 扩张蛋白活性具有高度专一性

B. 扩张蛋白只在生长迅速的细胞壁中具有生理活性

C. 扩张蛋白具有水解纤维素的活性

D. 扩张蛋白是细胞壁调节蛋白

2. 在无水分胁迫的自然环境中,光是最主要的调控气孔运动的环境信号,调控气孔运动的最有效的光是(　　)。

A. 红光和远红光　　B. 红光和蓝光

C. 红光和紫光　　D. 蓝光和紫光

3. 缺 Zn 元素,影响植物体内(　　)的合成。

A. 丙氨酸　　B. 色氨酸

C. 甲硫氨酸　　D. 脯氨酸

4. 下列有关 PSⅠ和 PSⅡ描述不正确的是(　　)。

A. PSⅡ的最终电子受体是 PQ

B. PSⅠ的最终电子受体是 Fd

C. PSⅠ和 PSⅡ通过一系列电子传递体进行电子传递

D. PSⅠ反应中心色素 P680 主要吸收 680 nm 的红光,PSⅡ反应中心色素 P700 主要吸收 700 nm 的远红光

5. 叶绿体基质中,影响 Rubisco 活性的因素主要是(　　)。

A. Cl^-　　B. Ca^{2+}

C. Mg^{2+}　　D. K^+

6. 生长素促进细胞伸长生长的酸生长理论认为在细胞壁酸生长过程中起疏松细胞壁作用的是(　　)。

A. 水解酶　　B. 扩张蛋白

C. 氧化酶　　D. 水解蛋白

7. 下列有关 ABA 描述不正确的是(　　)。

A. ABA 是脱落的主要控制因子

B. 植物体各器官和组织都可以合成 ABA

C. ABA 在细胞中的主要合成场所是叶绿体(质体)和细胞质基质

D. 在逆境条件下 ABA 含量迅速增加

8. 能引起菜豆幼苗节间发生节间伸长、弯曲及裂开的植物激素是(　　)。

A. SA　　B. GA

C. IAA　　D. BR

9. 下列有关 GA 调控种子萌发描述不正确的是(　　)。

A. GA 是调控种子萌发的主要激素

B. GA 与乙烯有协同作用,均促进种子萌发

C. GA 调控种子萌发的功能与 BR 相拮抗

D. GA 调控种子萌发的功能与 ABA 相拮抗

10. 花器官由萼片、花瓣、雄蕊和心皮组成,由 ABC 组基因决定。其中 B 组基因参与控制(　　)的发育。

A. 雄蕊和心皮　　B. 萼片和花瓣

C. 花瓣和雄蕊　　D. 花瓣和雌蕊

11. 植物生长环境中氮素供应直接影响植物的生长发育,在作物栽培中应特别注意氮肥的供应。下列描述不正确的是(　　)。

A. 氮素过多时会造成植株营养生长旺盛　　B. 氮素过多时会使植株易受病害侵染

C. 氮素过多时会使植株提前开花　　D. 氮素过多时会造成环境污染

12. 一般情况下,呼吸跃变型果实成熟要比非呼吸跃变型果实成熟(　　)。

A. 迅速　　B. 缓慢

C. 相等　　D. 无变化

13. 种子发育过程中内源激素含量呈现动态变化,在发育早期含量明显增加的是(　　)。

A. GA　　B. IAA

C. CTK　　D. ABA

14. 植物能够感知光照,"看到"世界,并做出相应的生长反应。植物体内起"眼睛"功能的物质是(　　)。

A. 叶绿素和类胡萝卜素　　B. 叶绿素和光敏色素

C. 光敏色素和类胡萝卜素　　D. 光敏色素和隐花色素

15. 北方地区路灯下的树枝容易受(　　)。

A. 保护　　B. 冻害

C. 热害　　D. 没有影响

(二)简答题(每小题 8 分,共 24 分)

16. 简述质膜 H^+-ATPase 在植物体内的生理作用。

17. 简述影响植物细胞内生长素平衡的主要因素。

18. 简述活性氧与植物衰老的关系。

(三)实验题(10 分)

19. 在提取叶绿素时,为什么不用纯的有机溶剂而用含水的有机溶剂?提取时加入

$CaCO_3$ 或 $MgSO_4$ 的目的何在？测定叶绿素含量时为什么用其红光区测定光吸收值，而不用蓝紫光吸收区？

(四)分析讨论题(每小题 13 分，共 26 分)

20. 某学者从国外带回水稻重组自交系(RI)种子，该 RI 群体由 160 个自交系组成，每一自交系稻种仅有 20 粒，而实验需用大量种子，试问如何在短期内解决该问题？并请阐述解决该实际问题过程中所涉及的相应理论知识。

21. 利用学到的植物激素知识，请解释在香蕉的贮运和上市过程中应注意的事项。

参考答案

(一)单项选择题(每小题 1 分，共 15 分)

1. C 2. B 3. B 4. D 5. C 6. B 7. A 8. D 9. C 10. C
11. C 12. A 13. C 14. D 15. B

(二)简答题(每小题 8 分，共 24 分)

16. 简述质膜 H^+-ATPase 在植物体内的生理作用。

质膜 H^+-ATPase 又称为主宰酶，对细胞的许多生理活动产生重大的影响(1 分)；调节胞内 pH (使胞质 pH 升高)(1 分)；参与溶质的转运 (1 分)；使细胞壁酸化，调控细胞的伸长生长(1 分)；参与根系对土壤的酸化(1 分)；参与控制因膨压变化引起的气孔和叶柄的运动(1 分)；参与植物的极性生长过程(根、根毛、花粉管的极性生长)(1 分)；参与有毒离子的外排 (1 分)。

17. 简述影响植物细胞内生长素平衡的主要因素。

植物细胞内生长素的平衡主要与生长素的合成、降解、代谢、运输等因素有关。

(1)生长素的生物合成：主要发生在细胞分裂和生长旺盛的部位，最主要的合成途径是以色氨酸为前体的吲哚丙酮酸途径。矿质元素 Zn 影响生长素前体色氨酸的合成。

(2)生长素的降解：生长素可被光氧化降解、酶促脱羧降解和酶促非脱羧降解途径降解。

(3)生长素的代谢：可以以游离态 IAA 形式存在，也可与糖苷、氨基酸等结合为结合态 IAA。游离态 IAA 是生长素的活性形式，结合态 IAA 是生长素的非活性形式。

(4)IAA 的运输：IAA 的运输决定了特定组织中的生长素的含量。游离态 IAA 是唯一的具有极性运输特点的植物激素，结合态 IAA 可进行非极性的远距离运输。

18. 简述活性氧与植物衰老的关系。

活性氧(ROS)促进植物的衰老。

正常情况下，在植物体内存在自由基清除剂，如超氧化物歧化酶(SOD)、过氧化氢酶(CAT)和过氧化物酶(POD)，维生素 E、维生素 C 和谷胱甘肽等，植物体内自由基清除剂可随时清除体内产生的自由基。当植物体内抵御氧化伤害的机制效率下降，产生活性氧的能力增加时，自由基积累，就会加速衰老。

ROS 对植物产生多方面氧化伤害作用，促进许多重要酶，如 Rubisco 和谷氨酰胺合成酶等的降解；诱导脂质过氧化反应，影响膜的结构和功能；加速乙烯的生成；参与衰老基因表达的信号转导过程，促进植物的衰老。

（三）实验题（10 分）

19. 在提取叶绿素时，为什么不用纯的有机溶剂而用含水的有机溶剂？提取时加入 $CaCO_3$ 或 $MgSO_4$ 的目的何在？测定叶绿素含量时为什么用其红光区测定光吸收值，而不用蓝紫光吸收区？

解答关键：用非纯有机溶剂提取是因为叶绿素的特殊结构——兼具亲水、亲脂部位（4 分）；加入 $CaCO_3$ 或 $MgSO_4$ 的目的在于防止氧化、增加稳定性（3 分）；避开类胡萝卜素的吸收光谱干扰（3 分）。

（四）分析讨论题（每小题 13 分，共 26 分）

20. 某学者从国外带回水稻重组自交系（RI）种子，该 RI 群体由 160 个自交系组成，每一自交系稻种仅有 20 粒，而实验需用大量种子，试问如何在短期内解决该问题？并请阐述解决该实际问题过程中所涉及的相应理论知识。

解答关键：首先明确该问题涉及的理论——光周期现象及其概念（5 分）；水稻是短日植物，对光周期诱导的需求是短日照（3 分）；北半球纬度越低，越易满足植物短日需求；海南岛纬度低，同时一年内温度适宜，水稻南繁，可以在一年内重复多代繁殖水稻种子（5 分）。

21. 利用学到的植物激素知识，请解释在香蕉的贮运和上市过程中应注意的事项。

解答关键：香蕉属于呼吸跃变型果实，说明呼吸跃变的概念（3 分）；影响呼吸跃变的激素类型、该激素生物合成过程中关键酶的活性调控及该激素作用的调控（5 分）。

在香蕉没有完全成熟时采摘，贮运过程中用一些乙烯合成抑制剂或作用拮抗剂抑制果实成熟，上市前可以喷施乙烯的释放剂如乙烯利促进果实成熟（5 分）。

自测试卷-2

一、单项选择题(每小题 1 分,共 15 分)

1. 控制细胞壁微纤丝沉积方向的是(　　)。

A. 微丝　　B. 内质网

C. 微管　　D. 高尔基体

2. 植物的水分临界期是指(　　)。

A. 植物需水最多的时期　　B. 植物水分利用率最高的时期

C. 植物对水分缺乏最敏感的时期　　D. 植物需水量较少的时期

3. 气孔运动中对保卫细胞的水势产生最直接影响的是(　　)。

A. Ca^{2+}　　B. Mg^{2+}

C. K^{+}　　D. Na^{+}

4. 亚硝酸盐在地上组织细胞中被还原的部位是(　　)。

A. 细胞质　　B. 叶绿体

C. 线粒体　　D. 高尔基体

5. 光合产物运出叶绿体的主要形式是(　　)。

A. 蔗糖　　B. 淀粉

C. 磷酸丙糖　　D. 果糖

6. 玉米固定 CO_2 的最初受体是(　　)。

A. 3-PGA　　B. RuBP

C. PEP　　D. OAA

7. 光合链中,同时传递电子和质子的组分是(　　)。

A. Fd　　B. PQ

C. QA　　D. $NADP^{+}$

8. 解偶联剂可把电子传递过程和磷酸化过程分开,属于解偶联剂的化合物是(　　)。

A. 鱼藤酮　　B. CO

C. CN^{-}　　D. DNP

9. 为了使番茄提前红熟,可以喷施(　　)。

A. NAA　　B. 乙烯利

C. 多效唑　　D. 6-BA

10. 对插枝生根最有效的是(　　)。

A. 吲哚丁酸　　B. 赤霉素

C. 乙烯利　　D. 6-苄基腺嘌呤

11. 对气孔运动最为敏感的光是(　　)。

A. 远红光　　B. 红光

C. 蓝光　　D. 紫外光

12. 某田块春季播种的冬性小麦只长苗而不结实，可能原因是(　　)。
A. 光照不适宜　　B. 温度不适宜
C. 养分管理不适宜　　D. 水分管理不适宜
13. 用 660 nm 的光处理需光的莴苣种子，对其萌发起(　　)。
A. 促进作用　　B. 抑制作用
C. 无影响　　D. 受温度影响
14. 银杏种子的休眠主要由于(　　)。
A. 抑制物质的存在　　B. 种皮限制
C. 胚未发育完全　　D. 种子未完成后熟
15. 下列环境中生长的水稻进行高盐(250 mmol/L NaCl)胁迫处理，最初出现伤害症状的幼苗是(　　)。
A. 在 30℃ 环境中生长　　B. 经 50 mmol/L NaCl 处理
C. 接种过稻飞虱　　D. 在土壤轻度干旱环境中生长

二、简答题(每小题 8 分，共 24 分)

16. 试述植物吸收水分和养分之间的关系。
17. 根据 GAs 的主要生理作用，分析 GA3 在实际生产中的作用。
18. 什么是 R/T？分析下表数据，计算不同土壤含水量植株的 R/T，并加以解释。

土壤含水量/%	地上部鲜重/g	根系鲜重/g
10	1.0	3.8
15	2.4	4.9
20	3.6	5.2
25	3.5	4.8
30	3.2	3.0

三、实验题(10 分)

19. 如何用实验证明植物感受光周期的部位，以及光周期刺激可能是以某种化学物质来传递的？

四、分析讨论题(每小题 13 分，共 26 分)

20. 试阐述 C_4 植物比 C_3 植物光呼吸低的原因。
21. 举例说明植物在适度逆境胁迫下表现出的一些生理反应，并分别说明其生理意义。

参考答案

一、单项选择题(每小题 1 分,共 15 分)

1.C　2.C　3.C　4.B　5.C　6.C　7.B　8.D　9.B　10.A
11.C　12.B　13.A　14.C　15.A

二、简答题(每小题 8 分,共 24 分)

16.试述植物吸收水分和养分之间的关系。

相互依赖和相互独立的关系(2 分);前者,矿质须在溶液状态才被吸收,矿质随水分一起进入根部的质外体中;根系对矿质的主动吸收使根部的水势降低,有利于水分进入根部(3 分)。后者,吸收矿质和水分的机理不同;吸收矿质以耗能的主动吸收为主;而水分则按水势高低进行被动运输(3 分)。

17.根据 GAs 的主要生理作用,分析 GA3 在实际生产中的作用。

主要生理作用之一:促进茎秆伸长(2 分),茎类蔬菜、杂交稻抽穗调控(2 分);

主要生理作用之二:诱导 α-淀粉酶(2 分),啤酒大麦生产中应用(2 分);

或解答另一生理作用:打破休眠(2 分),促进种子萌发(2 分)。

18.什么是 R/T? 分析下表数据,计算不同土壤含水量植株的 R/T,并加以解释。

土壤含水量/%	地上部鲜重/g	根系鲜重/g
10	1.0	3.8
15	2.4	4.9
20	3.6	5.2
25	3.5	4.8
30	3.2	3.0

R/T:根冠比,植株地下部分与地上部分重量的比值(2 分)。

计算值:3.8;2.04;1.44;1.37;0.94(1 分)。

说明植株地上部与根系生长存在一定的相关性,既相互依存又相互抑制(2 分)。

随土壤水分含量的上升,根冠比下降(1 分);土壤水分含量过低或过高,均不利于作物的生长,土壤含水量低,对地上部影响大于对根系的影响;随土壤含水量的增加,土壤含氧量降低,当土壤含氧量降低到一定值、根系缺氧时,对根系的影响大于对地上部的影响(2 分)。

三、实验题(10 分)

19.如何用实验证明植物感受光周期的部位,以及光周期刺激可能是以某种化学物质来传递的?

植物在适宜的光周期诱导后,成花部位是茎端的生长点,而感受光周期的部位却是叶片。这一点可以用对植株不同部位进行光周期处理后观察对开花效应的情况来证明:①将植物全株置于不适宜的光周期条件下，植物不开花而保持营养生长；②将植物全株置于适宜的光周期下，植物可以开花；③只将植物叶片置于适宜的光周期条件下，植物正常开花；④只将植物叶片置于不适宜的光周期下，植物不开花。

用嫁接实验可证明植物的光周期刺激可能是以某种化学物质来传递的。如将数株短日植物苍耳嫁接串联在一起，只让其中一株的一片叶接受适宜的短日照光周期诱导，而其他植株都在长日照条件下，结果数株苍耳全部开花。

四、分析讨论题(每小题 13 分，共 26 分)

20. 试阐述 C_4 植物比 C_3 植物光呼吸低的原因。

C_4 植物叶肉细胞中进行 PEP 羧化；PEP 羧化酶对 CO_2 具有高亲和力；在维管束鞘细胞中脱羧，维管束鞘细胞中 CO_2 浓度增高，CO_2/O_2 比值高，维管束鞘细胞中 RuBP 羧化活性增强，加氧活性受到抑制，从而抑制光呼吸(7 分)。

C_3 植物叶肉细胞中固定 CO_2；叶肉细胞中 CO_2/O_2 比值降低；RuBP 羧化活性降低，加氧活性增强，从而促进光呼吸；RuBP 羧化酶对 CO_2 亲和力低(6 分)。

21. 举例说明植物在适度逆境胁迫下表现出的一些生理反应，并分别说明其生理意义。

①ABA 含量增加，ABA 诱导植物抗性基因的表达，诱导休眠、生长延缓及气孔关闭等(3 分)。②渗透调节物质的产生，降低细胞水势，防止水分散失，保持原生质与环境之间的水分平衡；增强结构蛋白的水合结构和稳定性，保护膜结构完整(3～4 分)。③胁迫蛋白的产生，如热激蛋白(HSPs)、冷调蛋白、病程相关蛋白(PRs)、盐逆境蛋白(渗压素 osmotin)等。胁迫蛋白的产生往往增强植物的抗胁迫能力(3～4 分)。④抗氧化系统的变化，如清除活性氧的酶类 SOD、POD、CAT 等活性的变化，非酶类物质含量增加，用于清除自由基和活性氧，膜稳定性增强(3～4 分)。

自测试卷-3

一、单项选择题(每小题 1 分,共 15 分)

1. 将一个 $\Psi_p=-\Psi_s$ 的植物细胞放入纯水中,则其体积会(　　)。

A. 变大　　B. 变小

C. 不变　　D. 可能变小,也可能变大

2. 在水培植物时,营养液的 pH 一般应调控在(　　)。

A. 4.5～5.5　　B. 5.5～6.6

C. 6.5～7.5　　D. 7.5～8.5

3. 土壤中或培养基质中氮素供应过多时,会使植株的根冠比(　　)。

A. 增加　　B. 降低

C. 适中　　D. 不受影响

4. 植物叶片处于光补偿点以下时,该叶片的(　　)。

A. CO_2 吸收量达最大值　　B. CO_2 吸收量 $=$ CO_2 放出量

C. CO_2 吸收量 $<$ CO_2 释放量　　D. CO_2 吸收量 $>$ CO_2 放出量

5. 在叶片的光合细胞中,蔗糖的合成在(　　)。

A. 细胞质　　B. 细胞核

C. 微体　　D. 叶绿体

6. 具 CAM 途径的植物,其气孔一般是(　　)。

A. 昼开夜闭　　B. 昼闭夜开

C. 昼夜均开　　D. 昼夜均闭

7. 攀缘植物的卷须运动与(　　)有关。

A. 微管　　B. 微丝

C. 内质网　　D. 高尔基体

8. 在果实呼吸跃变之前,其内部含量明显升高的植物激素是(　　)。

A. IAA　　B. CTK

C. GAs　　D. ETH

9. 最早用生物测试法检测 IAA 的科学家是(　　)。

A. Went　　B. Kogl

C. Darwin　　D. Paal

10. 促进黄瓜、萝卜、向日葵子叶扩大的植物激素是(　　)。

A. CTK　　B. GA

C. ABA　　D. IAA

11. 植物衰老时,PPP 途径在呼吸中所占比例(　　)。

A. 增加　　B. 减少

C. 不变　　D. 先减少后增加

12. 在下列几组酶中，与脱落密切相关的是(　　)。

A. 果胶酶和脂酶　　B. 纤维素酶和果胶酶

C. 核酸酶和蛋白酶　　D. 淀粉酶和脂酶

13. 电导法研究逆境对植物细胞影响的原理是(　　)。

A. 细胞膜的破碎　　B. 细胞壁的破碎

C. 细胞膜的选择透性功能的破坏　　D. 细胞质的变性

14. 越冬作物体内可溶性糖的含量(　　)。

A. 增多　　B. 减少

C. 不变　　D. 先减少后增多

15. 以下几种植物对光的反应中，不属于光周期现象的是(　　)。

A. 苍耳在短日照下开花　　B. 菊花在长日照下保持营养生长

C. 马铃薯块茎在长日照下形成　　D. 气孔在光照下张开

二、简答题(每小题 8 分，共 24 分)

16. 渗透调节物质主要有哪些？渗透调节的主要生理功能是什么？

17. 利用乙烯的三重反应作为模式系统，可筛选到乙烯的哪几类突变体？

18. 简述韧皮部同化物运输的压力流动学说。

三、实验题(10 分)

19. 气孔开度和气孔密度各指什么？试述一般的观察气孔开度的实验方法原理及其主要优缺点。

四、分析讨论题(每小题 13 分，共 26 分)

20. 某农民因种植的洋葱在 4 月底到 5 月初突然抽薹开花而十分焦虑，请你向对方解释：①此现象的原因；②补救的措施；③如何避免这一现象的再次发生？

21. 生产上，为提高水稻秧苗的健壮程度和对低温等胁迫的抗性，常常需要壮秧。如何运用植物生长物质的知识和手段达到此目的？

参考答案

一、单项选择题(每小题 1 分，共 15 分)

1. C　2. B　3. B　4. C　5. A　6. B　7. B　8. D　9. A　10. A

11. A　12. B　13. C　14. A　15. D

二、简答题(每小题 8 分，共 24 分)

16. 渗透调节物质主要有哪些？渗透调节的主要生理功能是什么？

首先明确渗透调节物质可分为两大类(4 分)：

(1)无机离子:K^+、Na^+、Cl^-等。

(2)有机溶质:脯氨酸、甜菜碱、可溶性糖(蔗糖等)、多元醇等。

渗透调节的主要生理功能(4 分):

(1)维持细胞膨压;

(2)维持气孔开放;

(3)保持细胞继续生长;

(4)维持细胞膜稳定性。

17. 利用乙烯的三重反应作为模式系统,可筛选到乙烯的哪几类突变体?

可筛选到两类:一类突变体对外源乙烯及其合成前体 ACC 表现为部分或完全不敏感,这类突变体包括 *etr1*(*ethylene resistant1*)、*etr2*、*ein2*(*ethylene insensitive2*)等,乙烯处理黄化苗,野生型表现出典型的三重反应,而乙烯不敏感突变体则"鹤立鸡群"(4 分);第二类突变体为组成型三重反应突变体,包括乙烯过量产生突变体,如 *eto1*(*ethylene overexproduction1*)和组成型活化乙烯信号突变体,如 *ctr1*(*constitutive triple response1*),在无诱导条件下拟南芥幼苗持续表现出三重反应(4 分)。

18. 简述韧皮部同化物运输的压力流动学说。

韧皮部同化物运输的压力流动学说是由德国明希(E. Munch,1930)提出的,该学说认为筛管的液流是输导系统两端的渗透势差引起的膨压差所造成的压力梯度推动的。在源端,叶肉细胞将蔗糖装载入筛管分子-伴胞复合体,筛管内水势降低,于是木质部中的水分沿水势梯度进入筛管分子,筛管分子内产生高的膨压。在库端,筛管内的蔗糖不断被卸出,库端筛管分子内的溶质减少,细胞水势升高,这时韧皮部的水势高于木质部,水分沿水势梯度从筛管分子回到木质部,引起筛管分子内膨压降低。这样在源端和库端形成了膨压差,它推动筛管内的汁液沿压力梯度从源端向库端运输(6 分)。

韧皮部筛管中溶液的流动是以集流形式进行的(2 分)。

三、实验题(10 分)

19. 气孔开度和气孔密度各指什么?试述一般的观察气孔开度的实验方法原理及其主要优缺点。

气孔开度指保卫细胞之间形成的气孔张开程度,气孔密度是指单位叶片面积上的气孔数(2 分);观察气孔状态的常规实验方法有印迹法、固定法和直接观察法(2 分)。其基本原理和主要优缺点分别为:凹凸印迹,保持活体,不受破坏,方便追踪气孔动态,但无法检测凹陷气孔;无水乙醇迅速固定,方便快捷,清晰,但需撕开表皮;直接观察法可保持保卫细胞活性,可做各种诱导处理和荧光标记等,但与叶片分离,不能反映整体时气孔的变化(6 分)。

四、分析讨论题(每小题 13 分,共 26 分)

20. 某农民因种植的洋葱在 4 月底到 5 月初突然抽薹开花而十分焦虑,请你向对方解释:①此现象的原因;②补救的措施;③如何避免这一现象的再次发生?

(1)原因:主要是洋葱在前一年收获后过冬贮藏时,因低温已通过春化,所以在 4 月底 5 月初才会抽薹开花。

(2)补救措施:人工拔薹;及时发现抽薹,在早期喷施赤霉素生物合成抑制剂或生长素极性运输抑制剂。

（3）如何避免：在前一年贮藏洋葱时，贮藏在较高温下，而使其不通过春化；越冬贮藏的洋葱鳞茎在春季种植前，用适当高温处理以解除春化。其他合理的措施。

21. 生产上，为提高水稻秧苗的健壮程度和对低温等胁迫的抗性，常常需要壮秧。如何运用植物生长物质的知识和手段达到此目的？

水稻生产上，通常需要抑制秧苗的生长达到壮秧的目的，赤霉素能促进植株的伸长生长，在农业生产上，可以通过抑制赤霉素的生物合成来抑制秧苗的生长。目前常用的有两类生长延缓剂，分别抑制 GA 合成过程中的氧化和环化步骤，如氧化抑制剂：多效唑和烯效唑；环化抑制剂：矮壮素和缩节胺。可以外源施用这些生长延缓剂抑制秧苗的生长达到壮秧的目的。

自测试卷-4

一、单项选择题(每小题 1 分,共 15 分)

1. 初生细胞壁中的多糖成分主要有(　　)。

A. 纤维素、半纤维素和果胶　　B. 纤维素和果胶

C. 半纤维素、果胶和木质素　　D. 纤维素、果胶和几丁质

2. 细胞骨架包括(　　)。

A. 微丝、微管、胞间连丝　　B. 微丝、微管、中间纤维

C. 纤维素、半纤维素　　D. 微丝、微管

3. 将一植物细胞放入与之渗透势相等的溶液中,该细胞(　　)。

A. 可能失水,也可能保持平衡　　B. 不吸水,也不失水

C. 失水　　D. 吸水

4. 载体蛋白和通道蛋白跨膜转运离子的方式不同,其中(　　)。

A. 载体蛋白有饱和性　　B. 通道蛋白有饱和性

C. 载体蛋白有孔道结构　　D. 通道蛋白构象发生变化

5. 质膜上的质子泵转移质子与消耗 ATP 的数目之比约为(　　)。

A. 1　　B. 2

C. 3　　D. 4

6. 植物组织受伤害时,伤口处容易变褐,其可能原因是(　　)。

A. 细胞死亡造成的　　B. 光直接照射造成的

C. 醌类物质产生　　D. 酚类物质聚合

7. 光合作用过程中形成淀粉的部位是(　　)。

A. 叶绿体基质　　B. 细胞基质

C. 叶绿体膜腔　　D. 种子等贮藏器官

8. 非(循)环式电子传递及其磷酸化的产物是(　　)。

A. ATP 和 NADPH　　B. ATP 和 O_2

C. ATP、NADPH 和 O_2　　D. ATP、H_2O 和 O_2

9. IAA 生物合成的前体物质是(　　)。

A. 甲硫氨酸　　B. 色氨酸

C. 甲羟戊酸　　D. 腺嘌呤核苷酸

10. 将植物的幼芽和幼根放在浓度为 2×10^{-5} mmol/L 的 IAA 溶液中培养,可能出现的结果是(　　)。

A. 幼芽和幼根的生长均受到抑制　　B. 幼芽和幼根的生长量相等

C. 幼芽的生长量大于幼根　　D. 幼根的生长量大于幼芽

11. 在种子萌发时，花生、棉花等油料种子较禾谷类种子需要更多的(　　)。

A. 光照　　B. 矿质元素

C. 水　　D. 氧气

12. 下列物质中，具有参与调控植物细胞壁的松弛、促进细胞生长功能的是(　　)。

A. 果胶酶　　B. 扩张蛋白

C. 伸展蛋白　　D. 凝集素

13. 植物向光性反应的光受体是(　　)。

A. 光敏色素　　B. β-胡萝卜素

C. 隐花色素　　D. 向光素

14. 种子发育过程中内源激素含量发生有规律的动态变化，在种子发育早期，最先出现含量高峰的激素是(　　)。

A. 细胞分裂素　　B. 赤霉素

C. 生长素　　D. 脱落酸

15. 植物适应干旱胁迫的主要形态特征是(　　)。

A. 根冠比减小　　B. 根冠比增大

C. 叶片增大　　D. 叶表皮毛减少

二、简答题(每小题 8 分，共 24 分)

16. 植物体内的水分为什么能够从根部连续上升到顶部的冠层？

17. 简述植物激素的常用测定方法。

18. 植物在夏季出现光合“午休”现象的主要原因是什么？

三、实验题(10 分)

19. 设计一个实验方案，证明苹果成熟期间出现的呼吸跃变与其释放乙烯有关，并且呼吸跃变的出现与温度有关。对实验的可能结果进行简单分析、解释。

四、分析讨论题(每小题 13 分，共 26 分)

20. 论述生长素与赤霉素对促进细胞生长的协同作用。

21. 试述植物衰老的类型及衰老的调控。

参 考 答 案

一、单项选择题(每小题 1 分，共 15 分)

1. A　2. B　3. C　4. A　5. A　6. C　7. A　8. D　9. B　10. C

11. D　12. B　13. D　14. A　15. B

二、简答题(每小题 8 分，共 24 分)

16. 植物内的水分为什么能够从根部连续上升到顶部的冠层？

水分在导管内连续不断上升的机制可以用“蒸腾拉力—内聚力—张力学说”解释(3 分)。

蒸腾拉力是水分在导管内连续不断上升的主要动力。由于植物叶片的蒸腾作用产生了巨大的蒸腾拉力，使得水柱向上拉（2 分）。同时，由于水分子间存在有很大的内聚力，可达 30 MPa，水分子与导管纤维素分子间还有很强的附着力，两者共同作用克服了水柱上升过程中产生的张力（0.5～3.0 MPa），从而确保导管或管胞中的水流成为连续不断的水柱，使根部的水分持续上升到植物的冠层（3 分）。

17. 简述植物激素的常用测定方法。

植物激素的常用测定技术包括：生物测定技术、色谱技术、质谱技术和免疫测定技术（3 分）。生物测定技术是最简单、易行的测定方法。

利用生长素促进胚芽鞘伸长生长、赤霉素促进植物茎节伸长、细胞分裂素促进双子叶植物的子叶扩大生长、乙烯诱导黄化幼苗生长的“三重反应”、脱落酸促进气孔关闭的生理功能，相应建立了燕麦芽鞘伸长法、水稻幼苗伸长法、萝卜子叶增重法、黄化豌豆幼苗三重反应法和气孔关闭法，分别用于鉴定生长素、赤霉素、细胞分裂素、乙烯和脱落酸。并且还可以利用外源一系列已知浓度的激素溶液处理相应植物材料，绘制植物生长量与激素浓度的关系曲线，测定未知样品的激素含量（5 分）。

18. 植物在夏季出现光合“午休”现象的主要原因是什么？

光合“午休”现象是指夏季中午前后植物光合速率比上午和下午都明显降低的现象。引起光合“午休”的主要原因如下：

（1）夏季中午时分日照强烈，气温过高引起大气干旱和土壤干旱（2 分）；

（2）干旱造成水分供应不足，进一步引起气孔关闭，也引起 CO_2 吸收的降低（2 分）；

（3）由于缺水，光合产物淀粉等来不及分解和运输，累积在叶肉细胞中，限制了光合作用的进行（2 分）；

（4）午间高温、强光以及低 CO_2 浓度还可引起光呼吸的增强，高温也使暗反应中的酶活性降低等（2 分）。

三、实验题（10 分）

19. 设计一个实验方案，证明苹果成熟期间出现的呼吸跃变与其释放乙烯有关，并且呼吸跃变的出现与温度有关。对实验的可能结果进行简单分析、解释。

（1）实验方案（5 分）：

取未成熟的苹果，进行下列处理：

①贮藏于 0～5 ℃、非密闭容器中；②贮藏于 0～5 ℃、密闭容器中；③贮藏于 25～28 ℃、非密闭容器中；④贮藏于 25～28 ℃、密闭容器中。

在苹果贮藏期间，每天分别测定处理①、处理③呼吸释放 CO_2 的速率（如小篮子法或广口瓶法）；同时测定处理②、处理④乙烯释放量（如气相色谱法）。然后，以贮藏时间（d）为横坐标，以呼吸释放 CO_2 的速率、乙烯的释放量为纵坐标绘制关系曲线。

（2）可能的实验结果与分析（5 分）：

①苹果在 0～5 ℃下的贮藏期间其呼吸速率和乙烯的释放速率变化不明显，相应的关系曲线呈平直状态；②苹果在 25～28 ℃的贮藏条件下，其呼吸速率随着贮藏时间的延长逐渐增加，在苹果接近完全成熟时出现呼吸突然增高的高峰（呼吸跃变峰），乙烯的释放高峰则出现在呼吸跃变峰之前，表明乙烯的释放与苹果的呼吸跃变有关；③苹果在 0～5 ℃的贮藏温度下，其呼

吸速率没有表现出呼吸突然增高的现象，说明低温可推迟跃变型果实的呼吸跃变，延长果实的贮藏期。

四、分析讨论题(每小题 13 分，共 26 分)

20.论述生长素与赤霉素对促进细胞生长的协同作用。

细胞生长包括细胞扩大和细胞伸长。由于细胞壁的存在，细胞的生长受细胞壁的限制。因此，细胞的生长决定于细胞壁的松弛(2 分)。两种细胞壁松弛酶参与调节细胞壁的松弛。一种是木葡聚糖内糖基转移酶(XET)，它可以将木葡聚糖链切断并重新连接到另一条木葡聚糖链的非还原端，或将新合成的木葡聚糖加到细胞壁中原有的木葡聚糖上，通过木葡聚糖间的连接和延长，使得细胞壁延伸；另一种是扩张蛋白，它通过可逆结合在细胞壁中纤维素微纤丝和多糖结合的交叉点，催化纤维素微纤丝与多糖间的氢键断裂，解除细胞壁中多糖对纤维素的制约，使细胞壁松弛(3 分)。

生长素具有促进细胞伸长生长的生理功能。生长素诱导激活质膜 H^+-ATPase，从而引起细胞内的 H^+ 外泌，导致细胞壁的酸化。在酸性条件下，细胞壁中的扩张蛋白被活化，活化扩张蛋白促进连接木葡聚糖与纤维素微纤丝之间的键断裂，细胞壁松弛，从而促进细胞伸长生长(4 分)。

赤霉素也促进细胞的伸长生长，但不同于生长素的作用。赤霉素不诱导细胞壁的酸化，赤霉素诱导细胞壁中木葡聚糖内糖基转移酶(XET)活性的增加，催化多糖链的切断并调节多糖链的重新排列，从而增加细胞壁的伸展性，促进细胞伸长生长(4 分)。

因此，生长素和赤霉素在促进细胞生长过程中起协同作用。

21.试述植物衰老的类型及衰老的调控。

衰老分成 4 种类型：①整体衰老。许多一年生植物，随着果实和种子的产生，植株很快变黄衰老。②地上部分衰老。许多草本多年生植物和灌木，每年的一定时期，地上部衰老死亡，地下部维持生命，下一年重新长出茎叶，开始新的一年的生长。③脱落衰老。落叶树木的叶片发生季节性衰老脱落。④渐进衰老。一些常绿树木，叶片分批轮换衰老脱落(4 分)。

衰老的调控：

内源因素：体内营养物质的匮乏，自由基、活性氧的增加都会促进植物的衰老。内源激素调控衰老，乙烯是诱导衰老的主要激素，乙烯促进果实成熟，也促进叶片的衰老。细胞分裂素延缓衰老，GA 也延缓衰老。ABA 可抵消细胞分裂素和 GA 的作用，促进衰老(5 分)。

环境因素：光是调控植物衰老的重要因子，植株或离体器官在光下不易衰老，在暗中则加速衰老。高温和低温都诱发自由基产生，加速叶片的衰老。水分胁迫刺激乙烯和 ABA 形成，促进衰老。多种环境胁迫可诱导植物体在还未成熟就发生衰老(4 分)。

自测试卷-5

一、单项选择题(每小题 1 分,共 15 分)

1. 细胞壁中富含伸展蛋白,其功能是(　　)。

A. 促进细胞的伸长　　B. 促进细胞壁松弛

C. 促进细胞间的黏合　　D. 增加细胞壁的强度和刚性

2. 由 α、β、γ 3 个亚基构成的异三聚体 G 蛋白,具有 GTPase 的活性,结合 GTP 的位点存在于(　　)。

A. α 亚基　　B. β 亚基

C. γ 亚基　　D. βγ 亚基

3. 引起"生理干旱"的主要原因是(　　)。

A. 土壤水分过低　　B. 土壤盐分浓度过高

C. 蒸腾旺盛　　D. 大气湿度过低

4. 影响气孔蒸腾速率的主要因素是(　　)。

A. 气孔面积　　B. 气孔周长

C. 气孔间距　　D. 气孔密度

5. 下列属于生理酸性盐的是(　　)。

A. NH_4NO_3　　B. $NaNO_3$

C. $Ca(NO_3)_2$　　D. $(NH_4)_2SO_4$

6. 逆境条件下,植物呼吸电子传递链(　　)。

A. 细胞色素途径活性提高　　B. 交替途径活性提高

C. 多酚氧化酶途径活性提高　　D. 交替途径活性降低

7. 光合产物运出叶绿体的形式是(　　)。

A. 丙酮酸　　B. 磷酸丙糖

C. 蔗糖　　D. 葡萄糖-6-磷酸

8. 光合作用同化的 CO_2 与呼吸释放的 CO_2 等量时,外界的 CO_2 浓度称为(　　)。

A. CO_2 补偿点　　B. CO_2 饱和点

C. 无氧呼吸熄灭点　　D. 光补偿点

9. 能促进植物体内 IAA 合成的离子是(　　)。

A. Fe^{2+}　　B. Cu^{2+}

C. Zn^{2+}　　D. Mn^{2+}

10. 将植物茎和芽的切段放在浓度为 0.1 mmol/L 的 IAA 溶液中培养,可能出现的结果是(　　)。

A. 促进茎和芽的生长　　B. 促进茎的生长,抑制芽的生长

C. 抑制茎和芽的生长　　D. 抑制茎的生长,促进芽的生长

11. 植物激素调控植物的程序性细胞死亡，促进程序性细胞死亡的主要激素是(　　)。

A. 赤霉素　　B. 细胞分裂素

C. 乙烯　　D. 油菜素内酯

12. 绿色植物组织的光敏色素(Pr)吸收红光的最大吸收峰是(　　)。

A. 730 nm　　B. 685 nm

C. 660 nm　　D. 652 nm

13. 土壤干旱和氮肥缺乏对雌雄同株异花植物的花性别分化的影响是(　　)。

A. 促进雌花分化，抑制雄花分化　　B. 促进雄花分化，抑制雌花分化

C. 只影响花的数目，不影响花性别的分化　　D. 无明显影响

14. LEA 蛋白是(　　)，参与种子的(　　)。

A. 胚胎早期富含蛋白，休眠过程　　B. 胚胎晚期富含蛋白，抗脱水过程

C. 胚胎早期富含蛋白，吸胀过程　　D. 胚胎晚期富含蛋白，萌发过程

15. 跃变型果实成熟时体内明显产生(　　)。

A. IAA　　B. ETH

C. ABA　　D. GA

二、简答题(每小题 8 分，共 24 分)

16. 在植物体内离子的跨膜转移过程中，简单扩散和易化扩散(协助扩散)有何异同点？

17. 简述种子成熟中 ABA 的主要作用。

18. 贮藏花粉时，延长花粉生活力的措施有哪些？

三、实验题(10 分)

19. 设计一个实验，证明干种子在萌发过程中的吸水存在 3 个阶段，并伴随着呼吸类型的变化。要求写出主要的实验方案，并对可能的实验结果进行简要的分析。

四、分析题(每小题 13 分，共 26 分)

20. 根据植物生理学的相关理论，分析提高作物产量的途径和措施有哪些。

21. 影响植物花器官形成的条件有哪些？

参考答案

一、单项选择题(每小题 1 分，共 15 分)

1. D　2. A　3. B　4. B　5. D　6. B　7. B　8. A　9. C　10. B
11. C　12. D　13. B　14. B　15. B

二、简答题(每小题 8 分，共 24 分)

16. 在植物体内离子的跨膜转移过程中，简单扩散和易化扩散(协助扩散)有何异同点？

相同点：都是被动吸收过程，即在不消耗代谢能的情况下使离子顺其电化学梯度跨膜转移(2 分)。

不同点：简单扩散是指溶液中的溶质从浓度较高的区域直接跨膜或通过细胞膜上通道蛋白的孔道移向浓度较低区域过程(2 分)；易化扩散(协助扩散)需要借助于膜上的载体蛋白等，顺浓度梯度或电化学势梯度进行离子的跨膜转运，且转移离子的速度很高(4 分)。

17. 简述种子成熟中 ABA 的主要作用。

种子发育过程中，在发育早期 ABA 含量较低，发育后期 ABA 含量明显增加，从而促进种子的成熟(2 分)。

ABA 的主要作用：促进种子中营养物质的积累；促进种子贮藏蛋白的基因表达、蛋白质的合成与累积；促进和诱导种子成熟后期的程序化脱水、干燥，有利于种子的休眠，以度过不良环境条件(6 分)。

18. 贮藏花粉时，延长花粉生活力的措施有哪些？

(1)控制湿度。湿度过大，花粉易破裂；湿度过小，花粉易干缩枯萎。通常 20%～50%的相对湿度比较适合贮藏花粉，相对湿度较低的情况下其代谢强度也比较低 (2 分)。

(2)适当降低温度。适当低温可降低代谢强度，利于延长花粉寿命；通常在 1～5 ℃下贮藏花粉较为适宜(2 分)。

(3)控制 CO_2 和 O_2 相对浓度。适当增加贮藏容器中的 CO_2 和减少 O_2 有利于延长花粉寿命(2 分)。

(4)避免强光直射。强光照射花粉会大大降低花粉生活力，一般遮光或黑暗环境利于花粉保存(2 分)。

三、实验题(10 分)

19. 设计一个实验，证明干种子在萌发过程中的吸水存在 3 个阶段，并伴随着呼吸类型的变化。要求写出主要的实验方案，并对可能的实验结果进行简要的分析。

(1)实验方案及步骤 (5 分)：

选取待萌发的干种子，在 25～28 ℃下测定种子在不同时间内的吸水量。

①以吸水时间为横坐标，单位质量种子的吸水量为纵坐标，绘制种子吸水量(g)随萌发时间(h)的变化曲线(曲线 1)；

②根据种子吸水曲线斜率的不同划分出不同的吸水阶段；

③同时测定不同萌发时间内种子呼吸释放 CO_2 和吸收 O_2 的量(如分别采用小篮子法和瓦布尔格微量定容测压法)；

④以萌发时间为横坐标，分别绘制种子在不同萌发时间下释放 CO_2 和吸收 O_2 的关系曲线(曲线 2 和曲线 3)。

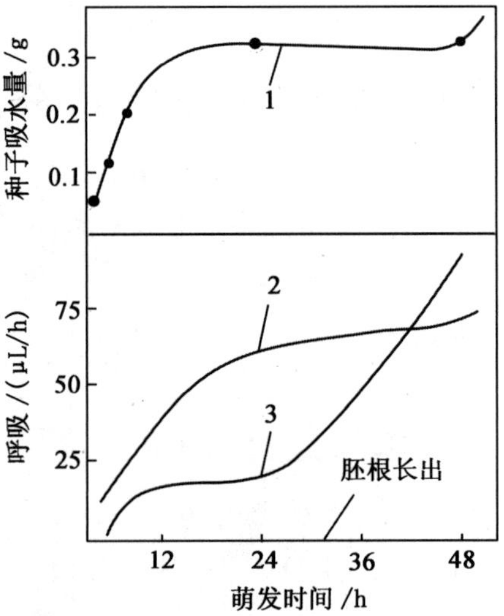

豌豆种子萌发时吸水和呼吸的变化

1. 种子吸水过程的变化　2. CO_2 释放的变化

3. O_2 吸收的变化

(2)实验结果的分析(5 分)：

①干种子在萌发初期吸水迅速，曲线的斜率大；随后吸水速度减慢或几乎停滞(吸水曲线平缓)；胚根长出之后又出现快速吸水过程(吸水

曲线的斜率又增大)。表明种子萌发过程中的吸水存在3个阶段。

②从呼吸曲线看,在种子吸水的第一、第二阶段,细胞释放CO_2的量大于O_2的吸收量,说明以无氧呼吸为主;在种子吸水的第三阶段,细胞吸收O_2的量大于CO_2的释放量,说明胚根出现以后萌发种子的呼吸以有氧呼吸为主。

四、分析题(每小题13分,共26分)

20.根据植物生理学的相关理论,分析提高作物产量的途径和措施有哪些。

(1)增加光合面积:①合理密植,充分利用日光能和地力;②改善株型,可以增加密度,扩大绿色面积(3分)。

(2)延长光合时间:①提高复种指数,延长单位土地面积上作物的光合时间;②延长生育期,如适时早播,育苗移栽,地膜覆盖等;③补充人工光照,可以在大棚、温室中进行(3分)。

(3)提高光合速率:①增施有机肥料或深施碳酸氢铵等,增加田间CO_2浓度;②减缓逆境对光合的抑制作用,减轻光合"午休";③延缓早衰(3分)。

(4)降低呼吸消耗:①施用光呼吸抑制剂,降低光呼吸速率;②改善田间通风透光条件,避免田间温度过高导致呼吸消耗过大(3分)。

其他,培育高产、优质品种等(1分)。

21.影响植物花器官形成的条件有哪些?

(1)内因(5分):

①营养状况:营养是花芽分化以及花器官形成与生长的物质基础。其中的碳水化合物对花的形成尤为重要,C/N过小,营养生长过旺,影响花芽分化。

②内源激素:花芽分化受内源激素的调控。如GA可抑制多种果树的花芽分化;CTK、ABA和乙烯则促进果树的花芽分化;IAA在低浓度起促进作用而高浓度起抑制作用。

(2)外因:

①光照:光照对花器官形成有促进作用。在植物花芽分化期间,若光照充足,有机物合成多,则有利于花芽分化。此外,光周期还影响植物的育性,如湖北光敏感核不育水稻,在短日下可育,在长日下不育(2分)。

②温度:一般植物在一定的温度范围内,随温度升高而花芽分化加快。温度主要影响光合作用、呼吸作用和物质的转化及运输等过程,从而间接地影响花芽的分化。低温还影响减数分裂期花粉母细胞的发育,使其不能正常分裂(2分)。

③水分:不同植物的花芽分化对水分的需求不同,如对稻麦等作物来说,孕穗期对缺水敏感,此时缺水影响幼穗分化;而对果树而言,夏季的适度干旱可提高果树的C/N比,反而有利于花芽分化(2分)。

④矿质营养:缺氮,花器官分化慢且花的数量减少;氮过多,营养生长过旺,花的分化推迟,发育不良。在适宜的氮肥条件下,如能配合施用磷、钾肥,并注意补充锰、钼、硼等微量元素,则有利于花芽分化(2分)。

2023 年全国硕士研究生招生考试农学门类联考

植物生理学与生物化学试题

植物生理学

一、选择题:1~10 小题,每小题 2 分,共 20 分。在每题给出的四个选项中,只有一个选项是最符合题目要求的。

1. 植物叶片保卫细胞是一种特化的表皮细胞。下列细胞器中,保卫细胞具有而其他表皮细胞不具有的是(　　)。

A. 线粒体　　B. 液泡　　C. 叶绿体　　D. 高尔基体

2. 下列矿质元素中,在植物体内含量最高的是(　　)。

A. Mg　　B. K　　C. Cu　　D. Fe

3. 在叶绿体中,主要分布于类囊体膜垛叠区的蛋白复合体是(　　)。

A. Cyt b_6/f　　B. PS Ⅰ　　C. PS Ⅱ　　D. ATP 合酶

4. C_4-二羧酸途径中,将磷酸烯醇丙酮酸转变为草酰乙酸的酶是(　　)。

A. 丙酮酸脱氢酶　　B. 丙酮酸磷酸双激酶

C. 苹果酸脱氢酶　　D. PEP 羧化酶

5. 将 C_3 植物由光下移入暗中,短时间内叶绿体基质中(　　)。

A. Mg^{2+} 浓度降低,pH 升高　　B. Mg^{2+} 浓度降低,pH 降低

C. Mg^{2+} 浓度升高,pH 升高　　D. Mg^{2+} 浓度升高,pH 降低

6. 下列植物激素中,能够促进植物木质部导管分化的是(　　)。

A. 赤霉素　　B. 油菜素内酯　　C. 乙烯　　D. 脱落酸

7. 具有诱导细胞壁酸化作用的植物激素是(　　)。

A. IAA　　B. CTK　　C. GA　　D. ABA

8. 下列关于植物体内蛋白质功能的叙述,错误的是(　　)。

A. PIN 蛋白参与 IAA 的极性运输　　B. P-蛋白可堵塞筛孔防止汁液流失

C. LEA 蛋白能促进细胞伸长生长　　D. FT 蛋白参与光周期诱导的成花反应

9. 南方的短日植物红麻引种到北方,红麻的(　　)。

A. 开花时间提前　　B. 营养生长期延长

C. 纤维产量降低　　D. 开花时间不变

10. 下列物质中,不能作为植物细胞渗透调节物质的是(　　)。

A. 脯氨酸　　B. 甜菜碱　　C. 蔗糖　　D. 淀粉

二、实验题:11 小题,共 13 分。

11. 细胞分裂素具有调运营养物质向其所在部位移动的作用,请以子叶展开期的黄瓜幼苗为实验材料设计实验进行验证(要求简要写出实验思路和预期结果)。

三、问答题:12～14 小题,每小题 6 分;15～16 小题,每小题 12 分。共 42 分。

12. 氮是植物的重要营养元素之一。简述植物根系可吸收的氮素形式及缺氮的主要症状。
13. 植物细胞线粒体内膜上存在细胞色素电子传递途径和交替电子传递途径。请比较这两条途径的异同点。
14. 简述光合产物从光合细胞进入筛管-伴胞复合体的途径。
15. 光受体接受光信号后可调控植物的生长发育过程。请阐述光受体在植物光形态建成中的作用。
16. 植物受到干旱胁迫后光合速率下降,请分析光合速率下降的原因。

生 物 化 学

四、选择题:17～26 小题,每小题 2 分,共 20 分。在每题给出的四个选项中,只有一个选项是最符合题目要求的。

17. 下列学说中,由我国科学家吴宪提出的是(　　)。
 A. 中间产物学说　　B. 蛋白质变性学说
 C. 诱导契合学说　　D. 化学渗透学说
18. 下列氨基酸中,属于极性不带电荷氨基酸的是(　　)。
 A. Ala　　B. Val　　C. Arg　　D. Cys
19. 戊二酸对琥珀酸脱氢酶的抑制作用属于(　　)。
 A. 不可逆抑制　　B. 反竞争性抑制　　C. 非竞争性抑制　　D. 竞争性抑制
20. 下列维生素中,被认为是一种抗恶性贫血因子的是(　　)。
 A. 氰钴胺素　　B. 硫胺素　　C. 维生素 E　　D. 维生素 K
21. 下列化合物中,属于糖酵解途径中磷酸果糖激酶别构激活剂的是(　　)。
 A. ATP　　B. 柠檬酸　　C. NADH　　D. 2,6-二磷酸果糖
22. 下列酶中,均能催化底物水平磷酸化的是(　　)。
 A. 己糖激酶和丙酮酸激酶　　B. 丙酮酸激酶和琥珀酰 CoA 合成酶
 C. 磷酸甘油酸激酶和柠檬酸合酶　　D. 己糖激酶和琥珀酰 CoA 合成酶
23. 下列酶中,催化的反应有 CO_2 释放的是(　　)。
 A. 丙酮酸羧化酶　　B. 异柠檬酸脱氢酶
 C. 琥珀酸脱氢酶　　D. 乙酰 CoA 羧化酶
24. 脂肪分解代谢中,3-磷酸甘油经磷酸甘油脱氢酶催化生成的产物是(　　)。
 A. 2-磷酸甘油酸　　B. 3-磷酸甘油酸
 C. 磷酸二羟丙酮　　D. 3-磷酸甘油醛

25. 在用变性聚丙烯酰胺凝胶电泳测定蛋白质分子量时，下列化合物中能使蛋白质变性的是（　　）。

A. SDS　　B. Tris　　C. 甘氨酸　　D. 溴酚蓝

26. 大肠杆菌 DNA 聚合酶Ⅲ中具有 $3'\to5'$ 核酸外切酶活性的亚基是（　　）。

A. α 亚基　　B. β 亚基　　C. ε 亚基　　D. σ 亚基

五、实验题：27 小题，共 13 分。

27. 现有脑啡肽（Tyr-Gly-Gly-Phe-Met）和脯氨酸溶液各一瓶，请用两种实验方法区分上述溶液。要求写出每种实验方法的名称、原理和预期结果。

六、问答题：28～30 小题，每小题 6 分；31～32 小题，每小题 12 分。共 42 分。

28. 人体中含有多种乳酸脱氢酶同工酶。请写出同工酶的概念及乳酸脱氢酶催化的反应式。

29. 请写出磷酸戊糖途径中以 $NADP^+$ 为辅酶的酶的名称，并简述磷酸戊糖途径的主要生物学意义。

30. 生物体有多种 DNA 损伤修复系统。请简述重组修复的主要特点。

31. 生物氧化生成 ATP 的过程受到多种因素的影响。请阐述呼吸链电子传递抑制剂、氧化磷酸化抑制剂和解偶联剂的主要作用特点。

32. 核酸是生物体内的重要物质。请围绕中心法则阐述核酸的主要生物学功能。

2023年全国硕士研究生招生考试农学门类联考

植物生理学与生物化学试题参考答案

植物生理学

一、选择题

1. C

[考点] 气孔蒸腾的调控机理

[解析] 气孔是植物叶片与外界进行气体交换的主要通道，气孔通过调节保卫细胞内水分得失引起其体积的变化，进而调节小孔的大小来控制气体进出叶片。保卫细胞具有明显的结构特征：①细胞壁不均匀加厚；②细胞壁纤维素微纤丝的排列不同；③保卫细胞具有叶绿体而表皮细胞不含叶绿体。

2. B

[考点] 植物必需元素的主要生理功能

[解析] K^+是大多数植物活细胞中含量最高的无机离子，也是调节植物细胞渗透势的最重要的组分。

3. C

[考点] 叶绿体的结构和功能

[解析] PSⅡ主要集中在基粒类囊体的垛叠区，PSⅠ和ATP合酶主要分布于基质类囊体膜上或者基粒类囊体的非垛叠区，Cyt b_6/f蛋白复合物在类囊体的膜上分布较为均匀。

4. D

[考点] C_4途径

[解析] 在C_4-二羧酸途径中，PEP羧化酶在叶肉细胞的细胞质基质中催化磷酸烯醇式丙酮酸(PEP)转化形成草酰乙酸(OAA)。

5. B

[考点] 卡尔文循环的调节

[解析] Rubisco具有钝化和活化两种形式，光调节Rubisco的活性。光下，H^+从叶绿体基质转运到类囊体腔，与H^+偶联的Mg^{2+}从类囊体腔转运到基质中，使基质的pH升高，Mg^{2+}浓度提高。基质中较高的pH和Mg^{2+}浓度都是Rubisco的活化所需要的。光下Rubisco活化酶被激活，与Rubisco结合，使Rubisco构象发生变化，释放RuBP，游离态的Rubisco与CO_2和Mg^{2+}结合，Rubisco被活化，形成具有催化活性的酶。黑暗中，RuBP结合在Rubisco上，使其钝化。

6. B

[考点] 油菜素内酯(甾醇)的生理功能

[解析] 油菜素内酯(甾醇)的主要生理功能如下:

(1)促进细胞扩大和分裂。

(2)促进导管分化。

(3)增强植物的抗逆性。

(4)影响花粉发育和育性,促进花粉管的伸长。

7. A

[考点] 生长素诱导细胞伸长作用的机理

[解析] 生长素诱导细胞伸长生长的酸生长理论:在生长素诱导的细胞壁酸生长过程中,生长素诱导增强了质膜上 H^+-ATPase 的活性,促进 H^+ 泵出导致细胞壁环境酸化,细胞壁中的扩张蛋白在酸性条件下可以弱化细胞壁多糖组分间的氢键从而疏松细胞壁。

8. C

[考点] LEA 蛋白的作用

[解析] LEA 蛋白是种子胚胎发育后期高丰度表达的蛋白质,简称 LEA 蛋白。LEA 蛋白富含不带电荷的氨基酸,具高度的热稳定性,所以,具有保护细胞的结构和代谢的作用;参与种子抗脱水过程,使种子在后期脱水时不致受到破坏;LEA 蛋白也可以渗透调节物质。

9. B

[考点] 光周期理论的应用

[解析] 南麻北种,由于在北方麻类作物生长旺盛的季节日照较长,使其营养生长期延长。因此,可以增加麻类作物植株的高度,从而可以增加纤维产量。

10. D

[考点] 渗透调节物质

[解析] 参与细胞渗透调节的物质主要有两大类:一类是细胞从外界吸收的无机离子,包括 K^+、Cl^-、Na^+ 等,主要贮存于液泡中;另一类是细胞内合成的有机物质,主要有可溶性糖、可溶性蛋白、脯氨酸、甜菜碱以及其他物质(包括甘油、山梨醇、甘露醇等有机物质),这些物质存在于细胞质中。

二、实验题

11. 答案要点:

(1)思路:将幼苗的根及幼芽切除,在幼苗的一片子叶(子叶 1)上施加含同位素标记且不易降解的营养物质;对照组幼苗的另一片子叶(子叶 2)用蒸馏水处理,实验组幼苗的另一片子叶(子叶 2)用适宜浓度的细胞分裂素溶液处理;一段时间后检测两组子叶 2 中同位素的量。

(2)结果:实验组幼苗子叶 2 中同位素的量显著高于对照组。

三、问答题

12. 答案要点:

(1)吸收形式:硝态氮、铵态氮、尿素、氨基酸等。

(2)症状:植株矮小,老叶先变黄(有时发红),花、果少。

13. 答案要点：

(1)相同点

①将 NADH 或 $FADH_2$ 氧化脱出的电子传递给 O_2。

②电子传递过程释放的能量可用于合成 ATP。

(2)不同点

①末端氧化酶不同：前者是细胞色素 c 氧化酶，后者是交替氧化酶。

②合成 ATP 的量不同：前者多，后者少。

14. 答案要点：

(1)质外体途径：光合产物从光合细胞运输到筛管-伴胞复合体附近的质外体中，再通过蔗糖-质子共运输载体转运到筛管-伴胞复合体中。

(2)共质体途径：光合产物通过胞间连丝从叶肉细胞运输到筛管-伴胞复合体中。

15. 答案要点：

(1)光敏色素：主要接受红光和远红光信号，在植物体内以 Pr 和 Pfr 两种形式存在，Pfr 是光敏色素的生理活跃形式；参与调节幼苗去黄化、成花诱导及需光种子萌发等过程。

(2)隐花色素和向光素：主要接受蓝光和近紫外光信号；参与调节向光性反应、子叶和叶片的扩展及气孔运动等过程。

(3)紫外光-B 受体：接受紫外光-B 信号；参与抑制植物生长和诱导花色素合成等过程。

16. 答案要点：

(1)气孔开度减小或关闭，限制 CO_2 供应，光合速率降低。

(2)光合机构受损，光系统Ⅱ的光化学效率降低。

(3)Rubisco 等参与碳同化过程的相关酶活性降低，同化速率减慢。

(4)光合产物运输受阻，光合作用受到抑制。

生物化学

四、选择题

17. B

[考点] 科学家的贡献

[解析] 中间产物学说是由生物化学家 Michaelic 和 Menten 于 1913 年提出的；蛋白质变性学说是由中国科学家吴宪先生于 1931 年提出的；诱导契合学说是由 D. Koshland 于 1958 年提出的；化学渗透学说是英国科学家 P. Mitchell 等于 1961 年提出的。

18. D

[考点] 氨基酸的极性

[解析] 根据其侧链的性质，组成蛋白质的 20 种常见氨基酸可以分为非极性、极性不带电、极性带正电和极性带负电四类。Ala、Val 属于非极性氨基酸，Arg 是极性带正电的氨基酸，Cys 是极性不带电的氨基酸。

19. D

[考点] 抑制剂类型

[解析] 教材上通常给出的琥珀酸脱氢酶的竞争性抑制剂是丙二酸。不过从结构式上可以

判断，戊二酸是琥珀酸脱氢酶的竞争性抑制剂，其结构与琥珀酸相似。

20. A

[考点] 维生素与人类疾病

[解析] 人体缺乏氰钴胺素将患恶性贫血病，所以氰钴胺素被认为是抗恶性贫血因子；人体缺乏维生素 E 时容易造成习惯性流产和肌肉萎缩等症状；人体缺乏维生素 K 时，凝血时间会延长；人体缺乏硫胺素时会得脚气病，而且会影响心血管和神经组织的正常功能。

21. D

[考点] 糖酵解途径的调节

[解析] 糖酵解途径的三个关键调节位点之一是磷酸果糖激酶Ⅰ，柠檬酸、ATP 是该酶的抑制剂，2，6-二磷酸果糖是该酶的激活剂。NADH 是糖酵解途径的反应产物，该代谢物的积累将抑制糖酵解途径。

22. B

[考点] 底物水平磷酸化

[解析] 教材上底物水平磷酸化反应有 3 步，分别是糖酵解途径中的 1，3-二磷酸甘油酸转化为 3-磷酸甘油酸、PEP 转化为丙酮酸的 2 步反应，以及 TCA 循环中的琥珀酰 CoA 转化为琥珀酸的反应。催化这 3 步反应的酶分别是磷酸甘油酸激酶、丙酮酸激酶和琥珀酰 CoA 合成酶。选项 B 是正确的。

23. B

[考点] 与 CO_2 生成有关的反应的酶

[解析] 丙酮酸羧化酶、乙酰 CoA 羧化酶催化的反应都是利用 CO_2 的反应；琥珀酸脱氢酶催化的反应与 CO_2 无关。异柠檬酸脱氢酶是 TCA 循环中的一种酶，它催化的反应会释放 1 分子 CO_2，因此 B 选项正确。

24. C

[考点] 脂肪分解产物的去向

[解析] 脂肪分解生成 3-磷酸甘油和脂肪酸，3-磷酸甘油经过磷酸甘油脱氢酶生成磷酸二羟丙酮，后者可以继续代谢 。磷酸二羟丙酮可以经过糖酵解途径代谢产生能量，它是连接糖代谢和脂代谢的重要中间产物。因此，选项 C 正确，其他选项是糖酵解途径的中间产物，是干扰选项。

25. A

[考点] SDS-PAGE 中试剂的作用

[解析] 在使用 SDS-PAGE 进行蛋白质分子量鉴定时，甘氨酸和 Tris 是电泳缓冲液的组分，溴酚蓝是上样缓冲液的组分，是指示剂。SDS 是一种阴离子去垢剂，是电泳凝胶、电泳缓冲液和上样缓冲液的组分之一，它的作用是破坏蛋白质的非共价相互作用，致使蛋白质结构发生变化而变性。因此，选项 A 正确。

26. C

[考点] 大肠杆菌 DNA 聚合酶Ⅲ各亚基功能

[解析] 大肠杆菌 DNA 聚合酶Ⅲ核心酶 α 亚基具有 5′-3′聚合活性，ε 亚基具有 3′-5′外切活性；DNA 聚合酶Ⅲ β 亚基为二聚体，负责将 DNA 聚合酶Ⅲ核心酶结合在 DNA 上，维持 DNA 合成的连续进行。DNA 聚合酶Ⅲ没有 σ 亚基。

五、实验题

27. 答题要点：

［考点］用实验方法区分小肽和氨基酸

［解析］

(1)利用双缩脲反应。双缩脲试剂可以与含有两个或者两个以上肽键的物质发生显色反应，但不能和游离的氨基酸发生反应。当将双缩脲试剂分别加入脑啡肽和脯氨酸溶液后，前者产生紫红色络合物，后者无颜色变化。

(2)利用茚三酮反应。茚三酮试剂可以在特定的条件下与带有游离氨基的化合物，包括氨基酸、肽和蛋白质发生反应生成蓝紫色化合物。脑啡肽具有游离氨基，可以和茚三酮试剂发生反应生成蓝紫色化合物；而脯氨酸是携带亚氨基的氨基酸，它和茚三酮试剂反应产生的是黄色的化合物。

因此，用上述两种试剂可以区分小肽和脯氨酸溶液。

六、问答题

28. 人体中含有多种乳酸脱氢酶同工酶。请写出同工酶的概念及乳酸脱氢酶催化的反应式。

答题要点：

［考点］同工酶的概念和酶促反应

［解析］

(1)同工酶是指催化同一种化学反应，但酶结构和性质（理化性质、免疫性质、K_m等）不同的一组酶。它们存在于生物的同一种属、同一个体的不同发育阶段或同一发育阶段的不同组织中，在细胞发育及代谢调节中起重要作用。

(2)乳酸脱氢酶催化的反应如下：

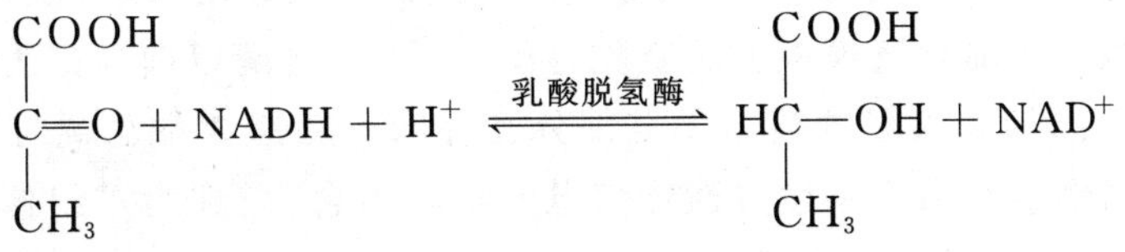

丙酮酸　　　　　　　　乳酸

29. 请写出磷酸戊糖途径中以 $NADP^+$ 为辅酶的酶的名称，并简述磷酸戊糖途径的主要生物学意义。

答题要点：

［考点］磷酸戊糖途径

［解析］

(1)磷酸戊糖途径以 $NADP^+$ 为辅因子的酶有 6-磷酸葡萄糖脱氢酶和 6-磷酸葡萄糖酸脱氢酶。

(2)磷酸戊糖途径的生物学意义是产生有还原力的 NADPH，用于胆固醇、脂肪酸等物质的合成；该途径生成的磷酸戊糖可以作为前体合成 PRPP(5-磷酸核糖-1-焦磷酸)，参与核苷酸和组氨酸的合成。

30. 生物体有多种 DNA 损伤修复系统。请简述重组修复的主要特点。

答题要点：

[考点] DNA 修复

[解析]

(1)通常 DNA 修复包括直接修复、错配修复、切除修复和重组修复等类型。

(2)重组修复如图所示：

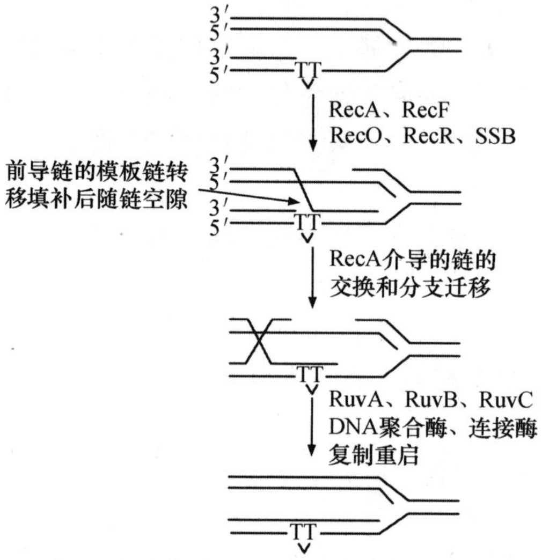

以大肠杆菌为例，假设 DNA 损伤(胸腺嘧啶二聚体)出现在后随链模版上。当遇到损伤片段时，后随链合成停滞。此时，大肠杆菌 RecA 蛋白及其他相关蛋白共同启动了重组过程。与胸腺嘧啶二聚体互补的前导链模板相应区段入侵与后随链模板链中胸腺嘧啶二聚体 3′端附近区段互补配对，形成的分支向后随链模板 5′端移动，填补由于后随链合成受阻产生的空隙。而前导链模板上的空隙再由 DNA 聚合酶以前导链为模板，将脱氧核糖核苷三磷酸不断添加到入侵的与前导链部分互补的后随链 3′端游离羟基上，然后由连接酶连接。这类损伤修复因为发生过遗传信息的重新组合，故称为重组修复。其特点是 DNA 损伤片段仍然存在。

31. 生物氧化生成 ATP 的过程受到多种因素的影响。请阐述呼吸链电子传递抑制剂、氧化磷酸化抑制剂和解偶联剂的主要作用特点。

答题要点：

[考点] 电子传递抑制和 ATP 合成抑制

[解析]

(1)电子传递链的抑制剂包括三类：抑制复合物Ⅰ的电子传递、抑制复合物Ⅲ的电子传递以及抑制复合物Ⅳ的电子传递。电子传递受到抑制，氧消耗量会降低，质子梯度无法形成，ATP 合成将受阻。

(2)寡霉素是氧化磷酸化抑制剂，它可以抑制质子通过 ATP 合酶回流从而抑制 ATP 的合成。由于线粒体内膜质子梯度无法被消耗，电子传递也会间接受到抑制，氧消耗会降低。

(3)解偶联剂，如 2,4-二硝基苯酚能够从线粒体内膜外侧进入线粒体内膜内侧，之后解离，释放质子，结果消耗了质子梯度，所以 2,4-二硝基苯酚可以抑制 ATP 的合成，但它不会抑制电子传递。

32. 核酸是生物体内的重要物质。请围绕中心法则阐述核酸的主要生物学功能。

答题要点：

[考点] 核酸的生物学功能

[解析]

(1)核酸分为脱氧核糖核酸(DNA)和核糖核酸(RNA)。

(2)DNA 和 RNA 均可作为遗传物质。

DNA 可以作为模版，合成出新的 DNA，遗传给新的细胞。同时 DNA 也可以作为模版，合成出 mRNA，将信息转化为蛋白质发挥功能；RNA 能够参与蛋白质的合成，其中 mRNA 能作为模版，tRNA 能作为氨基酸的载体，rRNA 能作为核糖体的组分。以原核生物 23S 核糖体 RNA 为例，它可以作为核酶参与催化肽键形成的反应。

有些病毒以 RNA 作为遗传物质。

参 考 文 献

[1] 武维华. 植物生理学. 3 版. 北京:科学出版社, 2018.
[2] 潘瑞炽. 植物生理学. 6 版. 北京:高等教育出版社, 2008.
[3] 李合生. 现代植物生理学. 2 版. 北京:高等教育出版社,2006.
[4] 蔡庆生. 植物生理学. 北京:中国农业大学出版社,2010.
[5] 2018 年全国硕士研究生招生考试农学门类联考考试大纲. 北京:高等教育出版社,2018.
[6] Buchanan B B, Gruissem W, Jones R L. Biochemistry and Moleculae Biology of Plants. Rockvill, Maryland, USA: Courier Companies, Inc. ,2000.
[7] Hopkins W G,Hüner N P A. Introduction to Plant Physiolgy. 3ed. John Wiley & Sons, Inc. ,2004.
[8] Karp G. Cell and Molecular Biology. 5ed. John Wiley & Sons, Inc. ,2008.
[9] Raven P H, Evert R F, Eichhorn S E. Biology of Plants. 7ed. New York: W. H. Freeman and Company,2005.
[10] Stern K R, Bidlack J E, Jansky S H. Introductory Plant Biology. 11ed. New York: The McFraw-Hill Companies, Inc. ,2008.
[11] Taiz L, Zeiger E. Plant Physiology. 4ed. Sunderland, Massachusetts: Sinauer Associates, Inc. ,2006.
[12] Taiz L,Zeiger E. Plant Physiology. 5ed. Sunderland, Massachusetts: Sinauer Associates, Inc. ,2010.
[13] Watson J D, Baker T A, Bell S P,et al. Molecular Biology of the Gene. 6ed. New York: Cold Spring Harbor, 2008.